"十二五"职业教育国家规划教材

经全国职业教育教材审定委员会审定

电气控制与PLC应用技术

（理实一体化项目教程）

第二版

李俊秀　主编

金　沙　陈忠仁　副主编

胡彦奎　主　审

U0359598

化学工业出版社

·北京·

本书是在国家示范性高职院校建设和教学改革的基础上编写而成，被教育部评为"十二五"职业教育国家规划教材。本书在内容上将理论与实践结合，采用在实训现场的一体化教学方法，体现了高技能应用型人才培养的特色。

本书共分两个模块和 16 个项目。电气控制技术模块，通过理实一体化项目教学，介绍了常用低压电器、电气基本控制电路和典型机床控制线路，并贯穿了读图、安装、调试、故障分析与检修等实践教学内容；PLC 应用技术模块，以程序编制与调试、PLC 技术应用为主线，以西门子 S7-200 系列 PLC 为对象，系统地介绍了 PLC 的软硬件组成、编程软件与仿真、指令系统及编程、特殊功能模块及应用、PLC 与变频器的应用、PLC 与触摸屏的应用等内容。

本书主要适用于高职高专电气自动化技术、生产过程自动化技术、应用电子技术、机电应用技术、机电一体化、数控技术、仪表自动化技术和计算机应用技术等专业。本书也可供应用型本科、成人教育和中等职业学校有关专业使用，还可供工程技术人员参考和作为培训教材使用。

图书在版编目（CIP）数据

电气控制与 PLC 应用技术（理实一体化项目教程）/ 李俊秀主编. —2 版. 北京：化学工业出版社，2015.5（2023.1 重印）
"十二五"职业教育国家规划教材
ISBN 978-7-122-23311-0

Ⅰ. ①电… Ⅱ. ①李… Ⅲ. ①电气控制-高等职业教育-教材②PLC 技术-高等职业教育-教材 Ⅳ. ①TM571.2 ②TM571.6

中国版本图书馆 CIP 数据核字（2015）第 049608 号

责任编辑：王昕讲　　　　　　　　装帧设计：韩　飞
责任校对：战河红

出版发行：化学工业出版社（北京市东城区青年湖南街 13 号　邮政编码 100011）
印　　装：三河市延风印装有限公司
787mm×1092mm　1/16　印张 15　字数 388 千字　2023 年 1 月北京第 2 版第 6 次印刷

购书咨询：010-64518888　　　　　　　售后服务：010-64518899
网　　址：http://www.cip.com.cn
凡购买本书，如有缺损质量问题，本社销售中心负责调换。

定　　价：42.00 元　　　　　　　　　　　　　版权所有　违者必究

前　言

本书经全国职业教育教材审定委员会审定，被评为"十二五"职业教育国家规划教材。

在工业生产中，电气控制技术应用十分广泛，特别是在机械设备的控制方面，电气控制比其他控制方法使用得更为普遍。随着科学技术的发展，以可编程控制器（PLC）为主体的新型电气控制系统，已广泛应用于各个生产领域。为帮助读者更好地掌握电气控制与PLC应用技术，作者在总结多年理论与实践教学的基础上，编写了这本理实一体化项目教程——《电气控制与PLC应用技术》。

本教材按照国家职业技能鉴定标准的要求，选编了两个模块、16个项目和5个附录。电气控制技术模块，通过理实一体化教学，介绍了常用低压电器、电气基本控制电路和典型机床控制线路，并贯穿了读图、安装、调试、故障分析与检修等实践教学内容；PLC应用技术模块，以西门子S7-200系列PLC为对象，系统介绍了PLC的软硬件组成、编程软件与仿真、指令系统及编程、特殊功能模块及应用、PLC与变频器的应用、PLC与触摸屏的应用等内容，每个项目都贯穿了程序编制与调试、PLC技术应用的主线。

本书是在国家示范性高职院校建设和教学改革的基础上编写而成。在内容安排上，将理论与实践结合，理论以"够用"为度，实践以技能培养为前提；在教学方法上，采用实训现场的一体化教学，通过工学结合实现能力培养；在教学组织上，采用"基于生产过程"的教学模式，通过项目（工作任务）、工作过程（实施任务）、创新训练和项目考核等教学环节，确保做中教，做中学，学有成效。

从教学需要和实际应用出发，书中列举了大量控制案例和技能训练的内容，突出了应用技能和工程实践能力培养的特色，既可用于理实一体化教学，也可指导学生进行实训、课程设计和毕业设计。本课程的参考教学时数为60~90学时。我们将为使用本书的教师免费提供电子教案，需要者可以到化学工业出版社教学资源网站 http://www.cipedu.com.cn 免费下载使用。

本书由李俊秀教授任主编，金沙、陈忠仁任副主编。本书项目1~项目4由赵淑娟编写，项目5~项目9、项目13~项目15由李俊秀编写，项目10~项目12由金沙编写，项目16和附录由段晓燕编写。全书由李俊秀负责统稿，由胡彦奎教授主审。

本书在编写过程中，得到了中国化工教育协会、化学工业出版社及许多院校和个人的大力支持和帮助，在此表示诚挚的谢意！

由于编者水平有限，书中疏漏和不妥之处在所难免，恳请广大读者批评指正。

编　者

2015 年 2 月

前 言

目 录

电气控制技术模块

项目1 三相交流异步电动机直接启动控制……………………………………………1
1.1 控制对象（负载）………………………………………………………………1
1.2 开关电器……………………………………………………………………………2
1.3 保护电器……………………………………………………………………………3
1.4 控制电路……………………………………………………………………………5
1.5 技能训练……………………………………………………………………………5
小结……………………………………………………………………………………6
想一想，做一做………………………………………………………………………7

项目2 三相交流异步电动机正反转控制………………………………………………8
2.1 主令电器……………………………………………………………………………8
2.2 接触器………………………………………………………………………………9
2.3 控制电路……………………………………………………………………………11
2.4 技能训练……………………………………………………………………………14
小结……………………………………………………………………………………15
想一想，做一做………………………………………………………………………15

项目3 三相交流异步电动机降压启动控制……………………………………………16
3.1 时间继电器…………………………………………………………………………16
3.2 中间继电器…………………………………………………………………………18
3.3 控制电路……………………………………………………………………………18
3.4 技能训练……………………………………………………………………………21
小结……………………………………………………………………………………22
想一想，做一做………………………………………………………………………22

项目4 三相交流异步电动机制动控制…………………………………………………23
4.1 低压断路器…………………………………………………………………………23
4.2 速度继电器…………………………………………………………………………24
4.3 控制电路……………………………………………………………………………25
4.4 技能训练……………………………………………………………………………27
小结……………………………………………………………………………………29
想一想，做一做………………………………………………………………………29

项目5 三相交流异步电动机调速等控制………………………………………………30
5.1 调速控制……………………………………………………………………………30
5.2 点动/连动控制………………………………………………………………………31

5.3　多地与多条件控制 ·· 32

5.4　顺序控制 ··· 32

5.5　技能训练 ··· 33

小结 ··· 34

想一想，做一做 ··· 34

项目 6　CA6140 型车床电气故障检修 ·· 35

6.1　车床概述 ··· 35

6.2　CA6140 型车床控制电路 ·· 36

6.3　CA6140 型车床电气故障检修 ·· 37

6.4　技能训练 ··· 38

小结 ··· 40

想一想，做一做 ··· 40

项目 7　X6132 型万能铣床电气安装 ·· 42

7.1　铣床概述 ··· 42

7.2　X6132 型万能铣床控制电路 ·· 43

7.3　X6132 型万能铣床电气安装 ·· 46

7.4　技能训练 ··· 49

小结 ··· 49

想一想，做一做 ··· 50

项目 8　MGB1420 型磨床电气调试 ·· 51

8.1　磨床概述 ··· 51

8.2　MGB1420 型磨床控制电路 ··· 51

8.3　MGB1420 型磨床的电气调试 ··· 55

8.4　技能训练 ··· 57

小结 ··· 57

想一想，做一做 ··· 57

项目 9　20/5t 桥式起重机电气控制线路分析 ···································· 59

9.1　起重机概述 ··· 59

9.2　20/5t 桥式起重机电气控制线路分析 ···································· 59

9.3　技能训练 ··· 65

小结 ··· 66

想一想，做一做 ··· 66

PLC 应用技术模块

项目 10　可编程控制器及其硬件认识 ·· 68

10.1　可编程控制器概述 ·· 68

10.2　PLC 的组成及工作原理 ··· 69

10.3　S7-200 主要技术指标及接线端口 ····································· 74

10.4　技能训练 ··· 76

小结 ··· 77

想一想，做一做 ··· 77

项目 11　编程软件的使用与仿真 ·· 78

　11.1　S7-200 系列 PLC 编程软元件 ·· 78

　11.2　编程软件的使用与仿真 ·· 81

　11.3　技能训练 ·· 90

　小结 ··· 91

　想一想，做一做 ·· 91

项目 12　基本逻辑指令的编程 ··· 92

　12.1　点动与连动控制 ·· 92

　12.2　正反转控制 ·· 94

　12.3　延时控制 ··· 97

　12.4　计数控制 ··· 101

　12.5　Y-△降压启动控制 ·· 104

　12.6　技能训练 ··· 107

　小结 ··· 108

　想一想，做一做 ·· 109

项目 13　顺序控制指令的编程 ··· 111

　13.1　顺序控制功能图 ·· 111

　13.2　单流程控制 ·· 112

　13.3　选择分支流程控制 ·· 116

　13.4　并行分支流程控制 ·· 120

　13.5　技能训练 ··· 124

　小结 ··· 125

　想一想，做一做 ·· 125

项目 14　功能指令的编程 ··· 129

　14.1　数据类型与表达形式 ··· 129

　14.2　数据传送指令及应用 ··· 130

　14.3　跳转指令及应用 ·· 133

　14.4　算术运算指令及应用 ··· 135

　14.5　子程序与循环指令及应用 ·· 143

　14.6　比较指令及应用 ·· 148

　14.7　移位指令及应用 ·· 151

　14.8　数码显示指令及应用 ··· 156

　小结 ··· 162

　想一想，做一做 ·· 163

项目 15　PLC 技术的综合应用 ·· 164

　15.1　扩展模块的编址 ·· 164

　15.2　模拟量输入模块的使用 ·· 166

　15.3　模拟量输出模块的使用 ·· 169

　15.4　中断指令及其应用 ·· 171

　15.5　高速计数器及其应用 ··· 174

　15.6　PLC 与变频器的应用 ·· 178

15.7　PLC 与触摸屏的应用 ·· 188

15.8　PID 指令及其应用 ··· 194

小结 ·· 202

想一想，做一做 ·· 202

项目 16　PLC 控制系统设计 ··· 204

16.1　PLC 控制系统设计步骤 ·· 204

16.2　减少 I/O 点数的方法 ·· 206

16.3　提高 PLC 控制系统可靠性的措施 ·· 208

16.4　PLC 的维护与故障诊断 ·· 209

16.5　PLC 控制系统设计案例 ·· 210

16.6　PLC 控制系统设计课题 ·· 215

附录 ·· 221

附录 1　S7-200 系列 CPU 技术规范 ·· 221

附录 2　S7-200 系列 PLC 部分扩展模块 ·· 222

附录 3　S7-200 系列 CPU 存储范围及特性 ··· 222

附录 4　S7-200 系列 PLC 指令一览表 ··· 224

附录 5　S7-200 系列 PLC 特殊存储器（SM）标志位 ································ 226

参考文献 ··· 231

电气控制技术模块

项目 1　三相交流异步电动机直接启动控制

1.1　控制对象（负载）

1.1.1　三相交流异步电动机

　　三相交流异步电动机如图 1-1 所示，它是工业生产设备拖动的主要原动机，所以是电气控制的主要控制对象。

　　三相交流异步电动机主要由定子和转子两大部分组成。三相定子绕组的 6 根出线端接在电动机外壳的接线盒里，其中 U1、V1、W1 为三相绕组的首端，U2、V2、W2 为三相绕组的末端。三相定子绕组根据电源电压和电动机的额定电压，可以接成 Y 形（星形）和 △ 形（三角形），如图 1-2 所示。

图 1-1　三相交流异步电动机

　　在电动机定子绕组中通入三相对称交流电，便在转子空间产生旋转磁场，通过电磁感应在转子上产生力的作用，使转子跟着旋转磁场一起转动，从而将电能转换成机械能输出，以拖动生产设备。电动机转子的转动方向与定子绕组中旋转磁场的旋转方向相同，如果任意对调两根定子绕组接至三相交流电源的导线，旋转磁场的转向随之改变，即可改变电动机转子的旋转方向。

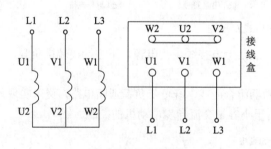

（a）定子绕组 Y 形连接

1.1.2　电磁阀

　　电磁阀是一种控制器件，主要用于液体和气体管路的开关控制。但在 PLC 控制系统中，电磁阀往往作为 PLC 驱动的负载，通过电磁阀再实现对液体或气体介质的控制。

　　电磁阀的类型很多，主要由阀体、阀门（膜片）、弹簧、动铁芯、静铁芯和线圈等部分组成，如图 1-3 所示。当给电磁阀线圈加

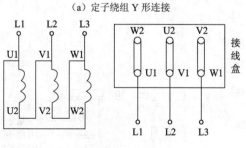

（b）定子绕组 △ 形连接

图 1-2　三相交流异步电动机接线方式

上控制信号时，电磁阀内就产生一个电磁力，这个电磁力驱动动铁芯动作，从而实现阀门的开闭。

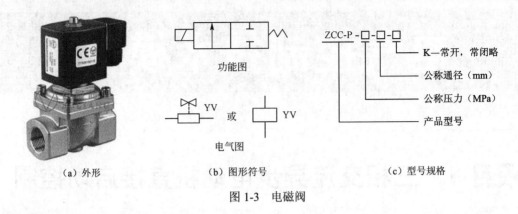

（a）外形　　　　　　　　　（b）图形符号　　　　　　　　（c）型号规格

图1-3　电磁阀

1.2　开关电器

1.2.1　开启式刀开关

开启式刀开关是一种手动电器，如图1-4所示，常用于不频繁接通或分断线路以及直接控制小容量电动机的场合，也可用来隔离电源，确保检修安全。

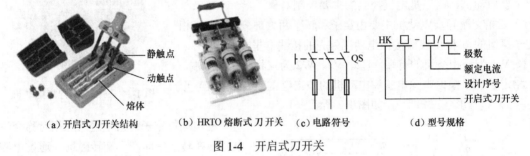

（a）开启式刀开关结构　　　（b）HRTO熔断式刀开关　　（c）电路符号　　（d）型号规格

图1-4　开启式刀开关

开启式刀开关必须垂直安装，不得倒装或平装，上方接线端接电源，下方接线端接负载。

1.2.2　封闭式负荷开关

封闭式负荷开关由带灭弧罩的刀开关和熔断器组合而成，既可带负荷通断电路，又可实现短路保护，俗称铁壳开关，如图1-5所示，一般用于小容量交流异步电动机的控制。

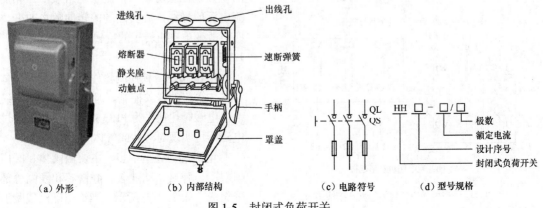

（a）外形　　　　　　（b）内部结构　　　　　（c）电路符号　　（d）型号规格

图1-5　封闭式负荷开关

1.2.3 组合开关

组合开关又称转换开关，如图 1-6 所示，常用作电源隔离开关及小电流电路的控制。

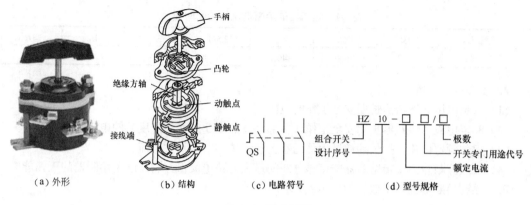

（a）外形 （b）结构 （c）电路符号 （d）型号规格

图 1-6 组合开关

1.3 保护电器

1.3.1 熔断器

1. 结构型号及安秒特性

熔断器是一种过流保护电器，主要由熔体、熔管和熔座三部分组成，如图 1-7 所示。熔体一般为丝状或片状，制作熔体的材料一般为铅锡合金、锌、铜和银；熔管用于安装熔体和填充灭弧介质；熔座起固定熔管和连接引线的作用。

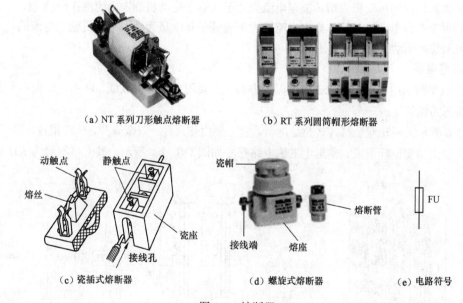

（a）NT 系列刀形触点熔断器 （b）RT 系列圆筒帽形熔断器

（c）瓷插式熔断器 （d）螺旋式熔断器 （e）电路符号

图 1-7 熔断器

常用的熔断器有瓷插式（RC 系列）、螺旋式（RL 系列）、无填料封闭管式（RM 系列）、有填料封闭管式（NT 及 RT 系列）和快速熔断器（RS 系列）等。

熔断器串接在被保护的电路中，当电路中电流超过规定值一定时间后，以其本身产生的热量使熔体熔化而分断电路，起到保护的作用。通过熔断器的电流越大，熔体熔断越快，熔断器的这一特性称为安秒特性或保护特性，如表1-1所示。表中 I_N 为熔体的额定电流。

表1-1　熔断器的熔断电流与熔断时间

熔断电流 / A	$1.25I_N$	$1.6I_N$	$2I_N$	$2.5I_N$	$3I_N$	$4I_N$	$8I_N$
熔断时间 / s	∞	3600	40	8	4.5	2.5	1

2．主要技术参数

（1）额定电压　熔断器长期安全工作的电压。

（2）额定电流　熔断器长期安全工作（各部件发热不超过允许温度）的电流。

（3）熔体额定电流　指长期通过熔体而不会使熔体熔断的最大电流。

（4）极限分断能力　指熔断器能可靠分断的最大短路电流值，它反映了熔断器的灭弧能力。

RL7系列熔断器的技术数据如表1-2所示。

表1-2　RL7系列熔断器技术数据

型　号	额定电压 / V	额定电流 / A		极限分断能力 / kA
		熔管	熔　体	
RL7	660	25	2，4，6，10，16，20，25	50 ($\cos\varphi=0.1\sim0.2$)
		63	35，50，63	
		100	80，100	

3．熔体额定电流的选择

（1）照明和电热负载　熔体额定电流应等于或稍大于负载的额定电流。

（2）单台电动机负载　熔体额定电流应大于或等于电动机额定电流的1.5～2.5倍。

（3）频繁启动的电动机　熔体额定电流应大于或等于电动机额定电流的3.5～8倍。

（4）对于多台电动机　熔体额定电流应大于或等于其中最大功率电动机额定电流的1.5～2.5倍，再加上其余电动机的额定电流之和。

1.3.2　热继电器

热继电器是利用电流热效应工作的保护电器，主要用于电动机过载、断相、电流不平衡运行等发热状态的保护。

图1-8所示为两相双金属片式热继电器，它主要由热元件、双金属片、传动推杆、常闭触点、电流整定旋钮和复位杆组成。热继电器的电路符号如图1-8（c）所示，其文字符号为KH或FR。

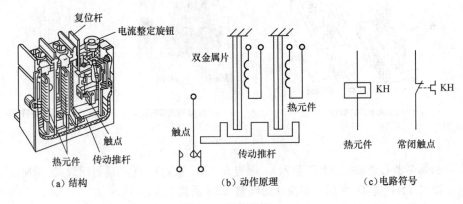

（a）结构　　　　　　　　（b）动作原理　　　　　　　（c）电路符号

图1-8　热继电器

　　热继电器的型号如图 1-9 所示。热继电器的种类很多，常用的有 JR0、JR16、JR20、JRS1、JRS2 等系列，其中 JR16 系列带有断相保护装置，可用于△形接线电动机的断相保护。

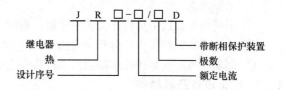

图 1-9　热继电器型号

　　热继电器的整定电流应大于或等于电动机的额定电流。

1.4　控制电路

1.4.1　电气控制系统图

　　电气控制系统图主要有三种形式：电气原理图、电器布置图和电气安装接线图。

　　电气原理图是按照国家标准规定的图形符号和文字符号，根据控制要求和各电器的动作原理绘制的电气图，它是分析电路工作原理，安装、调试和检修电路的依据。

　　电器布置图表示电气设备上所有电器元件的实际安装位置。

　　电气安装接线图表示各电器元件之间的电气连接，主要用于控制屏（盘）的安装接线、线路检查、线路维修和故障处理。

1.4.2　电动机直接启动控制电路

　　1．负荷开关控制

　　如图 1-10 所示，负荷开关 QL 起控制作用，熔断器 FU 用于短路保护。

　　2．接触器控制

　　如图 1-11 所示，刀开关 QS 用于隔离电源，接触器 KM 起控制作用，熔断器 FU1、FU2 用于短路保护，热继电器 KH 实现过载保护。

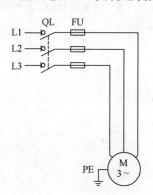

图 1-10　负荷开关控制

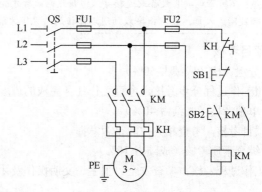

图 1-11　接触器控制

　　启动：按下启动按钮 SB2→接触器 KM 得电并自锁→KM 主触点闭合→电动机 M 通电运转。
　　停止：按下停止按钮 SB1→接触器 KM 失电并解除自锁→KM 主触点断开→电动机 M 断电停转。

1.5　技能训练

1.5.1　工作任务及要求

　　1．工作任务

　　三相交流异步电动机直接启动控制电路的安装与操作。

2．工作要求

① 正确识别、选用负荷开关和熔断器；查询了解控制按钮和接触器的结构及用途。

② 能正确安装和操作负荷开关直接启停电动机的控制电路（图1-10）。

③ 创新训练：安装和操作接触器直接启停电动机的控制电路（图1-11）。

1.5.2　实训设备及器材

实训设备及器材详见表1-3。

表1-3　实训设备及器材

序 号	名　称	型号与规格	单 位	数 量
1	工具、仪表	验电笔、钢丝钳、旋具（十字、一字）、电工刀、尖嘴钳、活扳手、万用表等	套	1
2	网孔板		面	1
3	低压开关	HK2-30/3	只	1
4	熔断器	RL7-63/35	个	3
5	熔断器	RL7-25/10	个	2
6	按钮	LA10-3H	个	2
7	接触器	CJ20-10（线圈电压380V）	个	1
8	热继电器	JR16-40/3	个	1
9	导线	BVR-1.5	米	若干
10	电动机	根据实训设备自定（选3kW以下小功率电动机）	台	1

1.5.3　工作过程

明确控制电路→准备实训设备及器材→绘制电器布置图并安装设备→绘制电气安装接线图并配线→线路及绝缘检查→通电试车。

注意：不可带电安装设备或连接导线；断开电源后才能进行故障处理。通电检查和试车时必须通知指导老师及附近人员，在有指导教师现场监护的情况下才能通电试车。

1.5.4　项目考核

1．分组考核（成绩占50%）

按照工作过程分步考核，考查工作任务完成的进度、质量及创新点。

2．单独考核（成绩占40%）

按项目考核，考查相关技能是否掌握。

3．综合素质考核（成绩占10%）

按工作过程考核，考查安全、卫生、文明操作及团队协作精神。

 小　结

① 刀开关用于不频繁地接通或分断小容量电动机控制电路，也可用来隔离电源，确保检修安全。封闭式负荷开关既可带负荷通断电路，又可实现短路保护。

② 熔断器主要用于线路或电动机的短路保护。常用的熔断器有瓷插式（RC系列）、螺旋式（RL系列）、无填料封闭管式（RM系列）、有填料封闭管式（NT及RT系列）和快速熔断器（RS系列）等。

③ 热继电器主要用于电动机过载、断相、电流不平衡运行等发热状态的保护。

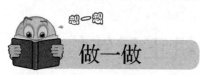

1. 请查询：按照国家标准规定，启动按钮与停止按钮应该是什么颜色？
2. 请查询：接触器的用途、结构、工作原理和图形符号。
3. 请思考：电气控制线路中，熔断器和热继电器的保护作用有什么不同？为什么？
4. 请思考：电动机的启动电流很大，启动时热继电器是否应该动作？为什么？
5. 请动手：写出下列电器的作用、图形符号和文字符号。
   （1）负荷开关
   （2）熔断器
   （3）热继电器
   （4）交流接触器
6. 请动手：试设计一个控制电路，既能实现电动机的点动操作，又能实现电动机的连动操作，并在网孔板上安装、调试、运行。

项目2 三相交流异步电动机正反转控制

2.1 主令电器

主令电器是在控制电路中用于发送或转换控制指令的电器。常用的主令电器有控制按钮、行程开关、主令控制器和万能转换开关等。

2.1.1 控制按钮

控制按钮简称按钮，在控制电路中用于手动发出控制信号，去操纵接触器、继电器或电气联锁电路，以实现对生产机械各种运动的控制。

按钮的结构如图2-1（a）所示，主要由按钮帽、复位弹簧、动断触点、动合触点和外壳组成，按钮帽具有不同的颜色，其内部可装入信号指示灯。

按钮有常开按钮、常闭按钮和复合按钮之分，其电路符号如图2-1（b）所示。为了便于识别按钮的作用，通常在按钮帽上做出不同的标记或颜色，如蘑菇形表示急停按钮，红色表示停止按钮，绿色表示启动按钮。一钮双用（启动/停止）不得使用绿色、红色，应选用黑色、白色或灰色按钮。常用的按钮有LAY3、LAY6、LA20、LA25、LA101、LA38和NP1等系列。

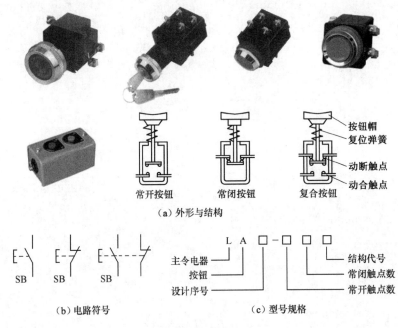

图 2-1 控制按钮

2.1.2 行程开关

行程开关又称限位开关，是依据生产机械的行程发出命令以控制其运行方向或行程长短的主令电器，其作用、结构与按钮类同，只是操作方式不同，按钮为手动操作，而行程开关是机动操作。

　　行程开关的外形、电路图形符号及型号规格如图 2-2 所示。常用的行程开关有 LX19、LX32、LX33 和微动开关 LW11、LXK3 等系列。

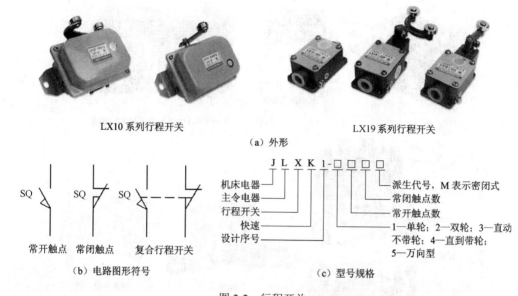

LX10 系列行程开关　　　　　　　　　　　LX19 系列行程开关

（a）外形

常开触点　　常闭触点　　复合行程开关

（b）电路图形符号

J L X K 1-□□□□

机床电器　　　　　　　派生代号，M 表示密闭式
主令电器　　　　　　　常闭触点数
行程开关　　　　　　　常开触点数
快速　　　　　　　　　1—单轮；2—双轮；3—直动
设计序号　　　　　　　　不带轮；4—直到带轮；
　　　　　　　　　　　　5—万向型

（c）型号规格

图 2-2　行程开关

2.2　接触器

　　接触器是控制电器，具有控制容量大、工作可靠、操作频率高、使用寿命长和便于自动控制的特点。由于它本身仅有欠压或失压保护功能，因此常与熔断器、热继电器配合使用。

2.2.1　结构原理

　　接触器的结构如图 2-3 所示，主要由电磁系统、触点系统和灭弧装置等组成。其工作原理是将电磁能转换为机械能，带动触点动作，使触点闭合或断开，实现电路的通断控制。

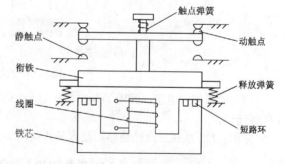

触点弹簧
静触点
动触点
衔铁
释放弹簧
线圈
铁芯
短路环

图 2-3　交流接触器结构示意图

　　（1）电磁系统　电磁系统主要由线圈、静铁芯和衔铁三部分组成。为了消除衔铁在铁芯上的振动和噪音，铁芯上设有短路环。铁芯用硅钢片叠压而成。

　　（2）触点系统　交流接触器采用双断点桥式触点，有 3 对主触点、2 对常开和 2 对常闭辅助触点。

　　（3）灭弧装置　通常主触点额定电流在 10A 以上的接触器都带有灭弧罩，其作用是减小和消除触点电弧，确保操作安全。

　　交流接触器的外形、结构、电路图形符号及型号规格如图 2-4 所示。

2.2.2　主要技术参数

　　（1）额定电压　接触器名牌上的额定电压指主触点的额定电压，交流电压分 127V、220V、380V 和 500V 几个等级。

　　（2）额定电流　接触器名牌上的额定电流指主触点的额定电流，交流电流分 10A、20A、40A、

60A、100A、150A、250A、400A 和 600A 几个等级。主触点的额定电流根据负载大小选择；辅助触点的额定电流均为 5A。

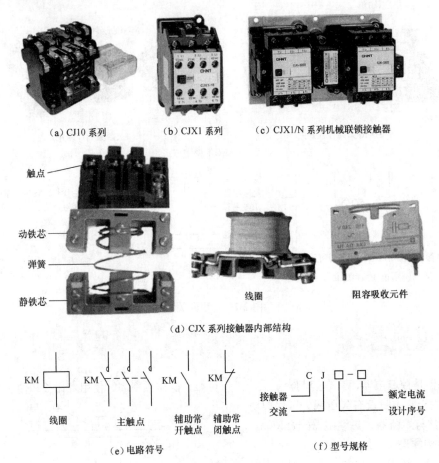

（a）CJ10 系列　　　　（b）CJX1 系列　　　　（c）CJX1/N 系列机械联锁接触器

触点
动铁芯
弹簧
静铁芯
线圈
阻容吸收元件

（d）CJX 系列接触器内部结构

KM　　　KM　　　KM　　　KM

线圈　　主触点　辅助常　辅助常
　　　　　　　　开触点　闭触点

接触器　　　C J □-□　　　额定电流
交流　　　　　　　　　　　设计序号

（e）电路符号　　　　　　（f）型号规格

图 2-4　交流接触器

（3）线圈额定电压　线圈的额定电压有 380V、220V、110V 和 36V，以供不同电压等级的控制电路选用。

常用 CJ20 系列交流接触器的技术参数如表 2-1 所示。

表 2-1　常用 CJ20 系列交流接触器的技术参数

型　号	额定电压 /V	额定电流 /A	AC3 使用类别下的 额定控制功率/kW	约定发 热电流 /A	结构 特征	机/电 寿命 /万次	操作 频率 /（次/h）
CJ20-10	220	10	2.2	10	辅助 触点 10A 2 动合 2 动断	1000/100	1200
	380	10	4				
	660	5.8	7.5				
CJ20-16	220	16	4.5	16			
	380	16	7.5				
	660	13	11				
CJ20-25	220	25	5.5	32			
	380	25	11				
	660	14.5	13				

2.2.3　接触器的选用

（1）主触点额定电压的选择　接触器主触点的额定电压应大于或等于被控制电路的额定电压。

（2）主触点额定电流的选择　接触器主触点的额定电流应不小于被控制电动机额定电流的1.3 倍。

（3）线圈额定电压的选择　线圈的额定电压应与控制电路的电压等级相同。通常使用 380V 或 220V，若选用 36V 或 110V 线圈，则需要通过控制变压器降压供电。

CJX 系列交流接触器在其线圈上可插接配套的阻容吸收元件，以吸收线圈通/断电时产生的感生电动势，可对 PLC 输出端物理继电器触点起到保护作用。

2.3　控制电路

1. 接触器联锁的电动机正反转控制电路

接触器联锁的电动机正反转控制电路如图 2-5 所示，其控制过程如下。

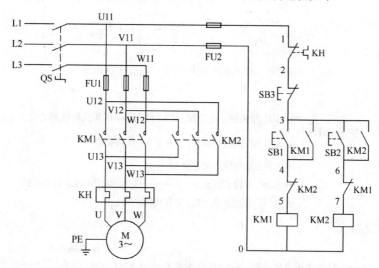

图 2-5　接触器联锁的电动机正反转控制电路

（1）正转控制

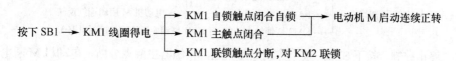

（2）停止控制

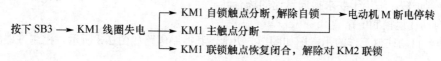

（3）反转控制

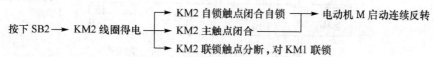

该电路控制的特点是：正→停→反，或者反→停→正，即改变电动机转向时需要先按下停止按钮，适用于对换向速度无要求的场合。

2．双重联锁的电动机正反转控制电路

双重联锁的电动机正反转控制电路如图 2-6 所示，其控制过程如下。

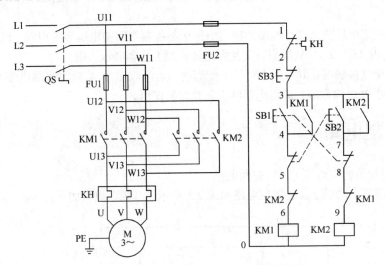

图 2-6　双重联锁的电动机正反转控制电路

（1）正转控制

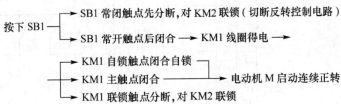

（2）反转控制

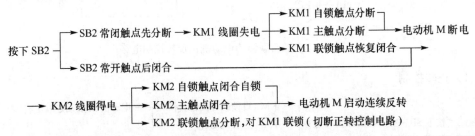

（3）停止控制　按下 SB3，整个控制电路失电，接触器主触点分断，电动机 M 断电停转。

该电路控制的特点是：正→反→停，或者反→正→停，即可直接由正转切换到反转或直接由反转切换到正转，适用于要求换向迅速的场合。

3．自动往返控制电路

工作台自动往返工作的示意图如图 2-7 所示，其控制电路如图 2-8 所示，控制过程如下。

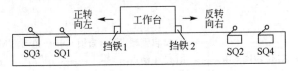

图 2-7　工作台自动往返工作示意图

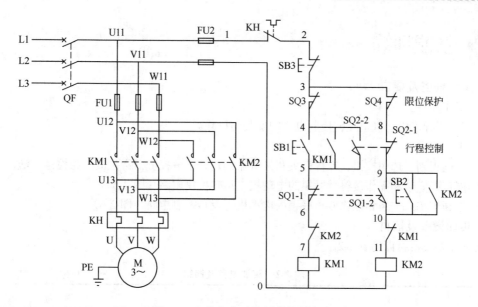

图 2-8 工作台自动往返的控制电路

（1）启动

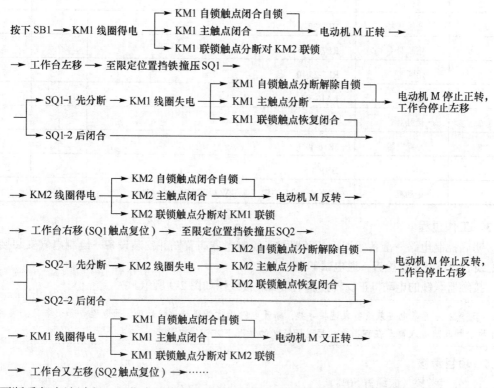

不断重复上述过程，工作台就在 SQ1 与 SQ2 限定的行程范围作自动往返运动。

（2）停止 按下 SB3→整个控制电路失电→KM1 或 KM2 主触点分断→电动机 M 断电停转。

在图 2-8 中，用于行程控制的 SQ1 和 SQ2 为复合行程开关，换向时其常闭触点先断开正向（或反向）电路，然后其常开触点接通反向（或正向）电路，实现自动换向功能。行程开关 SQ3 和 SQ4 用于限位保护。

2.4 技能训练

2.4.1 工作任务及要求

1. 工作任务

三相交流异步电动机正反转控制电路的安装与操作。

2. 工作要求

① 正确识别、选用按钮、行程开关和接触器；查询了解接触器常见故障与检修方法。

② 能正确安装和操作接触器联锁的电动机正反转控制电路（图2-5）。

③ 创新训练：安装和操作双重联锁的电动机正反转控制电路（图2-6）。

2.4.2 实训设备及器材

实训设备及器材详见表2-2。

表2-2　实训设备及器材

序　号	名　称	型号与规格	单　位	数　量
1	工具、仪表	验电笔、钢丝钳、旋具（十字、一字）、电工刀、尖嘴钳、活扳手、万用表等	套	1
2	网孔板		面	1
3	低压开关	HK2-30/3	只	1
4	熔断器	RL7-63/35	个	3
5	熔断器	RL7-25/10	个	2
6	按钮	LA10-3H	个	3
7	接触器	CJ20-10（线圈电压380V）	个	2
8	热继电器	JR16-40/3	个	1
9	导线	BVR-1.5	米	若干
10	电动机	根据实训设备自定（选3kW以下小功率电动机）	台	1

2.4.3 工作过程

明确控制电路→准备实训设备及器材→绘制电器布置图并安装设备→绘制电气安装接线图并配线→线路及绝缘检查→通电试车。

接触器联锁的电动机正反转控制电路安装接线图如图2-9所示。

> **注意**：不可带电安装设备或连接导线；断开电源后才能进行故障处理。通电检查和试车时必须通知指导老师及附近人员，在有指导教师现场监护的情况下才能通电试车。

2.4.4 项目考核

1. 分组考核（成绩占50%）

按照工作过程分步考核，考查工作任务完成的进度、质量及创新点。

2. 单独考核（成绩占40%）

按项目考核，考查相关技能是否掌握。

3. 综合素质考核（成绩占10%）

按工作过程考核，考查安全、卫生、文明操作及团队协作精神。

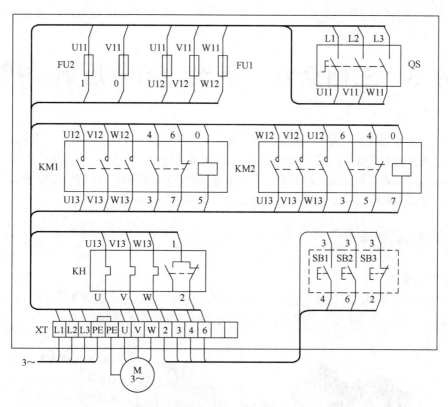

图 2-9　电动机正反转控制电路安装接线图

① 主令电器是在控制电路中用于发送或转换控制指令的电器。常用的主令电器有控制按钮、行程开关、主令控制器和万能转换开关等。

② 接触器主要由电磁系统、触点系统和灭弧装置等组成。其工作原理是将电磁能转换为机械能，带动其触点动作，使触点闭合或断开，实现电路的通断控制。

③ 自锁与联锁（互锁）是电路的基本控制逻辑，应熟练掌握。

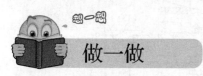

1. 请查询：交流接触器常见故障与检修方法。
2. 请查询：直流接触器与交流接触器的异同点。
3. 请思考：交流接触器通电后如果铁芯吸合受阻，会出现什么现象？
4. 请思考：交流接触器铁芯上为什么要设短路环？若此短路环断裂或脱落，在工作中会出现什么现象？
5. 请动手：某三相交流异步电动机的额定电压为 380V，额定功率为 4.5kW，频繁启/停控制。试为其选择控制用交流接触器的型号与参数。
6. 请动手：试绘出图 2-6 所示控制电路的安装接线图，并在网孔板上安装、调试成功。

项目 3　三相交流异步电动机降压启动控制

当电动机的容量较大（大于 7.5kW）时，通常采用降压启动方式，以减小启动电流，防止过大的启动电流引起电源电压波动，影响其他设备的正常运行。

三相交流异步电动机降压启动的方式有定子串电阻、Y-△换接、自耦变压器、延边三角形和软启动等，常用的降压启动方法是 Y-△换接、自耦变压器和软启动。

3.1　时间继电器

3.1.1　结构原理

在电气控制电路中，时间继电器用于延时控制。常用的有电磁式、空气阻尼式、电子式（数字式）和电动式等。图 3-1 是空气阻尼式和晶体管式时间继电器的外观图。

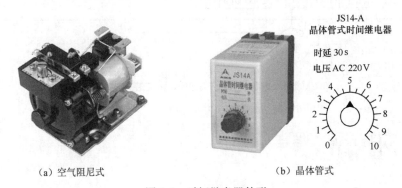

（a）空气阻尼式　　　　　　　　　　　（b）晶体管式

图 3-1　时间继电器外形

JS7 系列空气阻尼式时间继电器的结构及工作原理如图 3-2 所示，主要由电磁机构、延时机构和触点三部分组成。触点系统采用微动开关，延时机构是利用空气通过小孔阻尼的原理工作的，通过调节螺杆改变进气孔的大小，就可以调节延时时间。

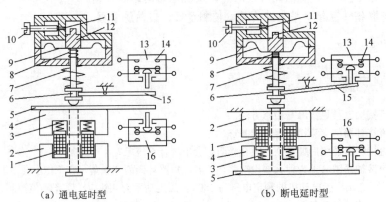

（a）通电延时型　　　　　　　　　　　（b）断电延时型

图 3-2　空气阻尼式时间继电器的结构原理

1—线圈；2—静铁芯；3，7，8—弹簧；4—衔铁；5—推板；6—顶杆；9—橡皮膜；
10—调节螺钉；11—进气孔；12—活塞；13，16—微动开关；14—延时动作触点；15—杠杆晶体管式（阻容式）时间继电器，利用电容器充放电的原理实现延时，而电动式时间继电器是利用传动机构延时工作的。

时间继电器按延时特性分通电延时型和断电延时型两类。通电延时型是指电磁线圈通电后其触点延时动作；断电延时型是指电磁线圈断电后其触点延时动作。通常时间继电器上既有延时动作的触点，也有瞬时动作的触点。

通电延时型时间继电器的电路符号如图3-3所示。

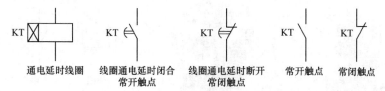

图3-3　通电延时型时间继电器的电路符号

断电延时型时间继电器的电路符号如图3-4所示。

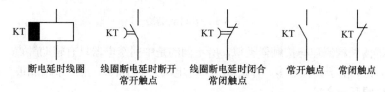

图3-4　断电延时型时间继电器的电路符号

时间继电器的型号及含义如下。

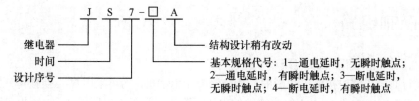

3.1.2　主要技术参数

1. 线圈工作电压

空气阻尼式：交流24V、36V、110V、127V、220V、380V、420 V。

晶体管式：交流36V、110V、220V、380V；直流24V、27V、30V、36V、110V、220V。

2. 延时范围

空气阻尼式：0.4~60s、0.4~180s。

晶体管式：5s、10s、30s、60s、120s、180s、5min、10min、20min、30min、60min。

JS7-A系列空气阻尼式时间继电器主要技术参数如表3-1所示。

表3-1　JS7-A系列空气阻尼式时间继电器主要技术参数

型　号	瞬时动作触点数量		延时动作触点数量				触点额定电压/V	触点额定电流/A	线圈电压/V	延时范围/s	额定操作频率/(次/h)
			通电延时		断电延时						
	常开	常闭	常开	常闭	常开	常闭					
JS7-1A			1	1			380	5	24，36 110，127 220，380 420	0.4~60 及 0.4~180	600
JS7-2A	1	1	1	1							
JS7-3A					1	1					
JS7-4A	1	1			1	1					

3.2 中间继电器

中间继电器属于控制电器，在电路中起着信号传递和分配的作用。中间继电器的外形与电路符号如图 3-5 所示。

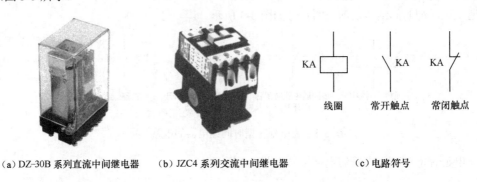

（a）DZ-30B 系列直流中间继电器　（b）JZC4 系列交流中间继电器　　　（c）电路符号

图 3-5　中间继电器

中间继电器的结构原理与接触器类似，所不同的是中间继电器只有辅助触点，通常有 4 对常开和 4 对常闭触点。由于其触点多、容量大（额定电流为 5~10A），常用于增加被控制线路的数量或加大触点允许的开断容量。

中间继电器常用的型号有 JZ7、JZ14、JZ15、JZ17 和 DZ-10、DZ-100、DZB-100（带有保持线圈）、DZS-100（延时型）、DZK-100（快速动作并带有保持线圈）等系列。

3.3 控制电路

1. Y-△换接降压启动控制电路

正常运行时定子绕组接成三角形的三相交流异步电动机，均可采用 Y-△换接降压启动。启动时，定子绕组先接成 Y 形，由于每相绕组的电压下降为正常工作电压的 $1/\sqrt{3}$，故启动电流下降为全压启动的 1/3。当转速接近额定转速时，电动机定子绕组改接成△形，进入正常运行。

电动机 Y-△换接降压启动的控制电路如图 3-6 所示，其控制原理如下。

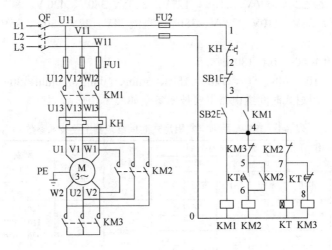

图 3-6　电动机 Y-△换接降压启动控制电路

（1）主电路 接触器 KM1、KM3 用于 Y 接启动控制；接触器 KM1、KM2 用于△接运行控制。

（2）控制电路

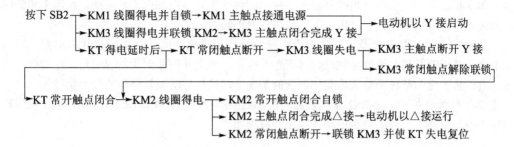

按下停止按钮 SB1，KM1、KM2 失电并断开主电路，电动机停止运行。

Y-△ 换接降压启动方法简便、经济，但启动转矩只有直接启动的 1/3，只适用于空载或轻载启动的场合。

2. 自耦变压器降压启动控制电路

自耦变压器降压启动是指电动机启动时，利用自耦变压器来降低加在电动机定子绕组上的电压，当电动机转速接近额定转速时，将自耦变压器断开，使电动机进入全压运行。

图 3-7 所示为采用时间继电器控制的自耦变压器降压启动控制电路。其控制过程为：合上电源开关 QF 引入三相电源，HL3 灯亮，表明电源正常。按下启动按钮 SB2，接触器 KM1 线圈得电并自锁，时间继电器 KT 线圈得电开始延时；自耦变压器被接入，电动机定子绕组由自耦变压器供电降压启动，同时指示灯 HL3 灭，HL2 亮，显示电动机正在降压启动。当电动机转速接近额定转速时，KT 动作，其延时常开触点闭合，使中间继电器 KA 线圈得电并自锁，KA 常闭触点断开，使 KM1 线圈断电释放并解除联锁，接触器 KM2 线圈得电，其主触点接通三相电源，电动机便在额定电压下运转（HL1 指示）。

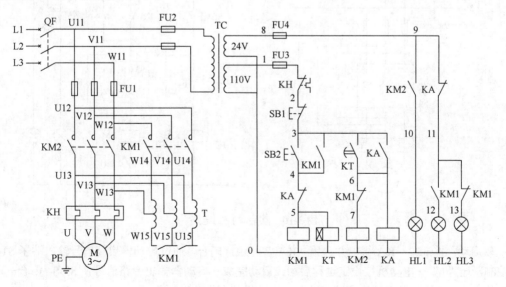

图 3-7 自耦变压器降压启动控制电路原理图

自耦变压器降压启动方法适用于正常工作时接成星形或三角形的较大容量电动机，启动电流和启动转矩可调，但自耦变压器价格较贵，且不允许频繁启动。

3．软启动控制

软启动是采用软启动控制器控制电动机启停的一项新技术。西诺克 Sinoco-SS2 系列软启动控制器如图 3-8 所示，它采用微机控制技术，可以实现交流异步电动机的软启动、软停车和轻载节能，同时还具有过载、缺相、过压、欠压等多种保护功能。

软启动控制器主要部分是一组串接于电源与被控电动机之间的三相反并联晶闸管及其电子控制电路，其控制原理是通过控制软件（程序）控制三相反并联晶闸管的导通角，使被控电动机的输入电压按设定的某种函数关系变化，从而实现电动机软启动或软停车的控制功能。

图 3-9 为西诺克 Sinoco-SS2 系列软启动控制器引脚接线示意图。图 3-10 是用 SS2 系列软启动控制器控制电动机启停的控制电路，其控制过程如下。

图 3-8　软启动控制器外观图

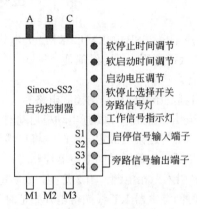

图 3-9　启动控制器引脚接线示意图

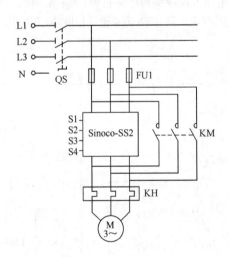

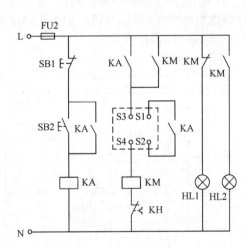

图 3-10　软启动控制电路

软启动：按 SB2→KA 得电并自锁→KA 常开触点闭合，通过启动器启停信号输入端子 S1-S2 给控制器送"1"→电动机按设定过程启动，启动完成→启动器输出旁路信号使 S3-S4 闭合→KM 得电并自锁→KM 主触点闭合旁路启动器，电动机便在全压下运行。

软停止：按 SB1→KA 失电→KA 常开触点断开，通过 S1-S2 给控制器送"0"→启动器使 S3-S4 断开→KM 失电→KM 主触点断开，使启动器接入→电动机按设定过程停车。

3.4 技能训练

3.4.1 工作任务及要求

1. 工作任务

三相交流异步电动机 Y-△ 换接降压启动控制电路安装与操作。

2. 工作要求

① 正确识别和使用时间继电器；查询了解软启动器的特性及参数调整。

② 能正确安装和操作电动机 Y-△ 换接降压启动的控制电路（图 3-6）。

③ 创新训练：安装和操作软启动控制器控制电动机启停的控制电路（图 3-10）。

3.4.2 实训设备及器材

实训设备及器材详见表 3-2。

表 3-2 实训设备及器材

序 号	名 称	型号与规格	单 位	数 量
1	工具、仪表	验电笔、钢丝钳、旋具（十字、一字）、电工刀、尖嘴钳、活扳手、万用表等	套	1
2	网孔板		面	1
3	自动开关	DZ-20	个	1
4	熔断器	RL7-63/35	个	3
5	熔断器	RL7-25/10	个	2
6	按钮	LA10-3H	个	2
7	接触器	CJ20-10（线圈电压 380V）	个	3
8	热继电器	JR16-40/3	个	1
9	时间继电器	JS7-2A	个	1
10	导线	BVR-1.5	米	若干
11	电动机	根据实训设备自定（选 3kW 以下小功率电动机）	台	1

3.4.3 工作过程

明确控制电路→准备实训设备及器材→绘制电器布置图并安装设备→绘制电气安装接线图并配线→线路及绝缘检查→通电试车。

电动机 Y-△ 换接降压启动控制电路的安装接线图如图 3-11 所示。

> 注意：不可带电安装设备或连接导线，断开电源后才能进行故障处理；通电检查和试车时必须通知指导老师及附近人员，在有指导教师现场监护的情况下才能通电试车。

3.4.4 项目考核

1. 分组考核（成绩占 50%）

按照工作过程分步考核，考查工作任务完成的进度、质量及创新点。

2. 单独考核（成绩占 40%）

按项目考核，考查相关技能是否掌握。

3. 综合素质考核（成绩占 10%）

按工作过程考核，考查安全、卫生、文明操作及团队协作精神。

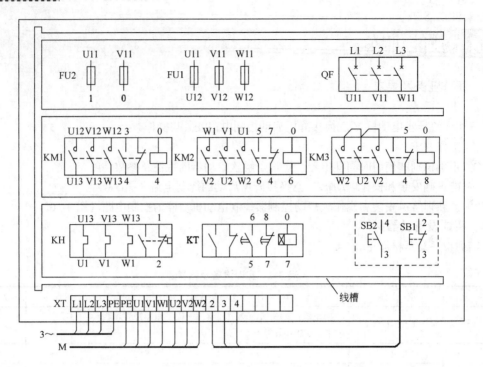

图 3-11　电动机 Y-△换接降压启动控制电路安装接线图

　　① 时间继电器用于延时控制。对通电延时型，当电磁线圈通电后，其触点延时动作；对断电延时型，当电磁线圈断电后，其触点延时动作。

　　② 中间继电器属于控制电器，在电路中起着信号传递和分配的作用，常用于增加被控制线路的数量或加大触点允许的开断容量。

　　③ 三相交流异步电动机，常用的降压启动方法是 Y-△换接、自耦变压器和软启动。

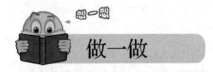

1. 请查询：固态继电器的特性、产品型号及用途。
2. 请查询：某种系列软启动控制器的特性、参数调整及使用应注意的事项。
3. 请思考：中间继电器的作用是什么？其与接触器有哪些异同点？
4. 请思考：电动机降压启动的方法有哪些？各适用什么场合？
5. 请动手：试画出通电延时型和断电延时型时间继电器的图形符号，并设计一个延时电路，使第 1 台电动机启动 6s 后，第 2 台电动机再启动；第 2 台电动机停止工作 5s 后，第 1 台电动机再停机。
6. 请动手：试绘出图 3-7 所示控制电路的安装接线图，并安装、调试。

项目 4 三相交流异步电动机制动控制

4.1 低压断路器

低压断路器又称为自动空气开关，是一种控制与保护电器。在电路正常工作时，作为电源开关使用，可不频繁地接通和分断负荷电路；在电路发生短路等故障时，又能自动跳闸切断故障电路，起到过流、过载、失压（欠压）等保护作用。

1. 低压断路器结构原理

低压断路器主要由触头系统、操作机构、过流脱扣器、热脱扣器、欠压或失压脱扣器和分励脱扣器等部分组成，其结构原理及电路图形符号如图 4-1 所示。

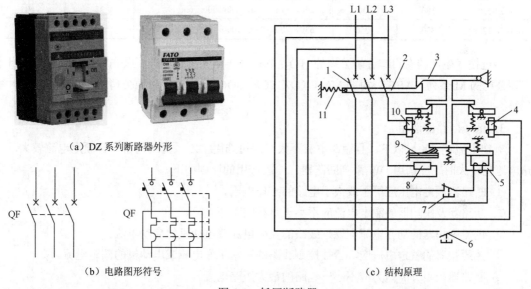

（a）DZ 系列断路器外形

（b）电路图形符号 （c）结构原理

图 4-1 低压断路器

1—主触头；2—跳钩；3—锁扣；4—分励脱扣器；5—失压脱扣器；6—分励脱扣按钮；
7—失压脱扣按钮；8—加热元件；9—热脱扣器；10—过流脱扣器；11—分闸弹簧

如图 4-1（c）所示，当线路上出现短路故障时，其过流脱扣器动作使开关跳闸，实现短路保护；如出现过载时，串接在一次线路中的加热元件发热，双金属片弯曲使开关跳闸，实现过载保护；当线路电压严重下降或电压消失时，其失压脱扣器动作使开关跳闸，实现欠压或失压保护；如果按下按钮 6 或 7，使分励脱扣器通电或失压脱扣器失压，可实现开关的远距离跳闸操作。

2. 低压断路器的型号及技术数据

低压断路器的种类很多，按用途分有配电用、电动机用、照明用和漏电保护用；按灭弧介质分有空气断路器和真空断路器；按极数分有单极、双极、三极和四极断路器等。配电用低压断路器按结构型式分有塑料外壳式（DZ 系列）和框架式（DW 系列）两大类。

国产低压断路器常用的有 DZ10、DZ10X（限流式）、DZ20、DZ15 等系列。DZ20 系列四极断路器主要用于额定电压 400V 及以下，额定电流 100~630A 的三相五线制系统中。DZ47 系列小型断路器主要用于额定电压 240/415V 及以下，额定电流至 60A 的电路中。常用 DZ10、DZ20 系列低压断路器的技术数据如表 4-1 所示。

表 4-1 DZ10、DZ20 系列低压断路器的技术数据

型号	额定电压 /V	额定电流 /A	过电流脱扣器 额定电流 /A	极限分断电流峰值 /kA	操作频率 /（次/h）
DZ10-100	380	100	15，20	3.5	60
			25，30，40，50	4.7	30
			60，80，100	7.0	30
DZ10-250	380	250	100，140，150，170，200，250	17.7	30
DZ10-600	380	600	200，250，350，400，500，600	25.5	30
DZ20-100	380	100	16，20，32，40，50，63，80，100	14~18	120
DZ20-225	380	200	100，125，160，180，200，225	25	120
DZ20-400	380	400	200，250，315，350，400	25	60
DZ20-630	380	630	250，315，350，400，500，630	25	60
DZ20-1250	380	1250	630，700，800，1000，1250	30	30

引进技术生产的有日本寺崎公司的 TO、TG、TH-5 系列，西门子公司的 3VE 系列，日本三菱公司的 M 系列，ABB 公司的 M611（DZ106）、SO60 系列，施耐德公司的 C45N（DZ47）系列等。

3．低压断路器选用

额定电流在 600A 以下，且短路电流不大时，可选用 DZ 系列断路器；若额定电流较大，短路电流也较大时，应选用 DW 系列断路器。一般选用的原则如下。

① 断路器额定电压应等于或大于电路的工作电压。

② 断路器及脱扣器的额定电流应不小于负载的工作电流。

③ 过流脱扣器的动作电流应躲过线路的尖峰电流或电动机的启动电流。

④ 热脱扣器的整定电流应等于被控制线路的正常工作电流或电动机的额定电流。

⑤ 断路器极限分断能力应不小于电路的最大短路电流。

4.2 速度继电器

速度继电器又称为反接制动继电器，主要用于三相交流异步电动机的反接制动控制。

感应式速度继电器的结构原理如图 4-2 所示，主要由定子、转子和触点三部分组成，在结构原理上与交流异步电动机类似，是靠电磁感应原理实现触点动作的。

常用的速度继电器有 JY1 和 JFZ0 两种系列。JY1 系列能在 700～3000r/min 范围内可靠工作。JFZ0-1 型适用于 300～1000r/min，JFZ0-2 型适用于 1000～3000r/min。速度继电器有两对常开、常闭触点，分别对应于被控电动机的正、反转运行。一般情况下，速度继电器的触点在转速达 120 r/min 时即能动作，转速在 100r/min 时触点即能恢复正常位置。通过调节螺钉可以改变速度继电器动作的转速，以适应不同控制的要求。

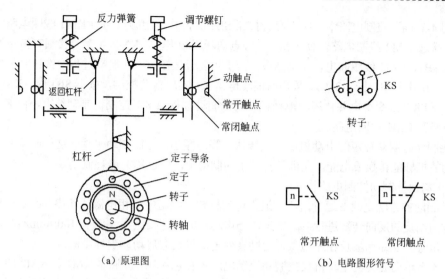

（a）原理图　　　　　　　　　　　（b）电路图形符号

图 4-2　速度继电器的结构原理及图形符号

4.3　控制电路

　　要使电动机拖动的机械设备迅速停车或准确定位，必须对电动机进行制动控制。制动停车的方式有机械制动和电气制动，机械制动一般采用电磁铁驱动机械抱闸机构实现制动；电气制动是采用电气控制方法在电动机上产生一个与原转子转动方向相反的制动转矩，迫使电动机迅速停车。常用的电气制动方法是能耗制动和反接制动。

　　1. 能耗制动控制电路

　　能耗制动是在电动机停车切断三相电源的同时，将一直流电源接入电动机定子绕组，产生一个静止磁场，此时电动机的转子由于惯性继续沿原来的方向转动，惯性转动的转子在静止磁场中切割磁力线，产生一与转子转动方向相反的电磁转矩，对转子起制动作用，使电动机迅速停车，制动结束后切除直流电源。图 4-3 是实现上述控制过程的控制电路，图中接触器 KM1 用于电动机的启停控制，接触器 KM2 用于电动机的制动控制，由变压器和整流元件构成的整流装置提供制动用直流电源，其控制原理如下。

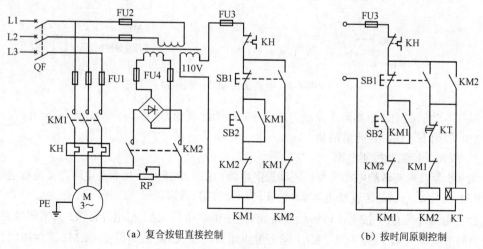

（a）复合按钮直接控制　　　　　　　　　（b）按时间原则控制

图 4-3　电动机能耗制动控制电路

在图 4-3（a）控制电路中，按下复合按钮 SB1 时，其常闭触点切断 KM1 线圈电路，同时其常开触点接通 KM2 线圈电路，使 KM1 主触点切断三相电源，KM2 主触点接通直流电源进行制动；松开 SB1，KM2 线圈断电，制动结束。由于用复合按钮控制，制动过程中按钮必须始终处于按下状态，操作不便。图 4-3（b）采用时间继电器 KT 实现自动控制，按下 SB1 时，KM1 线圈失电，KM2 和 KT 线圈得电并自锁，电动机制动，制动过程由 KT 控制；制动结束，由 KT 的延时动断触点断开 KM2 线圈电路。

能耗制动时制动转矩随电动机的惯性转速下降而减小，因而制动平稳。这种制动方法将转子惯性转动的机械能转换成电能，又消耗在转子的制动上，所以称为能耗制动。

2. 单向反接制动控制电路

反接制动的方法是改变运行过程中通入电动机定子绕组中三相电源的相序，产生一与转子惯性转动方向相反的反向转矩进行制动减速，当电动机的转速接近零（低于 100r/min）时，速度继电器发出信号，立即切除反相序电源，否则会使电动机反向启动，引发事故。

图 4-4 为单向旋转的电动机反接制动控制电路，主电路中用接触器 KM1 和 KM2 的主触点构成不同相序的接线，为限制反接制动电流，制动电路串接了制动电阻。电动机正转过程中，速度继电器 KS 的转子与电动机的轴相连，KS 的常开触点闭合，为反接制动作好准备。制动时，按下复合按钮 SB1，SB1 常闭触点断开，KM1 线圈失电并解除对 KM2 的联锁，于是 KM2 线圈由于 KS 的常开触点在转子惯性转动下仍然闭合而通电并自锁，电动机进行反接制动；当电动机转速接近零时，KS 的常开触点断开复位，使 KM2 线圈失电，制动结束停机。

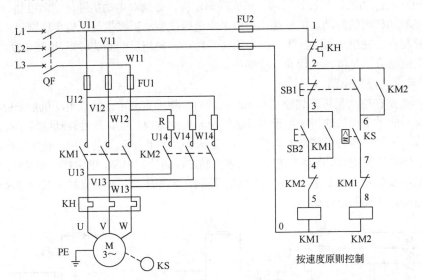

图 4-4　单向反接制动控制电路

反接制动的制动转矩实际上是反向启动转矩，因此制动力矩大，制动效果显著，但在制动时有冲击，制动不平稳，且能量消耗大。

3. 双向反接制动控制电路

图 4-5 为双向旋转的电动机反接制动控制电路。图中 R 既是反接制动电阻，又是启动限流电阻，KS1 和 KS2 分别是速度继电器 KS 的正转和反转常开触点。

合上电源开关 QF，按下正转启动按钮 SB2，中间继电器 KA1 得电并自锁，其常闭触点断开，联锁中间继电器 KA2 线圈电路；KA1 常开触点闭合，使 KM1 线圈得电，KM1 主触点闭合，电动机串电阻 R 降压启动。当电动机转速提升到一定值时，KS1 触点闭合，中间继电器 KA3 得电并自锁；这时由于 KA1、KA3 的常开触点闭合，使 KM3 线圈得电，KM3 主触点闭合，电阻 R 被短接，电动机全压运行。在电动机正常运行过程中，若按下停止按钮 SB1，则 KA1、KM1、KM3 的线圈先后失电；由于惯性 KS1 触点仍处于闭合状态，KA3 线圈仍处于得电状态，所以在 KM1 常闭触点解除联锁后，KM2 线圈便得电，其主触点闭合，使电动机定子绕组经电阻 R 获得反相序三相交流电源，对电动机进行反接制动，电动机转速迅速下降。当电动机转速低于 KS 返回值时，KS1 触点断开，KA3 线圈失电，其常开触点断开，使 KM2 释放，制动过程结束。

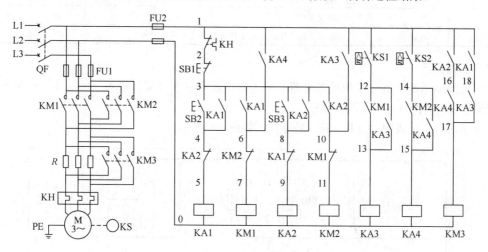

图 4-5　双向反接制动控制电路

电动机反向启动和制动停车过程与正转时类似，请读者自行分析。

4.4　技能训练

4.4.1　工作任务及要求

1．工作任务

三相交流异步电动机反接制动控制电路的安装与操作。

2．工作要求

① 正确识别、选用低压断路器和速度继电器；查询了解低压断路器过流脱扣器动作电流的整定及常见故障处理方法。

② 能正确安装和操作电动机单向反接制动控制电路（图 4-4）。

③ 创新训练：安装和操作电动机能耗制动控制电路，见图 4-3（b）。

4.4.2　实训设备及器材

实训设备及器材详见表 4-2。

表 4-2　实训设备及器材

序　号	名　称	型号与规格	单　位	数　量
1	工具、仪表	验电笔、钢丝钳、旋具（十字、一字）、电工刀、尖嘴钳、活扳手、万用表等	套	1
2	网孔板		面	1
3	低压断路器	DZ10-100	个	1
4	熔断器	RL7-63/35，RL7-25/10	个	5

序　号	名　　称	型号与规格	单　位	数　量
5	限流电阻	ZB2　1.45kW, 15.4A	个	3
6	按钮	LA10-3H	个	2
7	接触器	CJ20-10（线圈电压380V）	个	2
8	热继电器	JR16-40/3	个	1
9	速度继电器	JFZ0-1	个	1
10	导线	BVR-1.5	米	若干
11	电动机	根据实训设备自定（选3kW以下小功率电动机）	台	1

4.4.3　工作过程

明确控制电路→准备实训设备及器材→绘制电器布置图并安装设备→绘制电气安装接线图并配线→线路及绝缘检查→通电试车。

电动机单向反接制动控制电路安装接线图如图4-6所示。

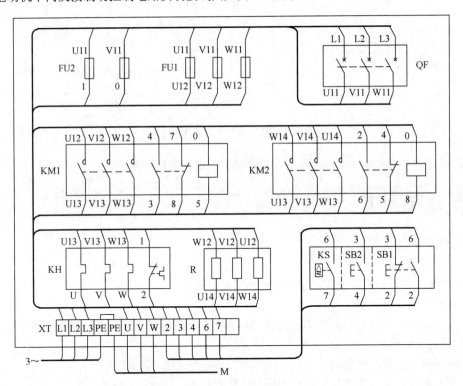

图4-6　电动机单向反接制动控制电路安装接线图

注意：不可带电安装设备或连接导线，断开电源后才能进行故障处理；通电检查和试车时必须通知指导老师及附近人员，在有指导教师现场监护的情况下才能通电试车。

4.4.4　项目考核

1．分组考核（成绩占50%）

按照工作过程分步考核，考查工作任务完成的进度、质量及创新点。

2．单独考核（成绩占40%）

按项目考核，考查相关技能是否掌握。

3．综合素质考核（成绩占 10%）

按工作过程考核，考查安全、卫生、文明操作及团队协作精神。

小　结

① 低压断路器是一种控制与保护电器，既可不频繁地接通和分断负荷电路，又能起到过流、过载、失压（欠压）等保护作用。

② 速度继电器主要用于三相交流异步电动机的反接制动控制。

③ 电动机常用的电气制动方法是能耗制动和反接制动。

想一想
做一做

1．请查询：低压断路器的保护特性及常见故障处理方法。

2．请查询：漏电保护型低压断路器的保护原理。

3．请思考：低压断路器在电路中的用途是什么？如何选用低压断路器？

4．请思考：某自动开关的型号为 DZ10-100/330，其型号中各项含义是什么？它有哪些脱扣装置和保护功能？

5．请动手：某电动机双向运转，要求正反向能耗制动停车，试按速度控制原则设计其制动的控制电路。

6．请动手：试绘出图 4-3（b）所示控制电路的安装接线图，并在网孔板上安装、调试成功。

项目 5 三相交流异步电动机调速等控制

5.1 调速控制

1．调速方法

为了满足生产工艺的要求，常常需要改变电动机的转速。三相交流异步电动机的转速可通过以下三种方法来实现。

（1）变极调速 改变电动机的磁极对数实现调速，适用于笼型异步电动机。

（2）改变转差率调速 改变电动机转差率调速，适用于绕线式异步电动机。

（3）变频调速 改变电动机电源频率调速，调速范围宽，平滑性好。

2．变极调速的接线原理

双速电动机变极调速的接线及磁场形成原理如图 5-1 所示。其定子绕组的接线是由三角形改为双星形（△→YY），即由图 5-1（a）连接改为图 5-1（b）连接。当定子每相绕组的两个半绕组串联后接入三相电源，电流流动方向及磁场形成如图 5-1（c）所示，形成四极低速运行；若定子每相绕组的两个半绕组并联，由中间接线端子引入三相电源，其首尾连接在一起构成双星接线时，电流流动方向及磁场形成如图 5-1（d）所示，则形成两极高速运行。

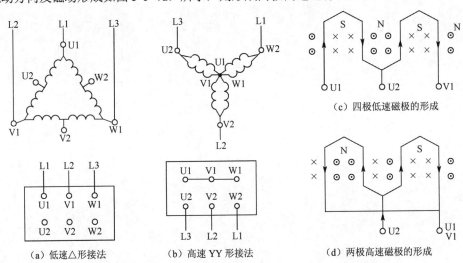

（a）低速△形接法　　　　（b）高速 YY 形接法　　　　（c）四极低速磁极的形成
（d）两极高速磁极的形成

图 5-1　双速电动机变极调速的接线及磁场形成原理图

双速电动机定子绕组由△→YY 或由 Y→YY 接线，其磁极对数减少一倍，转速增加一倍。Y→YY 切换适用于拖动恒转矩性质的负载；△→YY 切换适用于拖动恒功率性质的负载。

值得注意的是，由于磁极对数的变化，不仅使转速发生了变化，而且使旋转磁场的方向也改变了，为了维持电动机原来的转向不变，就必须在变极的同时改变三相定子绕组接电源的相序。

3．双速电动机控制电路

双速电动机变极调速的控制电路如图 5-2 所示。主电路中，电源开关采用具有过流保护功能的低压断路器，兼有控制与保护的双重功能；接触器 KM1 用于电动机定子绕组的△接控制；接触器 KM2 和 KM3 用于电动机定子绕组的 YY 接控制。控制电路中，其高、低速控制电路采用按钮和接触器双重联锁，确保电路安全工作。电路的控制过程如下。

　　按下低速启动按钮 SB1，KM1 得电并自锁，电动机绕组△形连接，在四极低速下运行，电源相序为 L1-L2-L3。按下高速启动按钮 SB2，KM2、KM3 得电，KM2 自锁，电动机绕组换接成 YY 形连接，在两极高速下运行，电源相序为 L3-L2-L1。

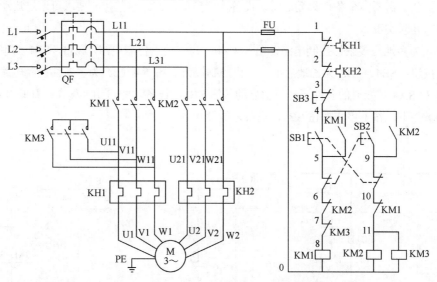

图 5-2　双速电动机变极调速的控制电路

5.2　点动/连动控制

　　生产设备正常运行时，一般采用连续运行方式，但有的设备运行前需要先用点动调整其工作位置，点动与连动混合控制就能实现这种工艺要求。

　　点动与连动混合控制的控制电路如图 5-3 所示，图 5-3（b）采用按钮控制，其中 SB2 是连续控制按钮，SB3 为复合按钮，用于点动控制，其常闭触点与接触器 KM 自锁触点串接，当按下点动按钮时，先切断了自锁电路，使自锁电路不起作用。图 5-3（c）采用按钮与中间继电器联合控制，其中 SB2 是连续控制按钮，通过中间继电器 KA 实现自锁连动功能，SB3 用于点动控制。

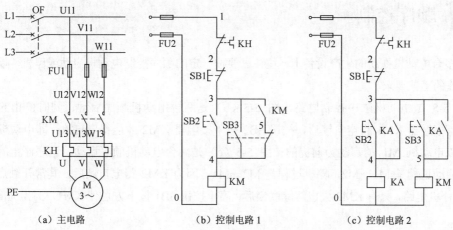

（a）主电路　　　　　　（b）控制电路 1　　　　　　（c）控制电路 2

图 5-3　点动与连动混合控制电路

5.3 多地与多条件控制

在大型设备上，为了操作方便，常要求能在多个地点进行控制操作；而在某些设备上，为了保证操作安全，需要多个条件都满足时，设备才能启动工作。这些控制要求可通过启动按钮或停止按钮的串并联实现。

图 5-4 为多地与多条件控制电路，图 5-4（b）为多地点控制电路，SB3、SB1 为甲地启动、停止控制按钮；SB4、SB2 为乙地启动、停止控制按钮。图 5-4（c）为多条件控制电路，只有在开关 SA3 和 SA4 都接通的条件下，按下启动按钮 SB2，设备才能启动；同样在开关 SA1 和 SA2 都断开的条件下，按下停止按钮 SB1，设备才能停止。

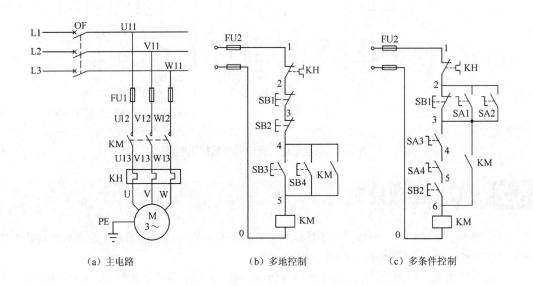

（a）主电路　　　　　　　（b）多地控制　　　　　　　（c）多条件控制

图 5-4　多地与多条件控制电路

5.4 顺序控制

在多台电动机拖动的生产设备上，往往需要按一定的顺序控制电动机启动或停机，以满足按顺序工作的工艺要求。

图 5-5 是电动机顺序控制电路，图 5-5（b）是两台电动机顺序启动、同时停止的控制电路，只有接触器 KM1 得电自锁后，按钮 SB2 按下接触器 KM2 才能得电自锁，即电动机 M2 的启动是以电动机 M1 的启动为前提的；图 5-5（c）是两台电动机顺序启动、逆序停止的控制电路，即启动过程是 M1→M2，停机过程是 M2→M1，因为 KM2 得电自锁后，其常开触点联锁了 KM1 的停机电路，只有 KM2 失电解除联锁后，停止按钮 SB1 按下方可使 KM1 失电，才能使 M1 停机。

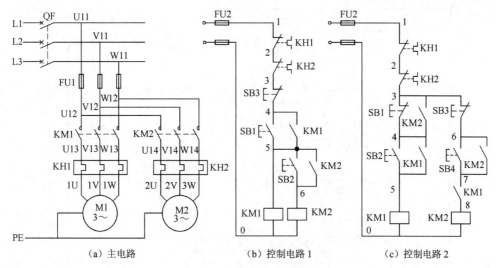

图 5-5　顺序控制电路

5.5　技能训练

5.5.1　工作任务及要求

1．工作任务

三相交流异步电动机顺序控制电路的安装与操作。

2．工作要求

① 查询了解三相绕线式异步电动机转子串电阻调速的控制电路。

② 能正确安装和操作电动机顺序控制电路，见图 5-5（c）。

③ 创新训练：安装和操作双速电动机变极调速控制电路（图 5-2）。

5.5.2　实训设备及器材

实训设备及器材详见表 5-1。

表 5-1　实训设备及器材

序　号	名　　称	型号与规格	单位	数量
1	工具、仪表	验电笔、钢丝钳、旋具（十字、一字）、电工刀、尖嘴钳、活扳手、万用表等	套	1
2	网孔板		面	1
3	低压断路器	DZ10-100	个	1
4	熔断器	RL7-63/35，RL7-25/10	个	5
5	按钮	LA10-3H	个	4
6	接触器	CJ20-10（线圈电压 380V）	个	2
7	热继电器	JR16-40/3	个	2
8	导线	BVR-1.5	米	若干
9	电动机	根据实训设备自定（选 3kW 以下小功率电动机）	台	2

5.5.3　工作过程

明确控制电路→准备实训设备及器材→绘制电器布置图并安装设备→绘制电气安装接线图并配线→线路及绝缘检查→通电试车。

图 5-5（c）控制电路对应的安装接线图如图 5-6 所示（供参考）。

> 注意：不可带电安装设备或连接导线，断开电源后才能进行故障处理；通电检查和试车时必须通知指导老师及附近人员，在有指导教师现场监护的情况下才能通电试车。

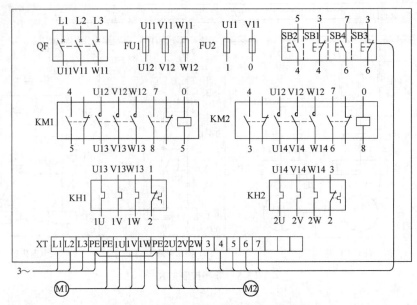

图 5-6　电动机顺序控制电路安装接线图

5.5.4　项目考核

1. 分组考核（成绩占 50%）

按照工作过程分步考核，考查工作任务完成的进度、质量及创新点。

2. 单独考核（成绩占 40%）

按项目考核，考查相关技能是否掌握。

3. 综合素质考核（成绩占 10%）

按工作过程考核，考查安全、卫生、文明操作及团队协作精神。

① 双速电动机定子绕组由△→YY 或由 Y→YY 接线，由于磁极对数的变化，不仅使转速发生了变化，而且使旋转磁场的方向也改变了，为了维持电动机原来的转向不变，就必须在变极的同时改变三相定子绕组接电源的相序。

② 电动机异地控制时，启动按钮应并接，停止按钮应串接。

③ 点动与连动混合控制及顺序控制，都是生产机械常用的控制环节，应熟练掌握。

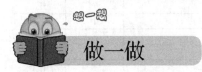

1. 请查询：三相绕线式异步电动机转子串电阻调速的控制电路。

2. 请查询：直流电动机启动、制动及调速控制电路。

3. 请思考：如何用按钮和转换开关实现电动机的点动与连动控制？

4. 请思考：电动机控制电路中常用的保护措施有哪些？

5. 请动手：试设计一个双速电动机的控制电路，使其具有以下控制功能：

① 分别由两个按钮控制电动机的低速与高速启动，由一个按钮控制电动机的停止；

② 高速启动时，电动机先接成低速，经延时后自动换接成高速；

③ 有短路与过载保护。

6. 请动手：试绘出图 5-2 所示控制电路的安装接线图，并在网孔板上安装、调试成功。

项目 6　CA6140 型车床电气故障检修

6.1　车床概述

1. 车床的结构与用途

普通卧式车床的结构如图 6-1 所示，其主要由床身、主轴变速箱、进给箱、挂轮箱、溜板箱、溜板与刀架、尾架、丝杠和光杠等部件组成。

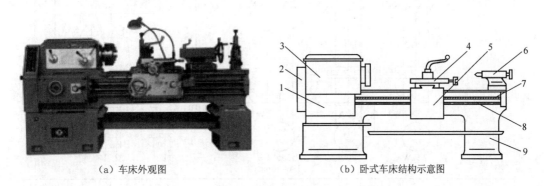

（a）车床外观图　　　　　　　　　　　　（b）卧式车床结构示意图

图 6-1　普通车床结构

1—进给箱；2—挂轮箱；3—主轴变速箱；4—溜板与刀架；5—溜板箱；6—尾架；7—丝杠；8—光杠；9—床身

车床是金属切削机床中应用较广泛的一种，主要用于车削外圆、内圆、端面、螺纹和定型表面，也可用钻头、铰刀等进行钻孔和铰孔等加工。

2. 车床的运动及控制要求

车床的主运动是工件的旋转运动，主轴通过卡盘带动工件旋转。车削加工时，需要根据被加工工件材料、刀具种类、工件尺寸、工艺要求等来选择不同的切削速度，所以要求主轴能在较大的范围内调速。主轴一般选用三相交流异步电动机拖动，采用直接启动、机械变速机构调速、机械或电气制动。车削加工时，主轴一般不要求反转，但在加工螺纹时，需要反转退刀，这是通过换向手柄和机械传动环节实现的。

车床的进给运动是溜板带动刀架的纵向或横向直线运动。加工螺纹时，工件的旋转速度与刀具的进给速度应有严格的比例关系，为此，车床进给箱与主轴箱之间通过齿轮传动来连接，由一台电动机拖动，通过丝杠带动溜板运动。

车床的辅助运动有刀架的快速移动和尾架的移动等。刀架的快速移动单独由一台电动机拖动，通过点动控制，靠机械传动环节实现不同方向的快速移动。

车削加工时，刀具和工件需要切削液进行冷却。冷却泵电动机要求在主轴电动机启动之后方可启动，当主轴电动机停止时，冷却泵电动机也停止工作。

车床控制电路应有必要的保护环节，安全可靠的照明和信号指示。

6.2 CA6140 型车床控制电路

CA6140 型车床电气原理图如图 6-2 所示，其控制电路分析如下。

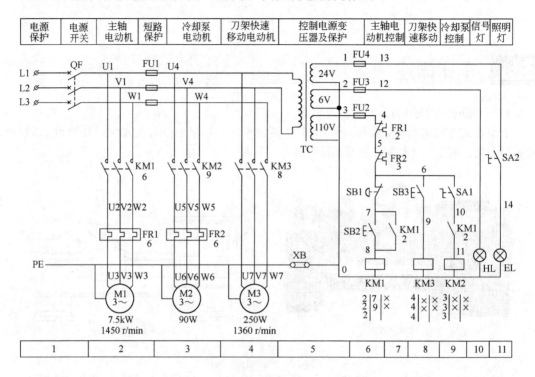

图 6-2　CA6140 型车床电气原理图

1. 主电路

主电路中有三台电动机：M1 为主轴电动机，带动主轴旋转和刀架作进给运动，M2 为冷却泵电动机，M3 为刀架快速移动电动机。

三相电源通过低压断路器 QF 引入，M1 的短路保护由 QF 的过流脱扣器来实现，熔断器 FU1 作 M2 和 M3 的短路保护。M1 由接触器 KM1 控制，热继电器 FR1 作过载保护；M2 由接触器 KM2 控制，热继电器 FR2 作过载保护；M3 由接触器 KM3 控制。

2. 控制电路

控制电路由控制变压器 TC 供电（110V），采用熔断器 FU2 作短路保护。

（1）主轴电动机控制　按下启动按钮 SB2，接触器 KM1 线圈得电并自锁，其主触点闭合使 M1 启动运行，同时 KM1 的常开触点闭合为冷却泵电动机启动作好准备。按下停止按钮 SB1，主轴电动机 M1 停车。

（2）冷却泵电动机控制　车削加工过程需要冷却液时，合上开关 SA1，接触器 KM2 线圈得电，其主触点闭合使 M2 通电运行；当 M1 停止运行时，M2 也随之停机。

（3）刀架快速移动控制　刀架快速移动电动机 M3 由按钮 SB3 作点动控制。

3. 照明、信号电路

控制变压器 TC 输出的 24V 和 6V 电压，作为机床安全照明和信号灯电源。EL 为机床安全照明灯，由开关 SA2 控制，HL 为电源指示灯。

6.3 CA6140 型车床电气故障检修

6.3.1 常见故障的检查与分析

CA6140 型车床运行与调试过程中常见的故障、原因及诊断方法如下。

1．合上电源开关 QF，电源指示灯 HL 不亮

① 合上照明开关 SA2，如果照明灯 EL 亮，表明控制变压器 TC 之前的电路没有问题。可检查熔断器 FU3 是否熔断；控制变压器 6V 绕组及输出电压是否正常；指示灯灯泡是否烧坏；灯泡与灯座之间接触是否良好。

② 合上照明开关 SA2，如果照明灯 EL 不亮，则故障很可能在 TC 之前。首先应检查熔断器 FU1 是否熔断，如果没有问题，可用万用表交流 500V 挡测量电源开关 QF 前后的电压是否正常，以确定故障是电源无电压，还是开关接触不良或损坏。

2．合上电源开关 QF，电源指示灯 HL 亮，合上开关 SA2，照明灯 EL 不亮

按照上述查找故障的方法确定故障点。

3．启动主轴，电动机 M1 不转

在电源指示灯亮的情况下，首先检查接触器 KM1 是否吸合。

① 如果 KM1 不吸合，可检查热继电器 FR1、FR2 触点是否复位；熔断器 FU2 是否熔断。如果没有问题，可用万用表交流 250V 挡顺次检查接触器 KM1 线圈回路的 110V 电压是否正常，从而确定是 TC 绕组问题，还是 KM1 线圈烧坏，还是熔断器插座或某个触点接触不良，或是回路中接线有问题。

② 如果 KM1 吸合，电动机 M1 还不转，首先应检查 KM1 的主触点接触是否良好，再检查 M1 主回路的接线及 M1 进线的电压是否正常。如果 M1 进线电压正常，则是电动机本身的问题，如电动机 M1 断相，或者因为负载过重引起电动机不转。

4．主轴电动机启动，但不能自锁，或工作中突然停转

首先应检查接触器 KM1 的自锁触点接触是否良好，如果没有问题，再检查自锁回路及 KM1 线圈回路接线是否有接触不良的问题。

5．按停止按钮 SB1，主轴电动机不停

断开电源开关 QF，看接触器 KM1 是否释放。如果 KM1 释放，说明 KM1 控制回路有短路现象，应进一步排查；如果 KM1 不释放，表明接触器内部有机械卡死现象，或其主触点因"熔焊"而粘死，需拆开修理。

6．合上冷却泵开关 SA1，冷却泵电动机 M2 不转

首先启动主轴电动机，在主轴正常运转的情况下，检查接触器 KM2 是否吸合。

① 如果 KM2 不吸合，应检查 KM2 线圈两端有无电压。如果有电压，说明 KM2 线圈损坏；如果无电压，应检查 KM1 辅助触点、开关 SA1 接触是否良好。

② 如果 KM2 吸合，应检查 M2 进线电压有无断相，电压是否正常。如果电压正常，说明冷却泵电动机或冷却泵有问题。如果电压不正常，可能是热继电器 FR2 烧坏、KM2 主触点接触不良，也可能是接线问题。

7．按下刀架快速移动按钮 SB3，刀架不移动

启动主轴和冷却泵电动机，在其运转正常的情况下，检查接触器 KM3 是否吸合。如果 KM3 吸合，应进一步检查 KM3 的主触点是否接触不良、刀架快速移动电动机 M3 是否有问题、机械负载是否有卡死现象；如果 KM3 不吸合，则应检查 KM3 的线圈、刀架快移按钮 SB3 及相关接线。

6.3.2 常见故障的排除及注意事项

① 发现熔断器熔断以后，不要急于更换熔断器的熔件，应仔细分析熔断器熔断的原因。如果是负载电流过大或有短路现象，应进一步查出故障并排除后，再更换熔断器的熔件；如果是熔件的额定电流不够，应根据所接负载重新核算选用合适的熔件；如果是接触不良引起的，应对熔断器的触座进行修理或更换。

② 如果检测出是电动机、变压器、接触器、按钮或开关等设备出了故障，应对其进行修理或更换。

③ 对于接触器主触点因"熔焊"而粘死的故障，一般是由于负载短路造成的，一定要将负载短路的问题解决后再试验。

④ 由于故障的诊断与修理，许多情况下需要带电操作，一定要严格遵守电工操作规程，确保安全。

6.4 技能训练

6.4.1 工作任务及要求

1. 工作任务

CA6140 型车床控制电路的安装与调试。

2. 工作要求

① 查询了解三相交流异步电动机常见故障及检修方法。

② 能正确安装和调试 CA6140 型车床控制电路（图 6-2）。

③ 创新训练：以 CA6140 型车床控制电路为训练背景，老师设置故障（2~3 处），学生自行检查、诊断并处理。

6.4.2 实习设备及器材

实习设备及器材详见表 6-1。

表 6-1　实习设备及器材

序　　号	名　　称	型号与规格	单　位	数　　量
1	工具、仪表	验电笔、钢丝钳、旋具（十字、一字）、电工刀、尖嘴钳、活扳手、手电钻、万用表等	套	1
2	线路板	CA6140 型车床控制电路电器安装及配线板	面	1
3	低压断路器	DZ10-100	个	1
4	熔断器	RL1-15/4	个	6
5	按钮	LA10-3H	个	3
6	接触器	CJ20-10/CJ20-20（线圈电压 380V）	个	2+1
7	开关	HZ10 系列	个	2
8	热继电器	JR16-20/30	个	2
9	信号灯	ND16 系列	只	2
10	变压器	JBX2-BK100	台	1
11	导线	BV-2.5，BVR-1	米	若干
12	电动机	根据实习设备选定	台	3

6.4.3 工作过程

1. 制作配电板

CA6140 型车床电气原理图如图 6-2 所示，电气安装接线图如图 6-3 所示。

（1）配电板选料　配电板可用厚 2.5~3mm 的钢板制作，上面覆盖一张 1mm 左右的布质酚醛层压板，也可以将钢板涂以防锈漆。配电板要小于配电柜门框的尺寸，使其安装电气元器件后能自由进出柜门。

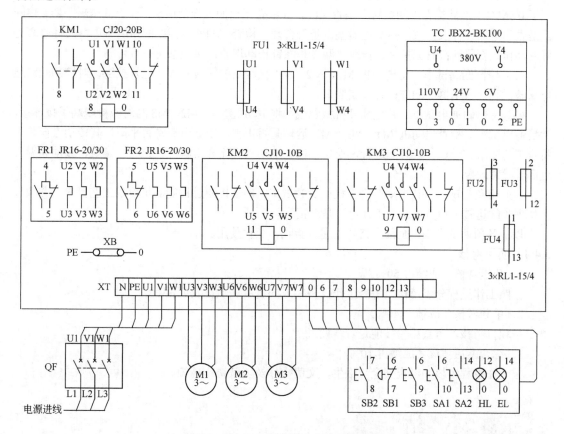

图6-3 CA6140型车床电气安装接线图

（2）配电板制作 先将所有的元器件备齐，然后将这些元器件在配电板上进行模拟排列。元器件布局要合理，力求连接导线短，符合其动作的顺序。钢板要求无毛刺并倒角，四边呈90°，表面平整。用划针在底板上画出元器件装配孔的位置，然后移开所有的元器件，并校核每一个元器件安装孔的尺寸，然后定中心→钻孔→攻螺纹，最后刷漆。

2．安装元器件

安装元器件时，元器件与底板要保持横平竖直，所有元器件在底板上要固定牢固，不得有松动现象。安装接触器时，要求散热孔朝上。

3．连接主回路

主回路的连接线一般采用 2.5mm² 单股塑料铜芯线，或按图样要求的导线规格配线。元器件上端子的接线，用剥线钳将导线切出适当长度，剥出接线头，除锈，然后镀锡，套上号码套管，接到接线端子上用螺钉拧紧即可。

配线顺序应从电源到负载依次进行，全部接线完成后，应检查有无漏线和接错的线。

4．连接控制回路

控制回路一般采用 1mm² 的单股塑料铜芯线。配线过程可按控制回路依次进行。

5．检查

对照电气原理图和安装接线图检查主回路和控制回路。检查布线是否合理、正确，所有接线螺钉是否拧紧、牢固，导线是否平直、整齐。

6. 通电调试

（1）检查电器元件　首先测量绝缘，测量电动机 M1、M2、M3 绕组间及对地绝缘电阻是否大于 0.5MΩ。然后检查电动机转动是否灵活，轴承有无缺油等异常现象；检查低压断路器、熔断器是否和电器元件表一致，热继电器整定是否合理；检查主回路、控制回路所有电器元件是否完好、动作是否灵活；有无接错、掉线、漏接和螺钉松动现象；接地系统是否可靠。

（2）控制回路试车　将电动机 M1、M2、M3 接线端的接线断开，包好绝缘，对控制回路通电试验，确认各电器的动作符合控制要求。

（3）主回路通电试车　首先断开机械负载，将电动机 M1、M2、M3 与对应接线端子排连接，然后通电试车。检查电动机 M1、M2、M3 运转是否正常，空载电流是否平衡，其转动方向是否符合工艺要求。经过一段时间运行，观察、检查电动机有无异常响声、异味、冒烟、振动和温升过高等异常现象。

（4）带负载试车　让电动机带上机械负载试车，确认控制过程能满足设备工艺要求，并按最大切削负载运转，检查电动机工作电流是否正常。

以上各项调试完毕，全部合格才能通过验收，交付使用。

6.4.4　项目考核

1. 分组考核（成绩占 50%）

按照工作过程分步考核，考查工作任务完成的进度、质量及创新点。

2. 单独考核（成绩占 40%）

按项目考核，考查相关技能是否掌握。

3. 综合素质考核（成绩占 10%）

按工作过程考核，考查安全、卫生、文明操作及团队协作精神。

小　结

CA6140 型车床电气控制，是国家职业技能鉴定初、中级维修电工要求的基本内容，应重点掌握其控制电路的安装与调试、运行过程中常见故障的分析与检修。

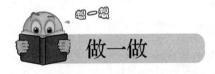

做一做

一、判断题

1. 电动机是使用最普通的电气设备之一，一般在 70%~95% 额定负载下运行时，效率最低，功率因数大。
　　　　　　　　　　　　　　　　　　　　　　　　　　　　　　　　　　　　　　（　　）

2. CA6140 型车床的主轴、冷却泵、刀架快速移动分别由两台电动机拖动。（　　）

3. CA6140 型车床的公共控制回路是 0 号线。（　　）

4. 电动机受潮，绝缘电阻下降，应拆除绕组，更换绝缘。（　　）

5. 机械设备电气控制线路调试前，应将电子器件的插件全部拔出，检查设备的绝缘及接地是否良好。
　　　　　　　　　　　　　　　　　　　　　　　　　　　　　　　　　　　　　　（　　）

二、选择题

1. CA6140 型车床控制线路的电源是通过变压器 TC 引入到熔断器 FU2，经过串联在一起的热继电器 FR1 和 FR2 的辅助触点接到端子板（　　）。

A. 1 号线   B. 2 号线   C. 4 号线   D. 6 号线

2. 采用热装法安装滚动轴承时，首先将轴承放在油锅里煮，油的温度保持在（   ）左右。

     A. 50℃   B. 70℃   C. 100℃   D. 120℃

3. 机床电路电气连接时，元器件上端子的接线用剥线钳将导线切出适当长度，剥出接线头，除锈，然后（   ），套上号码套管，接到接线端子上用螺钉拧紧即可。

     A. 镀锡   B. 测量长度   C. 整理线头   D. 清理线头

4. 机床的电气连接时，所有接线应（   ），不得松动。

     A. 连接可靠   B. 长度合适   C. 整齐   D. 除锈

5. CA6140 型车床是机械加工行业中最为常见的金属切削设备，其机床电源开关在机床（   ）。

     A. 右侧   B. 正前方   C. 左前方   D. 左侧

三、简答题

1. CA6140 型车床运行与调试过程中常见的故障有哪些？如何处理？

2. CA6140 型车床控制电路安装的工艺过程是什么？有哪些质量要求？

3. 试总结机床线路调试的一般工作过程。

项目7　X6132型万能铣床电气安装

7.1　铣床概述

1．铣床的结构与用途

图 7-1 所示是卧式万能升降台铣床，其主要由床身、主轴变速箱、进给变速箱、悬梁、刀杆支架、升降台、溜板及工作台等部分组成。

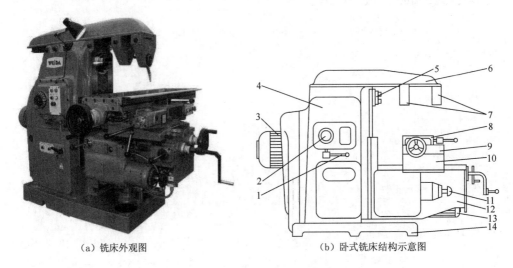

（a）铣床外观图　　　　　　　　　　　（b）卧式铣床结构示意图

图 7-1　卧式万能升降台铣床结构

1—主轴变速手柄；2—主轴变速盘；3—主轴电动机；4—床身；5—主轴；6—悬梁；7—刀杆支架；8—工作台；
9—转动部分；10—溜板；11—进给变速手柄及变速盘；12—升降台；13—进给电动机；14—底盘

铣床可用于加工平面、斜面、沟槽，装上分度头可以铣削直齿齿轮和螺旋面，装上圆工作台还可铣削凸轮和弧形槽。若配置相应的附件，还可以扩大机床的加工范围，如安装万能立铣头，可以使铣刀回转任意角度，完成立式铣床的工作。

2．铣床的运动及控制要求

（1）主运动　铣刀的旋转运动。铣刀安装在主轴与刀杆支架上，由主轴带动其旋转。主轴由主轴电动机拖动，通过主轴变速箱进行机械调速，获得所需要的铣削速度；为能进行顺铣和逆铣加工，要求主轴能够正反转，通过选择开关预选主轴电动机的旋向；为缩短停车时间，主轴停车时采用电磁离合器实现机械制动；为了使主轴变速时齿轮易于啮合，减小齿轮端面的冲击，要求主轴电动机在变速时具有变速冲动控制环节；为适应铣削加工时正面和侧面操作的需要，要求两地控制操作。

（2）进给运动　工作台带动工件相对于铣刀的移动。进给运动分纵向（左、右）、横向（前、后）和垂直（上、下）6 个方向，通过选择进给方向的手柄与行程开关，配合进给电动机的正反转来实现；进给速度通过机械调速环节实现，要求有变速冲动控制环节；为便于操作，进给运动分两地控制。

在铣削加工中，为了防止工件与铣刀碰撞发生事故，要求进给运动要在铣刀旋转时才能进行，所以进给电动机的控制要有顺序联锁。

为了保证机床、刀具的安全，铣削加工时，只允许工作台作一个方向的进给运动；使用圆工作台加工时，不允许工件纵向、横向和垂直方向的直线进给运动。为此，各方向进给运动之间应具有联锁控制环节。

（3）辅助运动　工件在纵向、横向和垂直 6 个方向的快速移动。

7.2　X6132 型万能铣床控制电路

X6132 型万能铣床电气原理图如图 7-2 所示。该机床用三台电动机拖动，主轴电动机 M1、冷却泵电动机 M2 和进给电动机 M3。三台电动机用熔断器作短路保护，用热继电器作过载和断相保护。

7.2.1　主轴电动机的控制

1．主轴启动

合上开关 QS 接通电源，把换向开关 SA3 转到主轴所需的旋转方向，按下启动按钮 SB3 或 SB4 使接触器 KM1 得电并自锁，即可启动主轴电动机 M1。

2．主轴停车制动

按下停止按钮 SB1-1 或 SB2-1，KM1 线圈断电，其常闭触点（104-105）闭合，接通主轴制动电磁离合器 YC1，主轴因制动而迅速停车。

3．主轴变速冲动

主轴变速时，首先将变速盘上的变速操作手柄拉出，然后转动变速盘选好速度，在变速手柄推回原来位置的过程中，瞬间压下行程开关 SQ7，SQ7-1（3-11）触点闭合，使接触器 KM1 瞬时通电，主轴电动机即作瞬时转动，以利于变速齿轮啮合。

主轴正在旋转变速时，不必先按下停止按钮再变速，因为在变速手柄推回原来位置的过程中，通过变速手柄使行程开关 SQ7-2（3-5）触点断开，KM1 线圈因断电而释放，电动机 M1 停止转动。

4．主轴上刀制动

主轴上刀换刀时，先将转换开关 SA2 扳到"接通"位置，其触点 SA2-1（2-3）断开了控制回路的电源，SA2-2（105-106）接通了 YC1 回路，使主轴得以制动。上刀完毕，再将 SA2 扳到"断开"位置，主轴方可启动。

7.2.2　进给电动机的控制

将电源开关 QS 合上，启动主轴电动机 M1，接触器 KM1 吸合并自锁后，就可以启动进给电动机 M3。

进给电动机拖动工作台 6 个方向直线运动的示意图如图 7-3 所示。此时，圆工作台选择开关 SA1 应在"断开"位置，其触点 SA1-2 断开、SA1-1 和 SA1-3 接通，确保直线进给运动控制回路的接通。

1．工作台 6 个进给方向运动的控制

如图 7-3 所示，工作台的左右运动由纵向操作手柄控制，其联动机构通过行程开关 SQ1 和 SQ2，分别控制工作台向右或向左运动，手柄所指的方向就是工作台运动的方向。

升降台的上、下运动和工作台的前、后运动由操作手柄控制，手柄的联动机构与行程开关相连接。行程开关装在升降台的左侧，后面一个是 SQ3，用于控制工作台向前和向下运动；前面一个是 SQ4，用于控制工作台向后和向上运动。

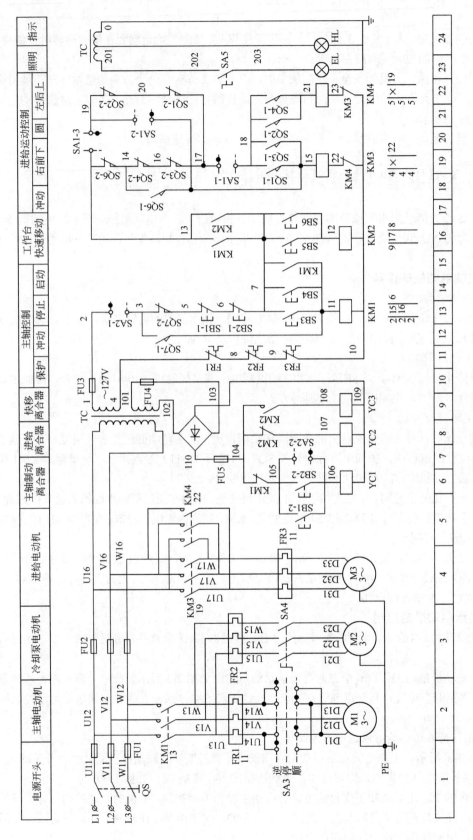

图 7-2 X6132 型万能铣床电气原理图

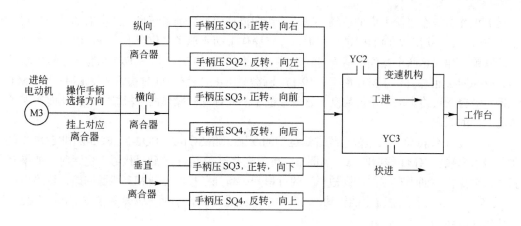

图 7-3   进给电动机拖动工作台 6 个方向运动示意图

工作台向后、向上手柄压 SQ4 及工作台向左手柄压 SQ2,接通接触器 KM4 线圈,进给电动机 M3 反转,工作台即按选择的方向作进给运动。

工作台向前、向下手柄压 SQ3 及工作台向右手柄压 SQ1,接通接触器 KM3 线圈,进给电动机 M3 正转,工作台即按选择的方向作进给运动。

2．进给变速"冲动"控制

先将纵向操作手柄和十字操作手柄置于中间位置,即在进给停止时才能进行变速操作。

变换进给速度时,把蘑菇形手柄向前拉到极限位置,将其转到所需要的速度,再将变速盘往里推,在反向推回之中借助孔盘推动行程开关 SQ6,其常开触点 SQ6-1(14-15)闭合一下,瞬间接通接触器 KM3,进给电动机 M3 作瞬时转动,使齿轮容易啮合。变速"冲动"的控制回路是:1→FU3→2→SA2-1→SQ7-2→5→7→KM1→13→SA1-3→SQ2-2→SQ1-2→SQ3-2→SQ4-2→14→SQ6-1→15→KM3 线圈→22→KM4→10→FR3~FR1→4。

3．快速移动控制

为了缩短对刀时间,需要将工件快速移动到加工位置。主轴启动以后,将进给操作手柄扳到所需要的位置,工作台就按操作手柄所指的方向以选定的速度工进,此时如按下快速移动按钮 SB5 或 SB6,接触器 KM2 线圈通电,KM2 常闭触点(104-107)断开,切断进给离合器 YC2 回路;KM2 常开触点(104-108)闭合,接通快速移动离合器 YC3 回路,工作台按原运动方向作快速移动,松开按钮 SB5 或 SB6,快速移动立即停止,工作台就以原进给方向和速度继续运动。

未启动主轴时,也可进行工作台的快速移动。将操作手柄选择到所需位置,然后按下快速移动按钮 SB5 或 SB6,即可进行快速移动。

4．圆工作台控制

圆工作台的回转运动是由进给电动机 M3 经传动机构驱动的。如果要使用圆工作台,首先应把圆工作台选择开关 SA1 扳到"接通"位置,使 SA1-2 闭合,SA1-1 和 SA1-3 断开,同时将进给操作手柄都打到零位,电动机 M1、M3 分别由 KM1、KM3 控制运转,拖动圆工作台转动。圆工作台的控制回路是:1→FU3→SA2-1→SQ7-2→7→KM1→13→SQ6-2→14→SQ4-2→SQ3-2→SQ1-2→SQ2-2→SA1-2→15→KM3 线圈→KM4→FR3~FR1→4。

5．进给控制环节的联锁

(1)主轴电动机与进给电动机之间的联锁   在接触器 KM3 及 KM4 线圈回路中串接了 KM1 常开辅助触点(7-13),使主轴启动以后,进给运动才能动作,以防止在主轴不转时,工件与铣刀相撞。

（2）工作台 6 个进给方向的联锁　工作台纵向操作手柄只能置于向左或向右的一个位置，实现了工作台左、右运动方向的联锁。同理，十字操作手柄实现了工作台上、下、前、后 4 个运动方向的联锁。如果这两个操作手柄同时置于某一进给位置，SQ1-2 与 SQ2-2 总有一个被压断开，SQ3-2 与 SQ4-2 也总有一个被压断开，19-17 支路与 14-17 支路被同时切断，使 KM3 与 KM4 不可能得电吸合，进给电动机不能启动。这就保证了不允许同时操作两个机械手柄，从而实现了 6 个进给方向的联锁。

（3）圆工作台转动与工作台直线进给运动的联锁　将 SQ1-2、SQ2-2、SQ3-2 和 SQ4-2 的 4 个常闭触点串接在 KM3 线圈回路，当圆工作台的选择开关 SA1 转到"接通"位置时，如果有一个直线进给操作手柄不在零位，则被压下的行程开关断开了接触器 KM3 线圈回路，进给电动机 M3 不能启动，圆工作台也就不能转动。只有两个直线进给操作手柄都恢复到零位，M3 方可启动，圆工作台才能转动。

7.2.3　冷却泵和机床照明控制

冷却泵电动机 M2 由转换开关 SA4 控制。机床照明灯 EL 由变压器供给 36V 安全电压，开关 SA5 控制。信号灯 HL 用于电源指示。

7.3　X6132 型万能铣床电气安装

1．工前准备

（1）图纸、材料　按图 7-2 准备好各种电气元器件和材料，包括接触器、控制按钮、行程开关、热继电器、接线端子以及连接导线等。主电路中导线截面根据电动机的型号和规格选择，主电动机 M1（7.5kW），选择 4mm² BVR 型塑料铜芯线；进给电动机 M3（1.5kW）、冷却泵电动机 M2（0.125kW），选择 1.5mm² BVR 型塑料铜芯线。控制回路一律采用 1.0mm² 的塑料铜芯导线。敷设控制板选用单芯硬导线，其他连接用多股同规格塑料铜芯软导线。导线的绝缘耐压等级为 500V。

（2）核对所有元器件的型号、规格及数量，检测是否良好　检测电动机三相绕组电阻是否平衡，绝缘是否良好，若绝缘电阻低于 0.5MΩ，则必须进行烘干处理，或进一步检查故障原因并予以处理；检测控制变压器一、二次侧绝缘电阻，检测试验状态下两侧电压是否正常；检查开关元件的开关性能及外形是否良好。

（3）工具　准备电工工具一套，钻孔工具一套（包括手枪钻、钻头及丝锥）。

2．制作控制板

X6132 型万能铣床电气安装接线图如图 7-4（a）、（b）所示，应制作电气控制板 8 件，分别为左、右侧配电箱控制板，左、右侧配电箱门控制板，左侧按钮站、前按钮站、升降台和升降台上的控制按钮盒。其制作工艺过程大致相同（请参考项目 6 制作）。

3．安装元器件

安装元器件时，元器件与底板要保持横平竖直，所有元器件在底板上要固定牢固，不得有松动现象。限位开关安装时，要将限位开关放置在撞块安全撞压区内，固定牢固。元器件布置要美观、均匀，并留出配线空间，固定电气标牌。

4．敷线

导线的敷设方法有走线槽敷设法和沿板面敷设法两种。前者采用塑料绝缘软铜线，后者采用塑料绝缘单芯硬铜线。采用硬导线的操作方法及要求如下。

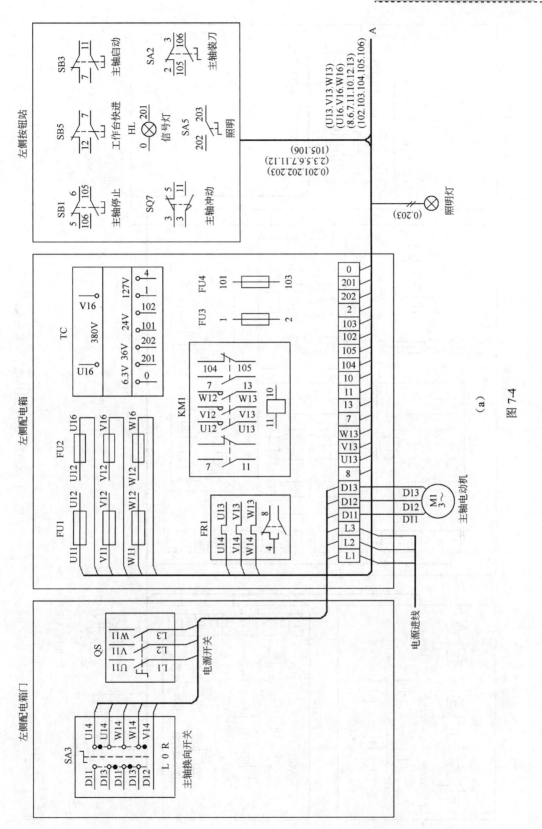

图 7-4

(a)

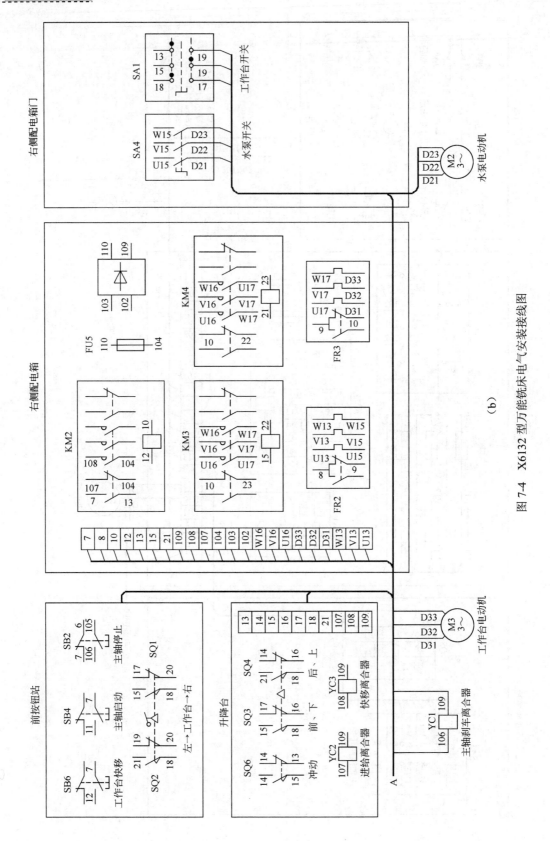

图 7-4　X6132 型万能铣床电气安装接线图

(b)

　　① 按照图纸上线路走线的方向，确定导线敷设的位置和长度（包括连接长度及弯曲余度）。敷设导线时，应尽量减少线路交叉，在平行于板面方向上的导线应平直，在垂直于板面方向上的导线应高度相同。

　　② 导线敷设完毕，进行修整，然后固定绑扎，并用小木锤将线轻轻敲打平整，以保证其工整、美观。

　　③ 导线与端子的连接，当导线根数不多且位置宽松时，采用单层分列；如果导线较多，位置狭窄，则采用多层分列，即在端子排附近分层之后，再接入端子。导线接入时，应根据实际需要剥切出连接长度，除锈，然后套上标号套管，再与接线端子可靠连接。连接导线一般不走架空线（不跨越元器件），不交叉，以求板面整齐美观。

　　5. 检查

　　对照 X6132 型铣床相关的电气图纸，详细检查各部分接线、电气编号有无遗漏和错误，检查布线是否合理、正确，所有安装及接线是否符合质量要求。

　　6. 通电调试（请参考项目 6 进行）

7.4　技能训练

7.4.1　工作任务及要求

　　1. 工作任务

　　X6132 型万能铣床电气安装与调试。

　　2. 工作要求

　　① 查询了解 X6132 型万能铣床常见故障及检修方法。

　　② 能正确安装和调试 X6132 型万能铣床控制电路（图 7-2、图 7-4）。

　　③ 创新训练：以 X6132 型万能铣床控制电路为训练背景，老师设置故障（2~3 处），学生自行检查、诊断并处理。

7.4.2　实习设备及器材（略）

7.4.3　工作过程（可参考本项目 7.3 进行）

7.4.4　项目考核

　　1. 分组考核（成绩占 50%）

　　按照工作过程分步考核，考查工作任务完成的进度、质量及创新点。

　　2. 单独考核（成绩占 40%）

　　按项目考核，考查相关技能是否掌握。

　　3. 综合素质考核（成绩占 10%）

　　按工作过程考核，考查安全、卫生、文明操作及团队协作精神。

 小　结

　　X6132 型万能铣床电气控制，是国家职业技能鉴定中级维修电工要求的基本内容，应重点掌握其电气控制原理分析、电气安装、电气调试及运行过程中常见故障的检修。

做一做

一、判断题

1．X6132 型万能铣床工作台向上运动时，压下 SQ4 行程开关，工作台即可按选择方向作进给运动。（　　）

2．X6132 型万能铣床工作台快速进给调试时，工作台可以在横向作快速运动。（　　）

3．X6132 型万能铣床工作台变换进给速度时，进给电动机作瞬时转动，是为了使齿轮容易啮合。（　　）

4．X6132 型万能铣床限位开关安装时，要将限位开关放置在撞块安全撞压区外，固定牢固。（　　）

5．X6132 型万能铣床的全部电动机都不能启动时，如果控制变压器 TC 无输入电压，可检查电源开关 QS 触点是否接触好。（　　）

二、选择题

1．X6132 型万能铣床主轴启动时，如果主轴不转，应检查电动机（　　）控制回路。

　　A．M1　　　　　　　B．M2　　　　　　　C．M3　　　　　　　D．M4

2．X6132 型万能铣床主轴制动时，元件动作顺序为：SB1（或 SB2）按钮动作→KM1 失电→KM1 常闭触点闭合→（　　）得电。

　　A．YC1　　　　　　B．YC2　　　　　　C．YC3　　　　　　D．YC4

3．在 X6132 型万能铣床主轴变速冲动控制中，元件动作顺序为：SQ7 动作→ KM1 得电→电动机 M1 转动→（　　）复位→KM1 失电→电动机 M1 停止，冲动结束。

　　A．SQ1　　　　　　B．SQ2　　　　　　C．SQ3　　　　　　D．SQ7

4．X6132 型万能铣床工作台纵向操作手柄在右位时，（　　）行程开关动作，M3 电动机正转。

　　A．SQ1　　　　　　B．SQ2　　　　　　C．SQ3　　　　　　D．SQ4

5．X6132 型万能铣床快速移动可提高工作效率，调试时，必须保证当按下（　　）时，YC3 动作的即时性和准确性。

　　A．SB2　　　　　　B．SB3　　　　　　C．SB4　　　　　　D．SB5

6．X6132 型万能铣床停止主轴时，按停止按钮 SB1-1 或 SB2-1，切断接触器 KM1 线圈回路，并接通主轴制动电磁离合器（　　），主轴即可停止转动。

　　A．HL1　　　　　　B．FR1　　　　　　C．QS1　　　　　　D．YC1

7．当 X6132 型万能铣床主轴电动机已启动，而进给电动机不能启动时，接触器 KM3 或 KM4 不能吸合，则应检查（　　）。

　　A．接触器 KM3、KM4 线圈是否断线　　　　B．电动机 M3 的进线端电压是否正常

　　C．熔断器 FU2 是否熔断　　　　　　　　　D．接触器 KM3、KM4 的主触点是否接触不良

8．X6132 型万能铣床控制板敷线选用（　　）。

　　A．单芯硬导线　　　B．多芯硬导线　　　C．多芯软导线　　　D．双绞线

三、简答题

1．X6132 型万能铣床常见的故障有哪些？如何处理？

2．X6132 型万能铣床控制电路安装的工艺过程是什么？有哪些质量要求？

项目 8　MGB1420 型磨床电气调试

8.1　磨床概述

1. 磨床的结构与用途

磨床是用磨具或磨料加工工件表面的精密机床。磨床的种类很多，主要有外圆磨床、内圆磨床、平面磨床、工具磨床、刀具刃具磨床和专门化磨床等。卧式万能磨床的结构如图 8-1 所示，其主要由床身、工作台、砂轮箱、滑座和立柱等部分组成。

MGB1420 型磨床是高精度半自动万能磨床，主要用于工件表面的精加工，如内圆柱面、外圆柱面、圆锥面、平面、渐开线齿廓面、螺旋面及各种成形表面的磨削加工，还可以刃磨各种刀具，工艺范围十分广泛。

图 8-1　卧式万能磨床外观图

2. 磨床的运动及控制要求

（1）主运动　主运动是砂轮的旋转运动。磨削加工一般不要求调速，因要求砂轮转速高，所以通常采用三相笼型异步电动机拖动。同时为提高砂轮主轴的刚度，提高磨削加工精度，一般采用装入式电动机直接拖动，这样砂轮主轴就是电动机的轴。对内、外圆磨床，磨外圆时砂轮的旋转运动和磨内圆时砂轮的旋转运动，分别由两台电动机拖动，而且应设有互锁环节。

（2）进给运动　进给运动包括工件的旋转运动、工件的纵向往复运动、砂轮的横向移动和垂直移动。

① 工件的旋转运动：工件的旋转运动是内、外圆磨削时，工件相对砂轮的旋转运动。为满足不同加工精度对转速的要求，工件电动机一般用直流电动机拖动，采用晶闸管直流调速系统进行无级调速。

② 工件的纵向运动：工件的纵向运动是工件相对砂轮的轴向往复运动。由于磨床的进给运动要求有较宽的调速范围，所以磨床的进给运动采用液压拖动，并通过控制环节，实现自动循环往复运动。

③ 砂轮的横向移动：砂轮的横向移动是横向进给运动，由液压系统驱动。

④ 砂轮的垂直移动：砂轮的垂直移动是砂轮切入工件的运动，其磨削量由人工给定。

（3）辅助运动　辅助运动是指砂轮快速进退时，工作台的手动移动及尾座套筒的退回。

8.2　MGB1420 型磨床控制电路

MGB1420 型万能磨床由多台电动机拖动，即液压泵电动机 M1、冷却泵电动机 M2、外磨电动机 M3、变频发电机 G 的原动机 M5、内磨电动机 M4/M6 和工件直流电动机 M，其电气原理图如图 8-2 所示。

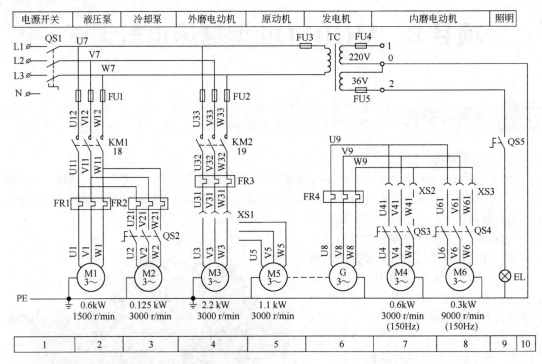

（a）主电路

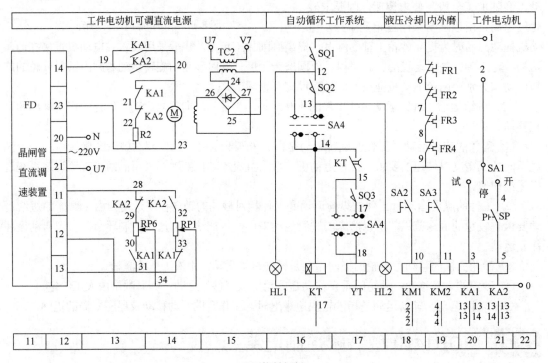

（b）控制电路

图 8-2　MGB1420 型万能磨床电气原理图

8.2.1 主电路

① 液压泵电动机 M1 由接触器 KM1 控制，冷却泵电动机 M2 用转换开关 QS2 控制。熔断器 FU1 作短路保护，热继电器 FR1 和 FR2 作过载保护。

② 内、外磨砂轮电动机由接触器 KM2 和插头 XS1 控制。熔断器 FU2 作短路保护，热继电器 FR3 作过载保护。为了防止内、外磨砂轮电动机同时启动，采用插座互锁，其电源插座 XS1 固定在床身上，磨削过程中，外磨电动机插头或内磨变频机组电动机插头只能有一个插在此插座上。为了提高内磨电动机的转速，采用变频机组供电，M5 为变频机组原动机，G 为变频发电机，它可以把 50Hz 的工频电源提高到 150Hz，供内磨电动机 M4 或 M6 使用。

③ 工件无级变速直流电动机 M 由转换开关 SA1（SA1 有试、停、开 3 挡）控制，用晶闸管直流调速装置对其供电。

8.2.2 控制电路

1．液压、冷却泵电动机（M1、M2）控制

接通电源开关 QS1，由控制变压器 TC 提供 220V 控制电源，通过开关 SA2 和接触器 KM1，实现对液压泵电动机 M1 和冷却泵电动机 M2 的控制。

2．内、外磨砂轮电动机（M4/M6、M3）控制

接通电源开关 QS1 和开关 SA3，通过接触器 KM2 对内、外磨砂轮电动机控制。

3．工件电动机（M）的控制

由晶闸管直流调速装置 FD 提供电动机 M 所需要的直流电源。220V 交流电源由 U7、N 两点引入，M 的启动、点动及停止由转换开关 SA1 控制中间继电器 KA1、KA2 来实现。

① SA1 在"试"挡时，KA1 线圈通电，KA1 常开触点闭合，从电位器 RP6 引出给定信号电压；同时 KA1 常闭触点断开，切断制动电路，M 处于低速点动状态。

② SA1 在"开"挡时，KA2 线圈通电，KA2 常开触点闭合，从电位器 RP1 引出给定信号电压；同时 KA2 常闭触点断开，切断制动电路，直流电动机 M 处于工作状态，可实现无级调速（SP 为油压继电器）。

③ SA1 在"停"挡时，切断 KA1、KA2 线圈回路，其常闭触点闭合，能耗制动电阻 R2 接入 M 电枢回路，M 被制动停车。

4．自动循环磨削控制

通过微动开关 SQ1、SQ2，行程开关 SQ3，转换开关 SA4，时间继电器 KT 和电磁阀 YT 与油路、机械方面的配合，实现磨削自动循环工作。

8.2.3 晶闸管直流调速系统

晶闸管直流调速系统中，工件电动机采用他励式直流电动机，功率为 0.55kW，0~2300r/min，通过改变其电枢电压实现无级调速，其电气原理如图 8-3 所示。

1．主电路

主电路采用单相桥式半控整流电路，V31、V32 和 V25、V26 采用阻容保护。V31 和 V32 由脉冲变压器 TA 输出的控制信号触发，最高输出电压为 190V 左右。直流电动机 M 的励磁，由 220V 交流电源经二极管 V21~V24 整流供给 190V 左右的直流电压。

2．控制电路

（1）基本控制环节　基本控制环节主要是单结晶体管触发电路。

单结晶体管触发电路，由晶体管 V33、V35、V37，单结晶体管 V34，电容器 C3 和脉冲变压器 TA 等组成。V37 为一级放大，V35 可视为一个可变电阻，V34 为移相触发器，V33 为功率放大器。调速给定信号由电位器 RP1 上取得，经 V37、V35 由 V34 产生触发脉冲，再经 V33 放大后由脉冲变压器 TA 输出，以触发晶闸管 V31 和 V32。

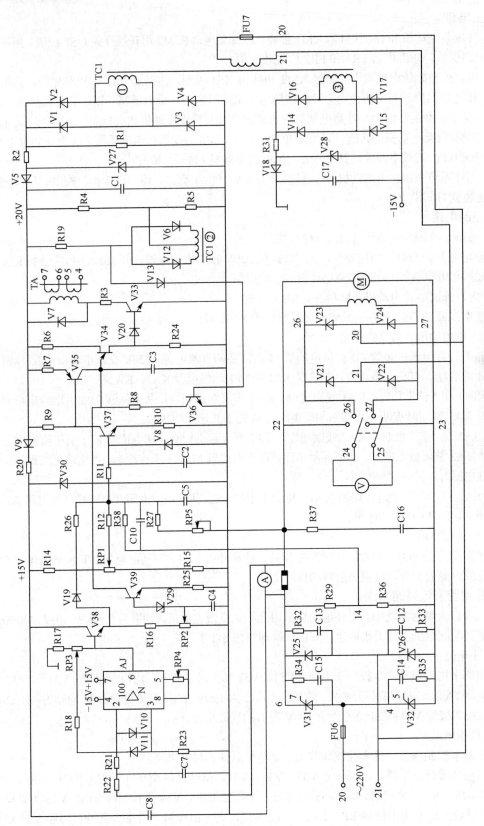

图 8-3　MGB1420 型磨床晶闸管直流调速装置电气原理图

（2）辅助控制环节 辅助控制环节由以下控制环节组成。

① 电流截止负反馈环节：由运算放大器 AJ、V38、V39、V29 和 RP2 等组成，当负载电流大于额定电流的 1.4 倍时，V39 饱和导通，输出截止。

② 电流正反馈环节：由 V19、R26 组成。

③ 电压微分负反馈环节：由 C16、R37、R27 和 RP5 等组成，以改善电动机运转过程的动态特性。调节 RP5 阻值大小，可以调节反馈量的大小，以稳定电动机的转速。

④ 电压负反馈环节：由 R29、R36 和 R38 等组成。

⑤ 积分校正环节：由 C2、C5、C10 和 R11 等组成。

⑥ 同步信号输入环节：由控制变压器 TC1 的二次绕组②经整流二极管 V6、V12 和晶体管 V36 等组成。V36 的基极加有通过 R19、V13 来的正向直流电压和由变压器 TC1 的二次线圈经 V6、V12 整流后的反向直流电压。在控制电路交流电源电压过零的瞬间反向电压为 0 时，V36 瞬时导通旁路电容 C3，以消除残余脉冲电压。

（3）控制电路电源 控制电路电源主要是运算放大器和触发电路等的工作电源。

① 运算放大器 AJ 电源：由控制变压器 TC1 的二次绕组③经整流二极管 V14~V17 整流、稳压、滤波后供给–15V 电压。

② 单结晶体管触发电路电源：由控制变压器 TC1 的二次绕组①，经整流二极管 V1~V4 整流、V27 稳压，再经 V5、C1 滤波供给+20V 电压。

③ 给定信号电压和电流截止负反馈等电路电源：由 V9 经 R20、R30 稳压后取得+15V 电压，以供给定信号电压和电流截止负反馈等电路使用。

8.3 MGB1420 型磨床的电气调试

8.3.1 工前准备

1．检查绝缘

（1）检查主回路 断开电源和变压器一次绕组，用 500V 绝缘电阻表测量相与相之间、相对地之间的绝缘，应无短路及绝缘损坏现象。

（2）检查控制回路 断开变压器二次回路，用万用表 R×1Ω 挡测量电源线与零线或保护线 PE 之间的绝缘。对查出的故障点要予以排除，必要时可更换导线。

2．检查熔丝

检查熔断器的型号、规格是否正确，用万用表检查熔断器的熔丝是否良好。

3．检查电源

首先接通试车电源，用万用表检查三相电压是否正常。然后拔去控制回路的熔断器，接通机床电源开关，观察有无异常现象。如打火、冒烟、熔丝熔断等，是否有异味，测量控制变压器输出电压是否正常。如有异常，应立即关掉机床电源，再切断试车电源，然后进行检查处理。如检查一切正常，可开始机床电气的调试。

8.3.2 机床电气的调试

机床电气的调试，应根据控制环节分步进行。

1．液压泵电动机控制的调试

接通试车电源，合上机床电源总开关 QS1，接通照明灯开关 QS5，照明灯 EL 点亮。

合上转换开关 SA2，接触器 KM1 线圈通电，液压泵电动机 M1 启动，驱动液压泵供出压力油，通过液压系统及自动循环控制环节拖动工作台做自动循环往返运动；接通开关 QS2，冷却泵电动机 M2 启动供出冷却液，表明液压泵电动机及工作台自动循环控制环节控制正常。否则，应分别检查电气控制回路、液压控制系统及行程开关的动作情况。

2. 外磨电动机控制的调试

将外磨电动机 M3 的插头 XS1 插上，接通转换开关 SA3，接触器 KM2 线圈通电，外磨电动机 M3 启动，拖动外磨砂轮旋转。

3. 内磨电动机控制的调试

将内磨电动机 M4 或 M6 的插头 XS2 或 XS3 插上，再将内磨原动机 M5 的插头插在 XS1 上，接通转换开关 SA3，接触器 KM2 线圈通电，内磨原动机 M5 启动并拖动变频发电机 G 运转，合上开关 QS3 或 QS4，内磨电动机 M4 或 M6 拖动内磨砂轮旋转。

8.3.3 工件电动机无级调速的调试

1. 调试前的准备

按照图 8-3，检查线路接线是否正确，电路插件插接是否牢靠，通电测量控制电路所有交、直流电源电压是否符合规定值，并熟悉主要测试元件的位置。

2. 试车调试

将 SA1 开关转到"试"的位置，中间继电器 KA1 接通电位器 RP6，调节 RP6 使转速达到 200~300 r/min，将 RP6 封住。

3. 电动机空载通电调试

将 SA1 开关转到"开"的位置，中间继电器 KA2 接通，其常闭触点切断能耗制动电路；其常开触点接通电动机电枢回路，并把调速电位器 RP1 接入电路。慢慢转动 RP1 旋钮，使给定电压信号逐渐上升，电动机转速平滑上升，应无振动和噪声等异常情况。否则，反复调节 RP5（调节电压微分负反馈量的大小），直至最佳状态为止。

4. 电流截止负反馈电路的调整

工件电动机的功率为 0.55kW，额定电流为 3A，将截止电流调至 3×1.4=4.2A 左右。将电动机转速调到 700~800r/min 的范围内，加大电动机的负载，使电流值达到额定电流的 1.4 倍，调节电位器 RP2（调节电流截止负反馈量的大小）到电动机停止转动为止。

5. 电动机转速稳定的调整

由 V19、R26 组成电流正反馈环节，R29、R36、R38 组成电压负反馈电路。调节 RP5 可调节电压微分负反馈强度，以改善电动机运转时的动态特性；调节 RP3 可调节电流正反馈强度。以上都可以起到稳定电动机转速的作用。

6. 触发电路参数的调整

单结晶体管触发电路调试中，可能出现的问题及调整方法如下。

① 不论怎样调节输入的控制信号，电容器 C3 上都不出现锯齿波。原因可能是将单结晶体管的 b1 和 b2 极接反了，应检查处理。

② 当输入的控制信号增大时，C3 上的锯齿波由逐渐增多而突然消失，晶闸管由导通突然变为关断。原因可能是单结晶体管的质量不好或已损坏，应予以更换。

③ 有脉冲输出，但晶闸管触发不开。原因可能是：触发电路中电阻、电容与单结晶体管参数配合不当。若放电电阻 R24 太小，使放电太快，造成触发脉冲太窄，晶闸管就不容易触发导通，但 R24 太大也容易引起晶闸管误触发。充电电阻 R（由 R7 和 V35 决定）的大小，是根据晶闸管移相范围的要求及充电电容 C3 的大小决定的，R 阻值太小，会使单结晶体管导通后就不再关断，使锯齿波由原来很多突然变成一个，然后就消失了。电容器 C3 的选择范围一般是 0.1~1μF，但对大容量晶闸管，如晶闸管是 50A 或 100A 的，C3 应选 0.47μF。

8.4　技能训练

8.4.1　工作任务及要求

1．工作任务

MGB1420 型万能磨床电气调试。

2．工作要求

① 查询了解 MGB1420 型万能磨床常见故障及检修方法。

② 能正确理解和调试 MGB1420 型万能磨床的控制电路（图 8-2、图 8-3）。

③ 创新训练：以 MGB1420 型万能磨床控制电路为训练背景，老师设置故障（2~3 处），学生自行检查、诊断并处理。

8.4.2　实习设备及器材（略）

8.4.3　工作过程（参考本项目 8.3 进行）

8.4.4　项目考核

1．分组考核（成绩占 50%）

按照工作过程分步考核，考查工作任务完成的进度、质量及创新点。

2．单独考核（成绩占 40%）

按项目考核，考查相关技能是否掌握。

3．综合素质考核（成绩占 10%）

按工作过程考核，考查安全、卫生、文明操作及团队协作精神。

小　结

MGB1420 型万能磨床电气控制，是国家职业技能鉴定中级维修电工要求的基本内容，应重点掌握其机床电气的调试和工件电动机无级调速的调试。

做一做

一、判断题

1．MGB1420 型万能磨床晶闸管直流调速系统中，由运算放大器 AJ、V38、V39 等组成电流截止负反馈环节。

（　　）

2．MGB1420 型万能磨床晶闸管直流调速系统控制回路的辅助环节中，在电压微分负反馈环节中，调节 RP5 阻值大小，可以调节反馈量的大小。

（　　）

3．在 MGB1420 万能磨床的自动循环工作电路系统中，通过有关电气元件与油路、机械方面的配合，实现磨削手动循环工作。

（　　）

4．MGB1420 型万能磨床晶闸管直流调速系统控制回路的辅助环节中，由 C2、C5、C10 等组成积分校正环节。

（　　）

5．在 MGB1420 型万能磨床晶闸管直流调速系统控制回路电源部分，由 V9 经 R20、V30 稳压后取得+30V 电压，以供给定信号电压和电流截止负反馈等电路使用。

（　　）

二、选择题

1．MGB1420 型万能磨床控制回路电气故障检修时，自动循环磨削加工时不能自动停机，可能是时间继电器

（　　）已损坏，可进行修复或更换。

　　A. KA　　　　　　　B. KT　　　　　　　C. KM　　　　　　　D. SQ

2. MGB1420 型万能磨床电动机空载通电调试时，将 SA1 开关转到"开"的位置，中间继电器 KA2 接通，并把调速电位器接入电路，慢慢转动 RP1 旋钮，使给定电压信号（　　）。

　　A. 逐渐上升　　　　B. 逐渐下降　　　　C. 先上升后下降　　　　D. 先下降后上升

3. MGB1420 型万能磨床中，若放电电阻选得过大，则（　　）。

　　A. 晶闸管不易导通　　B. 晶闸管误触发　　C. 晶闸管导通后不关断　　D. 晶闸管过热

4. 在 MGB1420 型万能磨床的工件电动机控制回路中，M 的启动、点动及停止由主令开关（　　）控制中间继电器 KA1、KA2 来实现。

　　A. SA1　　　　　　　B. SA2　　　　　　　C. SA3　　　　　　　D. SA4

5. 在 MGB1420 型万能磨床晶闸管直流调速系统控制回路的基本环节中，（　　）为功率放大器。

　　A. V33　　　　　　　B. V34　　　　　　　C. V35　　　　　　　D. V37

6. 在 MGB1420 型万能磨床晶闸管直流调速系统控制回路的辅助环节中，由 C16、（　　）、R27、RP5 等组成电压微分负反馈环节，以改善电动机运转时的动态特性。

　　A. R19　　　　　　　B. R26　　　　　　　C. RP2　　　　　　　D. R37

7. 在 MGB1420 型万能磨床晶闸管直流调速系统的主回路中，直流电动机 M 的励磁电压由 220V 交流电源经二极管整流取得（　　）左右的直流电压。

　　A. 110V　　　　　　　B. 190 V　　　　　　C. 220V　　　　　　　D. 380V

8. 在 MGB1420 型万能磨床晶闸管直流调速系统控制回路中，由控制变压器 TC1 的二次绕组②经整流二极管（　　）、V12、三极管 V36 等组成同步信号输入环节。

　　A. V6　　　　　　　B. V21　　　　　　　C. V24　　　　　　　D. V29

三、简答题

1. MGB1420 型万能磨床常见的故障有哪些？如何处理？

2. MGB1420 型万能磨床有哪些控制环节？如何调试？

项目 9 20/5t 桥式起重机电气控制线路分析

9.1 起重机概述

1. 起重机的结构与用途

起重机是专门用于起吊和短距离搬移重物的一种生产机械，也称为吊车、行车或天车。起重机按其结构不同，可分为桥式起重机、门式起重机、塔式起重机、旋转起重机和缆索起重机等。桥式起重机应用最为广泛，其结构如图 9-1 所示，主要由大车（桥架）及大车移行机构、小车及小车移行机构、提升机构、控制盘和驾驶室等部分组成。

2. 起重机的运动及控制要求

① 大车在桥架导轨上沿车间长度方向的左右运动，由大车拖动电动机经大车移行机构（减速器、制动器、车轮等）驱动，一般采用两台电动机分别驱动方式，用凸轮控制器控制。

② 小车在桥架导轨上沿车间宽度方向的前后运动，由小车拖动电动机经小车移行机构（减速器、制动器、车轮等）驱动，也用凸轮控制器控制。

③ 主钩、副钩的提升与下放运动，分别由两台电动机经减速器、卷筒、制动器等环节拖动。主钩用主令控制器控制，副钩用凸轮控制器控制。

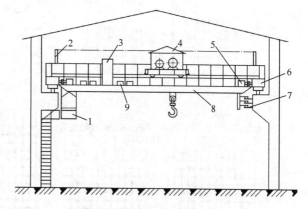

图 9-1 桥式起重机结构示意图
1—驾驶室；2—辅助滑线架；3—控制盘；4—小车；5—大车电动机；
6—大车端梁；7—主滑线；8—大车主梁；9—电阻箱

④ 为获得较大的启动转矩和过载能力、较宽的调速范围，并适应频繁启动和重载下的工作，拖动电动机均选用三相绕线式异步电动机，采用转子串电阻调速方式。

⑤ 为减少辅助工时，空钩时应能快速升降；在提升之初或重物接近预定位置时，需要低速运动；轻载提升速度应大于重载时的提升速度。为此，升降控制需要将速度分为 5 挡或 6 挡，以便灵活操作。负载下放重物时，根据负载大小，提升电动机既可工作在电动状态，也可工作在倒拉反接制动状态或再生发电电动状态，以满足对不同下降速度的要求。

⑥ 为保证安全、可靠，提升机构不仅需要机械抱闸制动，还应具有电气制动。控制系统应有完备的过电流保护、零位保护和限位保护等。

9.2 20/5t 桥式起重机电气控制线路分析

20/5t 桥式起重机由多台电动机拖动，分为副钩提升电动机 M1、小车拖动电动机 M2、大车拖动电动机 M3 与 M4 和主钩提升电动机 M5，其电气原理图如图 9-2 所示。图中过电流继电器 KA1～KA5 分别作为 M1～M5 的过电流保护，KA6 为总过电流保护继电器；Q1～Q3 为凸轮控制器，SA 为主令控制器；YA1～YA6 分别是 M1～M5 对应的电磁制动器。根据控制电路的特点，可分为凸轮控制器控制电路、主令控制器控制电路和保护电路几个主要部分。

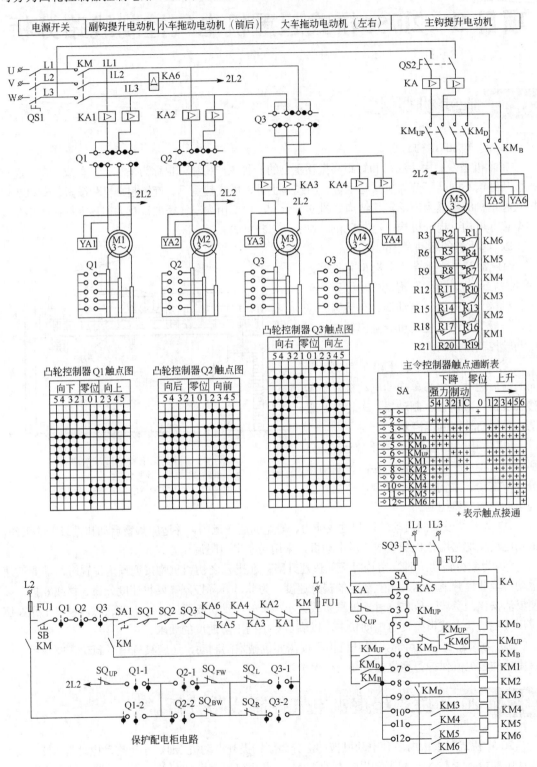

图 9-2　20/5t 桥式起重机电气原理图

9.2.1 凸轮控制器控制电路

1. 凸轮控制器

凸轮控制器是一种大型手动控制电器,是起重机上重要的电气操作设备,用于直接操作与控制电动机的正反转、变速、启动与停止。

如图9-3所示,凸轮控制器主要由操作手轮或手柄、转轴、凸轮、杠杆、弹簧、定位棘轮、触点和灭弧罩等部分组成。

(a) KT系列外形图　　　　　　　　　　(b) 结构原理示意图

图9-3　凸轮控制器结构原理

1—静触点;2—动触点;3—触点弹簧;4—复位弹簧;5—滚子;6—方轴;7—凸轮

操作手轮或手柄使转轴转动时,凸轮便随方轴转动,当凸轮凸起部位顶住滚子时,通过杠杆使动、静触点分断;当凸轮凹部对着滚子时,在复位弹簧的作用下,使动、静触点闭合。若在方轴上叠装不同形状的凸轮块,可使一系列的触点按预先安排的顺序接通与分断,从而实现对电动机的控制。

起重机常用的凸轮控制器有KT10、KT14等系列。在电路中,凸轮控制器触点的通、断情况用触点图表示,图中"●"点表示该触点在此工作位置是接通的,见图9-2。

2. 凸轮控制器控制电路

20/5t桥式起重机大车电动机、小车电动机和副钩提升电动机的控制都是用凸轮控制器及控制盘来完成的,其控制原理及控制线路类同。现以小车电动机M2的控制为例,说明其控制过程。

小车电动机M2的控制电路如图9-4所示。从图9-4可知,凸轮控制器Q2在零位时有9对常开触点和3对常闭触点。其中4对常开主触点用于电动机正反转控制,另5对常开主触点用于接入或切除电动机转子回路不对称电阻;3对常闭触点用来实现零位保护,并配合两个行程开关SQ_{FW}(前限位)、SQ_{BW}(后限位)来实现限位保护。KM为控制接触器,SB为启动按钮,YA2为电磁抱闸。FU作短路保护,KA2作过电流保护,SA1为紧急事故开关,SQ1为门安全开关,在桥架上无人且舱门关好的前提下才可开车。

凸轮控制器Q2左右各有5个挡位,采用对称接法,即控制器操作手柄处在正转和反转的相应位置时,电动机工作情况完全相同。为减少转子电阻段数及控制电阻切换的触点数,电动机转子回路电阻采用不对称接法。

启动时,必须将Q2置于零位,合上电源开关QS,按下SB,KM通电并自锁,再将Q2手柄扳到所需挡位,可获得不同的运行速度,向前或向后运行。停止时,断开开关SA1即可。

副钩提升电动机的控制与小车电动机的控制基本相同,但在操作上应注意以下几点。

① 提升重物时,控制器第1挡为预备级,以低速消除传动间隙并拉紧起吊钢丝绳。从第2挡→第5挡,转子电阻被逐级切除,提升速度逐级提高,电动机工作在电动工作状态。

② 重载下放重物时,电动机工作在再生发电制动状态。此时,应将控制器手柄由零位直接扳至下降第5挡,而且途经中间挡位不许停留。往回操作时,也应从下降第5挡位快速扳回零位,以防止出现重载高速下降。

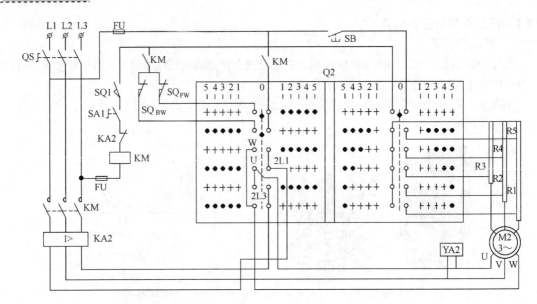

图 9-4 小车电动机 M2 控制电路

③ 轻载下放重物时，由于重物太轻，甚至重力矩小于摩擦转矩，电动机应工作在强力下降状态。

④ 该控制电路不能获得重载或轻载时的低速下降。为了获得下降时准确定位，应采用点动操作，即将控制器手柄在下降第 1 挡与零位之间来回操作，并配合电磁抱闸来实现。

由凸轮控制器构成的控制电路具有电路简单、操作维护方便的优点，但其触点直接用于控制电动机主电路，所以要求触点容量大，使控制器体积大，操作不灵活，而且不能获得低速下放重物。

9.2.2 主令控制器控制电路

1. 主令控制器

主令控制器是一种可频繁操作，能按一定顺序同时控制多回路的主令电器，但其操作容量小，一般与磁力控制盘（主要由接触器等控制电器组成）配合，构成磁力控制器，实现对起重机、轧钢机等设备的控制。磁力控制器的控制原理是利用主令控制器的触点来控制接触器，再通过接触器的主触点去控制电动机的主电路。

常用的主令控制器有 LK1、LK14、LK16、LK17 等系列，如图 9-5 所示。在电路中，主令控制器触点的通断情况可用触点表表示，如图 9-6 所示，表中"×"表示该触点在此工作位置是接通的；也可用触点图表示，图中"●"点表示该触点在此工作位置是接通的。

LK1型   LK16型   LK17型

图 9-5 几种主令控制器外形图

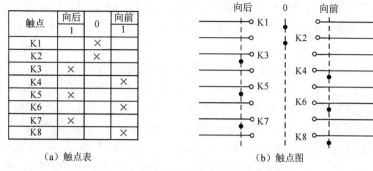

（a）触点表　　　　　　　　（b）触点图

图 9-6　主令控制器触点图表

2. 主令控制器控制电路

图 9-7 为 20/5t 桥式起重机主钩提升机构磁力控制器控制电路。图中主令控制器 SA 提升与下降各有 6 个工作位置，有 12 对触点。通过这 12 对触点的闭合与断开，来控制电动机定子与转子电路的接触器，实现电动机工作状态的改变，拖动主钩按不同速度提升与下降。KM_{UP}、KM_D 为电动机提升与下放接触器；KM_B 为制动接触器，控制电磁抱闸 YA5 和 YA6；KM1、KM2 为反接制动接触器；KM3~KM6 为启动加速接触器。转子回路电阻采用对称接法，可以获得较好的调速性能。KA5 为过电流保护继电器，KA 为零电压保护继电器，SQ_{UP} 为上限位保护行程开关。

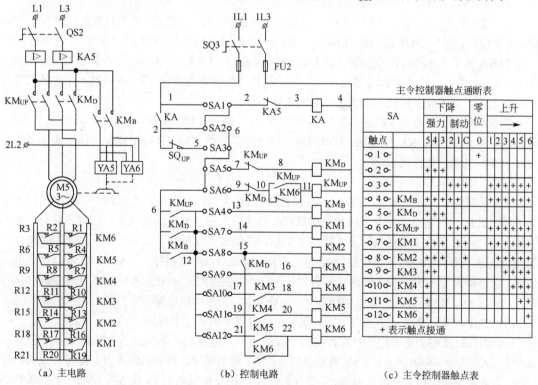

（a）主电路　　　　　　　　（b）控制电路　　　　　　　　（c）主令控制器触点表

图 9-7　20/5t 桥式起重机主钩提升机构磁力控制器控制电路

（1）提升重物控制　提升重物分 6 个挡位，其控制情况如下。

① 当 SA 置于上升 1 挡时，主令控制器触点 SA3、SA4、SA6 与 SA7 闭合，接触器 KM_{UP}、KM_B 和 KM1 通电吸合，电动机按正转相序接通电源，电磁抱闸 YA5、YA6 通电松闸，转子电阻 R19~R21 被短接，其余电阻全部接入，此时启动转矩小，一般吊不起重物，只作为拉紧钢丝绳和消除传动间隙的预备启动级来用。

② 当 SA 置于上升 2～6 挡时，控制器触点 SA8～SA12 依次闭合，接触器 KM2～KM6 相继通电吸合，逐级短接转子各段电阻，使电动机转速逐级提升，可得到 5 级提升速度。SQ$_{UP}$ 用于上升时的限位保护。

（2）下放重物控制　下放重物也分 6 个挡位，需要根据起重量，使电动机合理地工作在不同的状态。

① 制动下降（C、下 1 和下 2 挡）　当 SA 置于 C 挡时，SA4 触点断开，KM$_B$ 释放，YA5、YA6 断电抱闸制动；同时控制器触点 SA3、SA6、SA7、SA8 闭合，使接触器 KM$_{UP}$、KM1、KM2 通电，电动机按正转提升相序接通电源（R16～R21 被短接），产生一个提升方向的电磁转矩，与向下方向的重力转矩相平衡，并配合电磁抱闸将电动机闸住。此挡的作用一是提起重物后，使重物稳定地停在空中或移行；二是在控制器手柄由下降其他挡位扳回零位时，通过 C 挡防止溜钩，实现可靠停车。

当 SA 置于下 1 与下 2 挡位时，触点 SA4 闭合，KM$_B$ 通电吸合，YA5、YA6 通电松闸，KM2、KM1 相继断电释放，依次串入转子电阻 R16～R18 与 R19～R21，使电动机机械特性逐级变软，电磁转矩也逐级减小，电动机工作在倒拉反接制动状态，得到两级重载下降速度，但下 2 挡比下 1 挡速度快。在轻钩或空钩下放时，若控制器手柄误操作在下 1 与下 2 挡，由于电动机电磁转矩与重力转矩相反且大于重力转矩，会出现轻钩或空钩不但不下降反而上升的现象。因此，轻钩或空钩下放时，应将手柄迅速推过下 1 与下 2 挡。

为防止误操作，在制动下降这三挡，使 SA3 一直闭合，并将上限位开关 SQ$_{UP}$ 常闭触点串接在控制电路，以实现上升时的限位保护。

② 强力下降（下 3、下 4 和下 5 挡）　控制器手柄置于下降后三挡时，电动机按反转相序接电源，电磁抱闸松开，转子电阻逐级短接，主钩在电动机下降电磁转矩和重力转矩的共同作用下，使重物下降。

当 SA 置于下 3 挡时，控制器触点 SA2、SA4、SA5、SA7、SA8 闭会，接触器 KM$_D$、KM$_B$、KM1、KM2 通电，YA5、YA6 通电松闸，电动机转子短接两段电阻（R16～R21），定子按反转相序接电源，并工作在反转电动状态，强迫重物下放。

当 SA 置于下 4 与下 5 挡时，在下 3 挡的基础上，触点 SA9、SA10、SA11、SA12 相继闭合，接触器 KM3、KM4、KM5、KM6 相继通电，转子电阻逐级短接（R4～R15），使下放重物的速度从下 3 挡开始，依次提高。

（3）电路的联锁控制

① 限制高速下降的环节。为防止司机对重物估计失误，在下放较重重物时，将手柄扳到了下 5 挡，此时，重物下降速度将超过电动机同步转速进入再生发电制动状态。这时要获得较低的下降速度，手柄应从下 5 挡扳回下 2 挡或下 1 挡。在经过下 4 挡及下 3 挡时，下降速度会更快。为避免高速下降，在电路中将接触器 KM$_D$ 与 KM6 辅助触点串联后接于 SA8 与 KM6 线圈之间，这时，当手柄置于下 5 挡，KM6 通电并自锁，再由下 5 挡扳回下 4 挡及下 3 挡时，虽然触点 SA12 断开，但 SA8、KM$_D$、KM6 触点仍使 KM6 线圈通电，转子所串电阻不变，使电动机仍工作在下 5 挡的特性上，从而避免了由强力下降到制动下降过程中的高速现象。

② 确保反接制动电阻串入再进行制动下放的环节。当控制器手柄由下 3 挡扳回下 2 挡时，其触点 SA5 断开、SA6 闭合，KM$_D$ 断电释放，KM$_{UP}$ 通电吸合，电动机由强力下降转为反接制动状态。为避免反接时过大的冲击电流，需要在转子上串接反接制动电阻，即在控制顺序上要求 SA8 断开，使 KM6 断电释放，保证反接电阻接入，再通过 SA6 使 KM$_{UP}$ 通电吸合。为此，在控制环节中，增设了 KM$_D$ 和 KM6 常闭触点，并与 KM$_{UP}$ 常闭触点构成互锁环节，从而保证了只有在 KM$_D$、KM6 线圈失电其触点释放，将反接制动电阻接入转子回路后，KM$_{UP}$ 才能通电并自锁。

③ 制动下放挡与强力下放挡相互转换时断开机械制动的环节。控制器在下 2 与下 3 挡相互转换时，接触器 KM$_{UP}$ 与 KM$_D$ 之间设有电气互锁，在换接过程中，必有一瞬间这两个接触器均处于断电状态，将使 KM$_B$ 断电释放，造成电动机在高速下进行机械制动。为此，在 KM$_B$ 线圈回路

中设有 KM$_{UP}$、KM$_D$ 与 KM$_B$ 三对常开触点构成的并联电路，并由 KM$_B$ 实现自锁。这就保证了在 KM$_{UP}$ 与 KM$_D$ 换接过程中，KM$_B$ 始终通电吸合，从而避免了上述情况的发生。

④ 顺序联锁控制环节。为保证电动机转速平稳过渡，在接触器 KM4、KM5、KM6 线圈回路中串接了前一级接触器的常开触点，使转子电阻按顺序依次切除，以实现特性的平滑过度，保证电动机转速逐级提高。

9.2.3 控制与保护电路

图 9-8 为 20/5 t 桥式起重机保护配电柜控制电路。图中 SA1 为紧急事故开关，用于在紧急情况下切断电源。SQ1～SQ3 为驾驶室门、舱盖出入口、横梁门安全开关，任何一个开关打开时起重机都不能工作。KA1～KA6 为过电流继电器，用于各电动机的过载与短路保护。Q1～Q3 分别为副钩、小车和大车凸轮控制器零位保护触点，其与启动按钮串联，构成起重机的零位保护。Q1-1、Q1-2 为副钩凸轮控制器的零位触点，用于上升、下降的零位启动和自锁；Q2-1、Q2-2 为小车凸轮控制器的零位触点，用于向前、向后的零位启动和自锁；Q3-1、Q3-2 为大车凸轮控制器的零位触点，用于向左、向右的零位启动和自锁；SQ$_L$、SQ$_R$ 为大车移行机构的左/右限位开关；SQ$_{FW}$、SQ$_{BW}$ 为小车移行机构的前/后限位开关；SQ$_{UP}$ 为吊钩提升限位开关，这些行程开关实现对应的终端保护。KM 为控制接触器，用于主钩、副钩、小车和大车的总体控制。

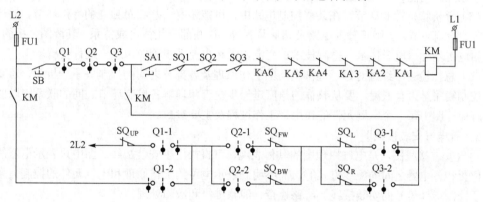

图 9-8 20/5 t 桥式起重机保护配电柜控制电路

9.3 技能训练

9.3.1 工作任务及要求

1．工作任务

20/5 t 桥式起重机控制与保护线路分析。

2．工作要求

① 查询了解 20/5 t 桥式起重机电气控制线路常见故障及检修方法。

② 正确理解控制线路（图 9-2）。

③ 创新训练：自行分析 20/5 t 桥式起重机大车移行机构及副钩提升机构控制电路。

9.3.2 电气控制图读图方法

电气控制图的读图主要是电气原理图和电气安装接线图。电气原理图，通常将主电路和辅助电路分开绘制，以粗实线将主电路画在辅助电路的左边或上部，以细实线将辅助电路画在主电路的右边或下部。看电气原理图时，要分清主电路和辅助电路，交流电路和直流电路，顺次分析各回路中电气元件的工作情况及其对主电路的控制关系。具体读图方法和步骤如下。

1. 看图样说明

在仔细阅读设备说明书后，先了解设备的结构、运动及控制要求，电动机和电器的分布情况，再阅读分析电气原理图，并从图样说明大致了解设备的各个控制环节，以便抓住识图的重点。

2. 看电气原理图

（1）分析主电路　从主电路入手，根据各电动机和执行电器的控制要求，分析其控制内容，如电动机的启动、制动、正反转、调速等基本控制环节。

（2）分析控制电路　根据主电路中各电动机和执行电器的控制要求，逐一找出其控制环节，可将控制电路按不同功能划分成几个局部控制电路进行分析。如控制电路较复杂，可以先排除照明、显示等与控制关系不密切的电路，集中进行主要功能分析。

（3）分析辅助电路　辅助电路，包括执行元件的工作状态指示、电源显示、参数测定、照明和故障报警等部分。辅助电路中很多部分是由控制电路中的元件来控制的，所以在分析辅助电路时，还要对照控制电路进行分析。

（4）分析联锁与保护电路　为了提高生产机械运转的安全性和可靠性，除了选择合理的拖动、控制方案以外，还在控制电路中设置了必要的电器保护和联锁控制环节，读图时应认真分析其保护与联锁控制功能。

（5）分析特殊控制环节　在某些控制电路中，可能还有一些相对独立的特殊环节。如计数装置、自动检测环节、晶闸管触发电路及调速装置等。这些部分往往自成体系，其读图分析的方法，可运用电工基础、电子技术、检测技术、变流技术和自控系统等知识逐一进行分析。

（6）总体检查　经过对每一局部电路的工作原理及各部分之间的控制关系分析后，还要检查整个控制线路是否有遗漏，要从整体的角度进一步检查和理解各控制环节之间的联系，以便清楚地理解原理图中每一个电器元件的作用、工作过程及主要参数。

3. 看电气安装接线图

电气安装接线图，是电气原理图的具体表现，可直接用于安装配线。图中只表示电器的实际安装位置和各电器之间的配线方式等，而不明确表示电路的工作原理和电气元件的控制关系，主要用于控制屏（盘）的安装接线、线路检查、线路维修和故障处理。

看电气安装接线图时，要与电气原理图对照起来识读。同样是先看主电路，再看辅助电路。为了区别主电路和辅助电路，安装图用粗实线表示主电路，细实线表示辅助电路，有的安装接线图采用适当的比例绘制，看图时能方便地了解元件的安装尺寸和连接导线的长度

9.3.3　工作过程

① 查询了解20/5 t桥式起重机结构、用途及性能指标。

② 了解20/5 t桥式起重机的运动及控制要求。

③ 分析大车、小车移行机构控制电路。

④ 分析副钩提升机构控制电路。

⑤ 分析主钩提升机构控制电路。

⑥ 分析联锁与保护控制电路。

9.3.4　项目考核

1. 分组考核（成绩占50%）

按照工作过程分步考核，考查工作任务完成的进度、质量及创新点。

2. 单独考核（成绩占40%）

按项目考核，考查相关技能是否掌握。

3. 综合素质考核（成绩占10%）

按工作过程考核，考查安全、卫生、文明操作及团队协作精神。

小 结

20/5t 桥式起重机电气控制，是国家职业技能鉴定中级维修电工要求的基本内容，应重点掌握其控制电路的分析、安装工艺及电气调速控制环节的调试。

做一做

一、判断题

1．桥式起重机供电导管调整完毕，严禁将电器在导管中反复推行，重点检查接头处有无撞击阻碍现象，是否能运动自如。   （　　）

2．限位开关的安装，20/5t 桥式起重机限位开关包括小车前后极限限位开关，大车左右极限限位开关，但不包括主钩上升极限限位开关。   （　　）

3．起重机照明电路中，36V 电源可作为警铃电源及安全行灯电源。   （　　）

4．起重机照明及信号电路所用电源，严禁利用起重机壳体或轨道作为工作零线。   （　　）

5．桥式起重机电线管路固定后，要求不妨碍运动部件和操作人员活动。   （　　）

6．电气测绘最后绘出的是电气控制原理图。   （　　）

二、选择题

1．20/5t 桥式起重机通电调试前，将控制手柄置于上升控制第三挡，确认（　　）动作灵活，然后测试 R13～R15 间应短接，由此确认 KM3 可靠吸合。

　　A．KM1　　　　　　　　B．KM2　　　　　　　　C．KM3　　　　　　　　D．KM4

2．20/5t 桥式起重机吊钩加载试车时，加载过程中要注意是否有（　　）、声音等不正常现象。

　　A．电流过大　　　　　　B．电压过高　　　　　　C．异味　　　　　　　　D．空载损耗大

3．20/5t 桥式起重机小车电动机控制电路保护功能校验时，短接 KM 辅助触点和线圈接点，用万用表测量 L1～L3 应导通，这时手动断开 SA1、SQ1、SQ_{FW}、（　　），L1 ～L3 应断开。

　　A．SQ_{BW}　　　　　　　B．SQ_{AW}　　　　　　　C．SQ_{HW}　　　　　　　D．SQ_{DW}

4．20/5t 桥式起重机主钩下降控制过程中，空载慢速下降，可以利用制动2挡配合强力下降（　　）挡，交替操纵实现控制。

　　A．1　　　　　　　　　　B．3　　　　　　　　　　C．4　　　　　　　　　　D．5

5．20/5t 桥式起重机安装前检查各电器是否良好，其中包括检查电动机、电磁制动器、（　　）及其他控制部件。

　　A．凸轮控制器　　　　　B．过电流继电器　　　　C．中间继电器　　　　　D．时间继电器

6．20/5t 桥式起重机主钩下降控制线路校验时，置下降第四挡位，观察 KM_D、KM_B、KM1、（　　）可靠吸合，KM_D 接通主钩电动机下降电源。

　　A．KM2　　　　　　　　B．KM3　　　　　　　　C．KM4　　　　　　　　D．KM5

7．读图的基本步骤是：看图样说明，（　　），看安装接线图。

　　A、看主电路　　　　　　B、看电气原理图　　　　C、看辅助电路　　　　　D、看交流电路

8．维修电工以电气原理图，（　　）和电器布置图最为重要。

　　A、配线方式图　　　　　B、安装接线图　　　　　C、接线方式图　　　　　D、组件位置图

三、简答题

1．20/5 t 桥式起重机电气控制线路常见故障有哪些？如何处理？

2．起重机控制电路设有哪些联锁环节？是如何实现的？

PLC 应用技术模块

项目 10　可编程控制器及其硬件认识

10.1.1　可编程控制器

可编程控制器（Programmable Logic Controller）简称 PLC，它是专为工业环境应用而设计的通用计算机控制设备，只要赋予用户程序（软件），便可用于不同的工业控制设备或系统。

20 世纪 80 年代以来，随着大规模集成电路和微型计算机技术的发展，以 16 位和 32 位微处理器为核心的 PLC 得到了迅速发展，使 PLC 在设计、性能、价格以及应用等方面都有了新的突破，不仅控制功能增强，功耗和体积减小，成本下降，可靠性提高，编程和故障检测更为灵活方便，而且随着远程 I/O 和通信网络、数据处理以及图像显示等技术的发展，使 PLC 的应用领域不断扩大。PLC 已成为现代工业生产自动控制的一大支柱设备。

目前，世界上生产 PLC 的厂家有 200 多个，比较知名的是：美国的 AB 公司、通用电气（GE）公司、莫迪康（MODICON）公司；日本的三菱（MITSUBISHI）公司、富士（FUJI）公司、欧姆龙（OMRON）公司、松下电工公司等；德国的西门子（SIEMENS）公司；法国的 TE 公司、施耐德（SCHNEIDER）公司；韩国的三星（SAMSUNG）公司、LG 公司等。

西门子公司的产品有 S7-200（小型机）系列、S7-300（中型机）系列和 S7-400（大型机）系列，如图 10-1 所示。

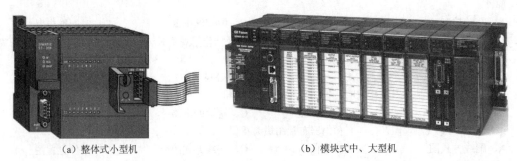

　　　（a）整体式小型机　　　　　　　　　　　　　（b）模块式中、大型机

图 10-1　S7 系列可编程控制器外观图

10.1.2　PLC 控制系统

PLC 控制系统一般由控制器（PLC）、控制电器（接触器）、保护电器和电动机等环节组成。

如图 10-2 所示,它是一个简单的 PLC 控制系统。图中启动/停止按钮分别接 PLC 的输入端 I0.0 和 I0.1,接触器的线圈接 PLC 的输出端 Q0.0。PLC 程序实现控制逻辑,并通过 Q0.0 输出控制接触器的通/断,从而控制电动机的工作状态。

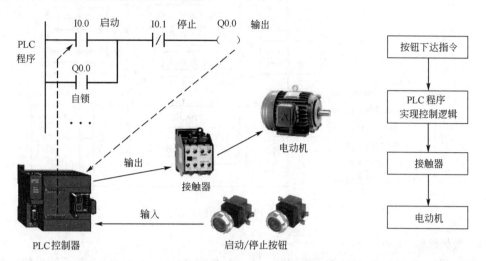

图 10-2 PLC 控制系统的组成

PLC 控制与继电器硬件接线控制方式不同,属于存储程序控制方式,它利用 PLC 内存中的"软继电器"取代传统的物理继电器,以软件取代硬件接线实现控制逻辑,使控制系统的硬件大为简化,具有硬件结构简单,控制逻辑更改方便,系统稳定,维护方便,性价比高等一系列优点,所以 PLC 控制系统应用非常广泛。

10.1.3 PLC 的应用

1.开关量逻辑控制

这是 PLC 最基本的控制功能。可以取代传统的继电器控制系统。

2.运动控制

PLC 可用于控制步进电动机、伺服电动机和交流变频器,实现对各种机械运动和位置的控制。

3.闭环过程控制

PLC 具有 A/D 和 D/A 转换模块,能完成对温度、压力、速度和流量等模拟量的调节与控制。

4.数据处理

PLC 不仅能进行算术运算、数据传送、排序、查表等,而且还能进行数据比较、数据转换、数据通信、数据显示和打印等,具有很强的数据处理能力。

5.通信及联网

随着计算机控制技术的发展,为了适应工厂自动化(FA)网络系统及集散控制系统 DCS(Distributed Control System)发展的需要,较高档次的 PLC 都具有通信联网功能,既可以对远程 I/O 进行控制,又能实现 PLC 与 PLC、PLC 与计算机之间的通信,构成多级分布式控制系统。

10.2 PLC 的组成及工作原理

10.2.1 PLC 的硬件

PLC 的硬件由微处理器(CPU)、存储器(RAM、ROM)、输入/输出单元(I/O 接口)、编程器及电源等部分组成,如图 10-3 所示。

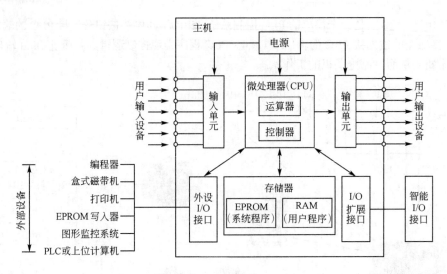

图 10-3　PLC 硬件组成框图

1．微处理器（CPU）

微处理器（CPU）是 PLC 的运算控制中心。PLC 在 CPU 的控制下，协调系统内部各部分的工作，执行监控程序和用户程序，进行信息和数据的逻辑处理，产生相应的内部控制信号，实现对现场各个设备的控制。

2．存储器

存储器分系统存储器（ROM）和用户存储器（RAM）。系统存储器用来存放系统管理程序（固化在 ROM 内），用户不能访问和更改其内容。用户存储器用来存放用户编制的应用程序和工作数据，其内容可以由用户任意修改。

3．输入/输出接口

输入/输出接口是 PLC 和工业现场输入与输出设备连接的部分。

（1）输入接口　输入接口电路用来接收和采集现场输入信号。输入接口通过输入电路将输入元件（如按钮、开关、继电器的触点、传感器等）的状态转换成 CPU 能够识别和处理的信号，并存储到输入映像寄存器中，如图 10-4 所示。

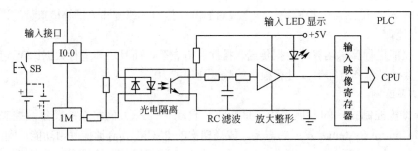

图 10-4　PLC 输入接口及隔离电路

为防止各种干扰信号进入 PLC，影响其可靠性，输入接口电路采用了光电隔离措施。

（2）输出接口　输出接口电路就是 PLC 的负载驱动回路，如图 10-5 所示。通过输出接口，将负载和负载电源连接成一个回路，当输出接口接通时，负载便得以驱动。

为适应控制的需要，PLC 输出分继电器输出、晶体管输出和晶闸管输出三种形式。为提高 PLC 抗干扰能力，每种输出电路都采用了光电或电气隔离技术。

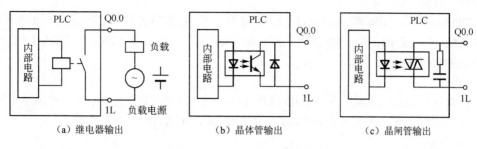

图 10-5　PLC 输出接口及隔离电路

继电器输出可以接交、直流负载,但受继电器触点开关速度的限制,只能满足一般控制要求。为了延长继电器触点寿命,对直流负载,可在其两端并联续流二极管,如图 10-6(a)所示,二极管可选 1A 的管子,其耐压值应大于负载电源电压的 3～4 倍;对交流负载,应在负载两端并联阻容吸收电路,如图 10-6(b)所示。一般负载容量在 10V·A 以下,可取 R 为 120Ω,C 为 0.1μF;若负载容量在 10V·A 以上,可取 R 为 47Ω,C 为 0.47μF。

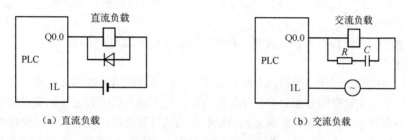

图 10-6　输出电路保护措施

晶体管输出只能接直流负载,开关速度高,适合高速控制的场合,如数码显示、输出脉冲信号控制步进电动机等。其输出端内部已并联反偏二极管。

晶闸管输出只能接交流负载,开关速度较高,适合高速控制的场合。其输出端内部已并联 RC 阻容吸收电路。

负载电源的规格应根据负载的需要和输出点的技术规格进行选择,如表 10-1 所示。

表 10-1　S7-200 系列 PLC 输出电路的规格

项　　目		继电器输出	晶体管输出	晶闸管输出
负载电源最大范围		5～250V AC 5～30V DC	20.4～28.8V DC	40～264V AC
额定负载电源		220V AC、24V DC	24V DC	120/230V AC
电路隔离		电气隔离	光电耦合隔离	光电耦合隔离
负载电流（最大）		2.0A/1 点 10A/公共点	0.75A/1 点 6A/公共点	0.5A/1 点 0.5A/公共点
响应 时间	断→通	约 10ms	2μs（Q0.0, Q0.1） 15μs（其他）	0.2ms+1/2 AC 周期
	通→断	约 10ms	10μs（Q0.0, Q0.1） 130μs（其他）	0.2ms+1/2 AC 周期
脉冲频率（最大）		1Hz	20kHz	

4. 智能 I/O 接口

为了实现更加复杂的控制功能,PLC 配有多种智能单元,称为功能模块,如 A/D 单元、D/A

单元、PID 单元、高速计数单元、定位单元等。智能单元一般都有各自的 CPU 和专用的系统软件，能独立完成一项专门的工作。智能单元通过总线与基本模块联机，通过通信方式接受主机的管理，共同完成控制任务。

5．电源

小型整体式 PLC 内部设有开关稳压电源，电源一方面可为 CPU 板、I/O 板及扩展单元提供工作电源（5V DC），另一方面可为外部输入元件提供 24V DC（200mA）的电源。

6．编程器

编程器供用户进行程序的编制、编辑、调试和监控。编程器有简易型和智能型两类。简易型的编程器只能联机编程，且需要将梯形图转化为机器语言（助记符）后才能输入；智能型编程器又称图形编程器，既可以联机编程，也可以脱机编程，具有图形显示功能，可以直接输入梯形图和通过屏幕对话。

除编程器外，PLC 还可以利用微机辅助编程（详见项目 11），这时微机应配有相应的编程软件，若要直接与可编程控制器通信，还要配有相应的通信电缆。

PLC 还可配有盒式磁带机、EPROM 写入器、存储器卡等其他外部设备。

10.2.2　PLC 的软件

PLC 的软件由系统程序（系统软件）和用户程序（应用软件）组成。

1．系统程序

系统程序包括管理程序、用户指令解释程序以及供系统调用的专用标准程序模块等。管理程序用于运行管理、存储空间分配管理和系统的自检，控制整个系统的运行；用户指令解释程序用于把输入的应用程序（梯形图）翻译成机器能够识别的机器语言；标准程序模块是由许多独立的程序块组成，各自能完成不同的功能。系统程序由 PLC 生产厂家提供，并固化在 EPROM 中，用户不能直接读写。

2．用户程序

用户程序是用户根据控制要求，用 PLC 编程语言编制的应用程序。PLC 常用的三种图形化编程语言是梯形图（LD，见图 10-7）、功能块图（FBD）和顺序功能图（SFC）；两种文本化编程语言是指令表（IL）和结构化文本（ST）。用户通过编程器或 PC 机将用户程序写入到 PLC 的 RAM 中，可以修改和更新，当 PLC 断电时可被锂电池保持。

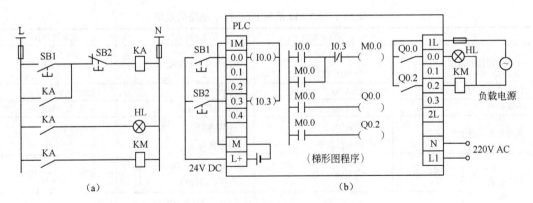

图 10-7　PLC 控制逻辑实现原理示意图

10.2.3　PLC 的工作原理

1．PLC 控制逻辑的实现

继电器控制系统是一种硬件逻辑系统，如图 10-7（a）所示，其三条支路是并联工作的。按下按钮 SB1，中间继电器 KA 得电并自锁，KA 的两个触点闭合，使信号灯 HL 和接触器 KM 同时得电并工作。由此可见，继电器控制系统为并行工作方式。

PLC 是一种工业控制计算机，其工作原理是建立在计算机工作原理基础之上的，是通过执行用户程序来实现控制逻辑的，如图 10-7（b）所示。由于计算机在每一瞬间只能做一件事，所以CPU 是以分时操作方式来处理各项任务的，即程序的执行是按顺序依次完成相应的动作，这便形成时间上的串行，即串行工作方式。

2．PLC 扫描工作方式

PLC 在运行模式下，采用反复循环的顺序扫描工作方式。每扫描一次的时间就是一个工作周期，称为扫描周期。工作周期的长短与程序的长短、指令的种类和 CPU 的主频有关。一个扫描过程，分读输入（输入采样）、执行程序、处理通信请求、执行 CPU 自诊断和写输出（输出刷新）五个环节，如图 10-8 所示。

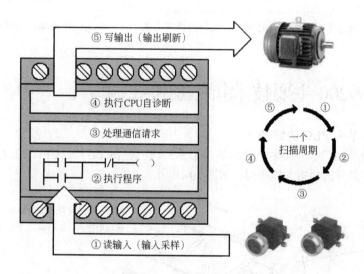

图 10-8　PLC 循环扫描的工作过程

（1）读输入（输入采样）　在程序执行之前，PLC 将所有输入元件的状态（开或关、即 1 或 0）读入到输入映像寄存器中，这称为对输入信号的采样。接着转入程序执行阶段，在程序执行期间，即使输入元件的状态变化，输入映像寄存器的内容也不会改变。输入元件状态的变化只能在下一个扫描周期的输入采样阶段才被重新读入。由于 PLC 的扫描周期很短（仅几十毫秒），所以从操作上感觉不到 PLC 的延迟。但对某些设备，如需要输出对输入做出快速反应，可采用快速响应模块、高速计数模块以及中断处理等措施来尽量减少延迟时间。

（2）执行程序　在程序执行阶段，CPU 按从左到右、自上而下的顺序对每条指令进行扫描。每执行一条指令时，所需要的输入元件或其他元件的状态分别由输入映像寄存器和元件映像寄存器中读出，而将程序执行的结果随时写入到元件映像寄存器中，所以元件映像寄存器中的内容，是随程序执行的过程变化的，如图 10-9 所示。

（3）处理通信请求　CPU 处理 PLC 与其他外部设备之间的通信任务。

（4）执行 CPU 自诊断　CPU 检查 PLC 各部分工作是否正常，如检查出异常时，PLC 面板上的状态指示灯（SF/DIAG）点亮，并在特殊位存储器中会存入出错代码（详见附录 5）。当出现致命错误时，PLC 被强制为 STOP 模式，所有的扫描便中止。

（5）写输出（输出刷新）　整个程序执行完毕，将元件映像寄存器中所有输出元件的 ON/OFF 状态转存到输出锁存寄存器，再驱动用户输出设备（负载），这才是 PLC 的实际输出。

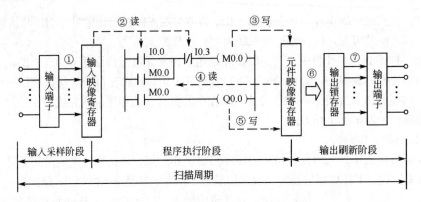

图 10-9　PLC 扫描工作过程示意图

> **注意**：输入映像寄存器，采样时刷新；元件映像寄存器，实时刷新；输出端子的通 / 断，由输出锁存器决定。

10.3　S7-200 主要技术指标及接线端口

10.3.1　S7-200 系列 PLC 的结构

S7-200 是德国西门子公司生产的小型 PLC 系列，主要有 CPU221、CPU222、CPU224、CPU226 四种基本单元，其外部结构大体相同，如图 10-10 所示。

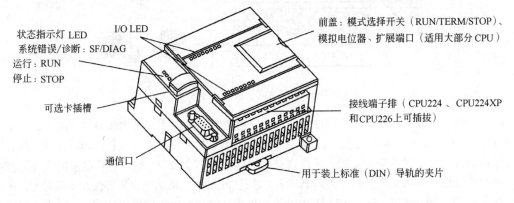

图 10-10　S7-200 系列 PLC 的结构

（1）状态指示灯 LED　显示 CPU 的工作状态（系统错误/诊断、运行、停止）。

（2）可选卡插槽　可以插入存储卡、时钟卡和电池卡。

（3）通信口　RS-485 总线接口，通过它与其他设备连接通信。

（4）前盖　前盖下面有模式选择开关（运行/终端/停止）、模拟电位器和扩展端口。模式选择开关拨到运行（RUN）位置，使程序处于运行状态；拨到终端（TERM）位置，可以通过编程软件控制 PLC 的工作状态；拨到停止（STOP）位置，程序停止运行，处于写入程序状态。模拟电位器可以设置 0～255 之间的值。扩展端口用于连接扩展模块，实现 I/O 及特殊功能的扩展。

（5）接线端子排　上部端子盖下面为输出接线端子和 PLC 电源接线端子，输出端口的运行状态用输出 LED 灯指示，若某端口有输出信号，对应的 LED 灯点亮。下部端子盖下面为输入接线端子和传感器电源接线端子，输入端口的运行状态用输入 LED 灯指示，若某端口有输入信号，对应的 LED 灯点亮。

10.3.2　S7-200 主要技术指标

S7-200 系列 PLC 的主要技术指标如表 10-2 所示。

表 10-2　S7-200 系列 PLC 主要技术指标

特　　　性	CPU221	CPU222	CPU224	CPU226
外形尺寸/mm	90×80×62	90×80×62	120.5×80×62	190×80×62
用户数据存储器/B				
可在运行模式下编辑	4096	4096	8192	16384
不可在运行模式下编辑	4096	4096	12288	24576
数据存储区/B	2048	2048	8192	10240
掉电保持时间/h	50	50	100	100
本机数字量 I/O	6 入/4 出	8 入/6 出	14 入/10 出	24 入/16 出
扩展模块数量	0	2	7	7
高速计数器				
单相	4 路 30kHz	4 路 30kHz	6 路 30kHz	6 路 30kHz
双相	2 路 20kHz	2 路 20kHz	4 路 20kHz	4 路 20kHz
脉冲输出（DC）	2 路 20kHz	2 路 20kHz	2 路 20kHz	2 路 20kHz
模拟电位器	1	1	2	2
实时时钟	配时钟卡	配时钟卡	内置	内置
通信口	1/RS-485	1/RS-485	1/RS-485	2/RS-485
浮点数运算	有			
I/O 映像区	256 点　（128 入/128 出）			
布尔指令执行速度	0.22μs /指令			

10.3.3　CPU224 型 PLC 外部端子

外部接线端子是 PLC 与输入元件、输出元件（负载）及外部电源的连接点。CPU224 AC/DC/RLY
（PLC 供电电源类型/输入端口电源类型/继电器输出型）型 PLC 外部接线端子分布及接线如图
10-11 所示。

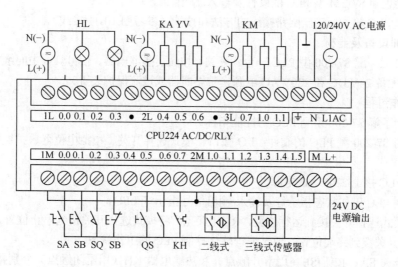

图 10-11　CPU224 AC/DC/RLY 端子分布及接线示意图

1. 上部端子（输出及 PLC 电源接线端子）

（1）L1、N　分别接电源的相线和中性线。电源电压为 85～265V AC。

（2）Q0.0～Q0.7、Q1.0、Q1.1　输出继电器端口，接负载。输出继电器用 Q 表示，采用八进制编号。S7-200 系列 PLC 可扩展到 128 位，即 Q0.0～Q0.7，Q1.0～Q1.7，…，Q15.0～Q15.7。

（3）1L、2L、3L　输出继电器的公共端口，接负载电源。其中 Q0.0～Q0.3 的公共端口为 1L；Q0.4～Q0.6 的公共端口为 2L；Q0.7、Q1.0、Q1.1 的公共端口为 3L。

输出各组之间是相互独立的，这样可以接不同电压类型和电压等级的负载，如 220V AC、24V DC 等。

> 注意：① 在输出共用一个公共端口的范围内，必须用同一电压类型和同一电压等级；而不同公共点组可使用不同电压类型和电压等级的负载。
> ② 带"●"的端子上不要外接导线，以免损坏 PLC。

2. 下部端子（输入及传感器电源接线端子）

（1）L+　内部 24V DC 电源正极，为外部传感器或输入继电器供电。

（2）M　内部 24V DC 电源负极，接外部传感器负极或输入继电器公共端。

（3）I0.0～I0.7、I1.0～I1.5　输入继电器端口，接输入信号。输入继电器用 I 表示，采用八进制编号。S7-200 系列 PLC 可扩展到 128 位，即 I0.0～I0.7，I1.0～I1.7，…，I15.0～I15.7。

（4）1M、2M　输入继电器的公共端口，接内部 24V DC 电源负极。其中 I0.0～I0.7 的公共端口为 1M；I1.0～I1.5 的公共端口为 2M。

10.4　技能训练

10.4.1　工作任务及要求

1. 工作任务

S7-224 型 PLC 硬件认识及 I/Q 接线。

2. 工作要求

① 查询下载 S7-200 可编程控制器用户手册。

② 准确识别 S7-224 型 PLC 的硬件及输入/输出接线端子。

③ 训练 PLC 输入、输出回路接线的方法和技能（参考图 10-11 接线）。

10.4.2　实训设备及器材

每组（2 人）配 S7-200 型 PLC 一台，开关、按钮、热继电器、信号灯、中间继电器和接触器各一个，并配备 24V DC 和 220V AC 电源（带熔断器或过流保护装置）。

10.4.3　工作过程

① 查询了解 S7-200 系列 PLC 的性能指标。

② 识别 S7-200 型 PLC 的硬件：I/Q 接口、模式选择开关、模拟电位器、扩展端口和通信接口等。

③ 给 PLC 接上 220V AC 电源。

④ 识别 PLC 工作状态指示灯及输入/输出信号指示灯 LED。

⑤ 将模式选择开关拨到运行位置，RUN 灯亮；将模式选择开关拨到停止位置，STOP 灯亮；将模式选择开关拨到终端位置，通过编程软件控制 PLC 的工作状态。

⑥ 将开关 SA、按钮 SB（用常开触点）和热继电器 KH（用常闭触点）分别接在 PLC 的输入端口 I0.0、I0.2 和 I0.5，操作其通断，观察输入信号指示灯的显示情况。

⑦ 在 PLC 的输出端口 Q0.2 接上信号灯 HL，并加上 24V DC 电源。

⑧ 在 PLC 的输出端口 Q0.4 和 Q1.0 分别接上继电器 KA 和接触器 KM，并加上 220V AC

电源。

⑨ 检查输入、输出回路接线的正确性。

⑩ 总结 PLC 输入、输出回路接线的原则和方法。

10.4.4 项目考核

1．分组考核（成绩占 50%）

按照工作过程分步考核，考查工作任务完成的进度、质量及创新点。

2．单独考核（成绩占 40%）

按项目考核，考查相关技能是否掌握。

3．综合素质考核（成绩占 10%）

按工作过程考核，考查安全、卫生、文明操作及团队协作精神。

① PLC 是专为工业环境应用而设计的通用计算机控制设备。在实际应用时，其硬件要根据实际需要进行配置，其软件要根据用户要求进行设计。

② PLC 的硬件主要由微处理器 CPU、存储器、I/O 接口、通信接口和电源等部分组成；软件由系统程序和用户程序组成。

③ PLC 具有可靠性高、通用性强、功能强大、编程简单、体积小和功耗低的特点。

④ PLC 可用于开关逻辑控制、运动控制、闭环过程控制、数据处理和通信联网。

⑤ PLC 采用顺序循环扫描的串行工作方式。每一个扫描周期分输入采样、执行程序、处理通信请求、执行 CPU 自诊断和输出刷新五个阶段。

⑥ 输入继电器 I 和输出继电器 Q 均按八进制编号。S7-200 系列 PLC 的输入、输出继电器最多可扩展到 128 点。

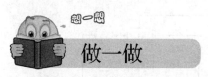

1．什么是 PLC？它有哪些主要特点和应用？

2．PLC 的硬件由哪几部分组成？各有什么作用？

3．PLC 的软件有哪些？其作用是什么？

4．PLC 有哪些编程语言？常用的是什么编程语言？

5．简述 PLC 的扫描工作方式。在一个扫描周期，输入映像寄存器和元件映像寄存器中的内容如何变化？

6．PLC 输出接口有几种形式？其抗干扰的措施是什么？

7．在 PLC 中，输入继电器 I 和输出继电器 Q 是怎样编号的？

8．PLC 外部接线时，按钮和接触器应分别与 PLC 的什么端子连接？

项目 11　编程软件的使用与仿真

11.1　S7-200 系列 PLC 编程软元件

编程软元件实质上是 PLC 的存储器单元。为了存放不同类型的数据，PLC 存储器单元进行了分区，因此也就有了不同类型的编程软元件。考虑使用的方便性，将软元件称为继电器，并按存储数据的性质分为数字量输入/输出映像区、模拟量输入/输出映像区、变量存储器区、位存储器区、顺序控制继电器区、局部存储器区、特殊存储器区、定时器区、计数器区、高速计数器区和累加器区等。

1. 数字量输入/输出映像区（I/Q 区）

（1）输入继电器（I）　输入继电器（I0.0～I15.7，按八进制编号）是输入映像寄存器，用于存储外部开关的输入信号。

> **注意：** 输入继电器只能利用其触点，其线圈不能用程序驱动，其触点也不能直接用于驱动外部负载。

（2）输出继电器（Q）　输出继电器（Q0.0～Q15.7，按八进制编号）是元件映像寄存器的一个分区，用于存储运算结果并驱动外部负载。输出继电器的线圈由程序驱动，其常开触点、常闭触点的数量和使用次数不限。

输入/输出继电器尽管是电子继电器，但其线圈、常开触点和常闭触点的使用在原理上与传统的硬件继电器类同，如图 11-1 所示。

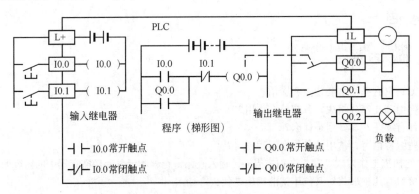

图 11-1　输入/输出继电器功能示意图

2. 模拟量输入/输出映像区（AI/AQ 区）

（1）模拟量输入映像区（AI）　模拟量输入映像区用于存储模拟量输入信号。PLC 将模拟量输入信号（如温度、压力等）转换成 16 位数字量（一个字长），存储在 AI 区。在 CPU221 和 CPU222 中，共有 16 个存储单元，分别是 AIW0（AI 为模拟量输入映像区标识符，W 表示数据长度为字，0 为字节的起始地址）、AIW2、…、AIW30，允许有 16 路模拟量输入；在 CPU224 和 CPU226 中，共有 32 个存储单元，分别是 AIW0、AIW2、…、AIW62，允许有 32 路模拟量输入。模拟量输入值为只读数据。

（2）模拟量输出映像区（AQ） 模拟量输出映像区用于存储模拟量输出信号。PLC 将计算结果（16 位数字量）按比例转换成模拟量（电压或电流值），存储在 AQ 区。在 CPU221 和 CPU222 中，共有 16 个存储单元，分别是 AQW0（AQ 为模拟量输出映像区标识符，W 表示数据长度为字，0 为字节的起始地址）、AQW2、…、AQW30，允许有 16 路模拟量输出；在 CPU224 和 CPU226 中，共有 32 个存储单元，分别是 AQW0、AQW2、…、AQW62，允许有 32 路模拟量输出。

3. 变量存储器区（V 区）

变量存储器具有较大的存储容量，用于逻辑运算中间结果的存储或保存与工作过程相关的数据。V 存储器可以按位（1 位）、字节（8 位）、字（16 位）或双字（32 位）来存取数据。以 CPU224 为例，其变量存储器区的范围如表 11-1 所示。

表 11-1 CPU224 变量存储器区

位	V0.0～V0.7、V1.0～V1.7、…、V8191.0～V8191.7	65536 点
字节/B	VB0、VB1、…、VB8191	8192 个
字/W	VW0、VW2、…、VW8190	4096 个
双字/D	VD0、VD4、…、VD8188	2048 个

变量存储器区数据存储的方式和规则如图 11-2 所示。

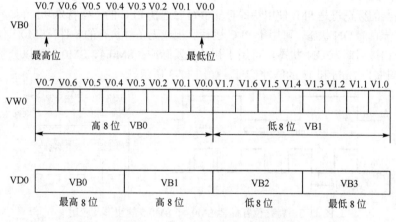

图 11-2 V 区数据存储方式示意图

在图 11-2 中，V0.0 表示变量存储器第 0 个字节的第 0 位；VB0 表示变量存储器第 0 个字节，共 8 位，其中第 0 位是最低位，第 7 位是最高位；VW0 表示一个字，含两个字节，这两个字节的地址必须连续，其中低位字节是高 8 位，高位字节是低 8 位；VD0 表示双字，一个双字含四个字节，这四个字节的地址也必须连续，其中 VB0 是最高 8 位，VB1 是高 8 位，VB2 是低 8 位，VB3 是最低 8 位。

> 说明：对位元件，如变量存储器（V）、输入/输出继电器（I/Q）、位存储器（M）、特殊位存储器（SM）、顺序控制继电器（S）、局部存储器（L）等都是按上述方式和规则存储数据的。

4. 位存储器区（M 区）

位存储器类似于中间继电器，用于逻辑运算中间状态的存储或信号类型的变换。位存储器的线圈由程序驱动，其常开和常闭触点使用次数不限，但是这些触点不能直接驱动外部负载。位存储器 M 也可以按位、字节、字或双字来存取数据，如表 11-2 所示。

表 11-2　S7-200 位存储器区

位	M0.0~M0.7、M1.0~M1.7、…、M31.0~M31.7	256 点
字节/B	MB0、MB1、…、MB31	32 个
字/W	MW0、MW2、…、MW30	16 个
双字/D	MD0、MD4、…、MD28	8 个

5．顺序控制继电器区（S 区）

顺序控制继电器区是 S7-200 系列 PLC 为顺序过程控制的数据建立的一个存储区，用于步进顺序过程的控制。顺序控制继电器的编号为 S0.0~S0.7、S1.0~S1.7、…、S31.0~S31.7，共 256 位，可以按位、字节、字或双字来存取数据。

6．局部存储器区（L 区）

局部存储器和变量存储器类似，主要区别是变量存储器是全局有效的，而局部存储器是局部有效的。"全局"是指同一个存储器可以为任何程序（如主程序、子程序或中断程序）存储数据；"局部"是指存储器当前只与特定的程序相关联，只能为某一程序存储数据。S7-200 系列 PLC 局部存储器的编号为 L0.0~L0.7、L1.0~L1.7、…、L63.0~L63.7，共 512 位，可以构成 64 个字节（LB0、LB1、…、LB63），其中前 60 个字节用作数据暂存或给子程序传递参数，后四个字节（LB60~LB63）保留。

7．特殊存储器区（SM 区）

特殊存储器的标识符是 SM，使用特殊存储器可以选择 PLC 的一些特殊功能。如特殊位 SM0.0 在程序运行时一直为 ON 状态，可用于 PLC 运行监视或无条件执行的条件；SM0.1 仅在执行用户程序的第一个扫描周期为 ON 状态，可用于初始触发脉冲；SM0.4、SM0.5 可以分别产生占空比为 1/2、脉冲周期为 1min 和 1s 的脉冲信号，如图 11-3 所示。

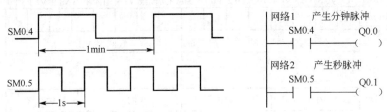

图 11-3　特殊位存储器 SM0.4、SM0.5 的波形及应用

不同型号的 PLC，其特殊存储器的位数不同。对 CPU224，特殊存储器的编号为 SM0.0~SM0.7、SM1.0~SM1.7、…、SM549.0~SM549.7，共 4400 位，其功用可查附录 5 或用户手册。

8．定时器区（T 区）

PLC 中的定时器相当于时间继电器，在程序中实现延时控制。定时器的精度（时基）分为 1ms、10ms 和 100ms 三种。

S7-200 系列 PLC 定时器的编号为 T0~T255，共 256 个。定时器有一个设定值寄存器（16 位）、一个当前值寄存器（16 位）和一个用于存储其输出触点状态的映像寄存器（位），这三个存储单元使用同一个元件号，如 T37。

9．计数器区（C 区）

计数器在程序中用作计数控制。S7-200 系列 PLC 计数器的编号为 C0~C255，共 256 个。计数器也有一个设定值寄存器（16 位）、一个当前值寄存器（16 位）和一个用于存储其输出触点状态的映像寄存器（位），这三个存储单元使用同一个元件号，如 C0。

10．高速计数器区（HC 区）

高速计数器用来记录比 CPU 扫描速率更快的事件（脉冲）。S7-200 系列 PLC 有 6 个高速计数器（HC0～HC5）。高速计数器的当前值为 32 位带符号整数值，当前值为只读值。

11．累加器区（AC 区）

累加器是可读可写的存储单元，共 4 个 32 位存储器，其编号为 AC0～AC3。

使用累加器时，可以按字节、字或双字来存取累加器中的数据，存取数据的长度由所用指令决定。如果以字节形式读/写累加器中的数据，只能读/写累加器 32 位数据中的最低 8 位；如果以字的形式读/写累加器中的数据，只能读/写累加器 32 位数据中的低 16 位；只有采取双字的形式读/写累加器中的数据，才能完整读写其全部 32 位数据。

11.2　编程软件的使用与仿真

本项目主要介绍西门子 PLC 编程软件和仿真软件的设置与使用方法，并通过启/停控制程序，学习创建、下载、运行和仿真一个完整的用户程序。

11.2.1　电动机启/停控制程序

1．控制要求

按下启动按钮 SB1，电动机启动并连续运转；按下停止按钮 SB2，电动机停转。

2．PLC 选型及 I/O 信号分配

PLC 选 CPU224 AC/DC/RLY 模块，其输入/输出信号分配如表 11-3 所示。输入/输出硬件接线如图 11-4 所示。

表 11-3　电动机启停控制 I/O 信号分配表

输入端口			输出端口		
输入元件	输入信号	作用	输出信号	输出元件	控制对象
SB1	I0.1	启动	Q0.2	接触器 KM	电动机 M
SB2	I0.3	停止			

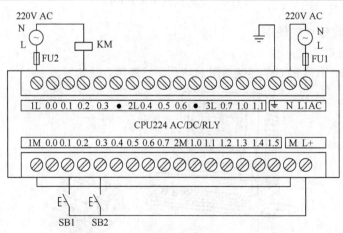

图 11-4　PLC 控制电动机启/停的硬件接线图

在图 11-4 中，PLC 采用 220V AC 电源（接 L1 和 N 端子）供电。输入电路采用本机输出的 24V DC 电源，M 与 1M 连接，输入元件 SB1、SB2 分别接 I0.1、I0.3 与 L+ 端子；输出电路采用 220V AC 电源，接触器 KM 线圈串接 220V AC 电源后，接在输出公共端子 1L 和输出继电器的 Q0.2 端子。

3. PLC 控制程序

（1）逻辑取及串并联指令　逻辑取及串并联指令的助记符、逻辑功能和操作数如表 11-4 所示。

表 11-4　逻辑取及串并联指令

指 令 名 称	助 记 符	逻 辑 功 能	操 作 数
取	LD	常开触点与母线连接	I、Q、M、SM、T、C、V、S、L
取反	LDN	常闭触点与母线连接	I、Q、M、SM、T、C、V、S、L
与	A	单个常开触点串联连接	I、Q、M、SM、T、C、V、S、L
与反	AN	单个常闭触点串联连接	I、Q、M、SM、T、C、V、S、L
或	O	单个常开触点并联连接	I、Q、M、SM、T、C、V、S、L
或反	ON	单个常闭触点并联连接	I、Q、M、SM、T、C、V、S、L
输出	=	线圈输出	Q、M、SM、V、S、L

（2）控制程序　电动机启/停控制的梯形图如图 11-5 所示。其工作原理是：按下启动按钮 SB1，输入继电器 I0.1 接通，其常开触点 I0.1 闭合，输出继电器 Q0.2 接通并自锁，控制输出端 Q0.2 物理继电器的常开触点闭合，使接触器 KM 线圈通电，KM 主触点闭合，电动机通电连续运行。按下停止按钮 SB2，输入继电器 I0.3 接通，其常闭触点 I0.3 断开，输出继电器 Q0.2 断开并解除自锁，输出端 Q0.2 物理继电器的常开触点断开，使 KM 线圈断电，KM 主触点断开，电动机断电停转。

（a）梯形图程序　　　　　　　　（b）指令表程序

图 11-5　电动机启/停控制程序

11.2.2　STEP7 编程软件的使用

1. 计算机与 PLC 连接

计算机与 S7-200 系列 PLC 的连接如图 11-6 所示，连接方法如下。

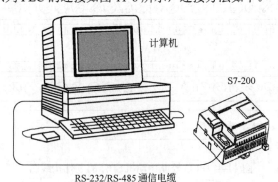

图 11-6　计算机与 PLC 的连接

① 将 PC/PPI 电缆的 PC 端连接到计算机的 RS-232 通信口上（一般是串口 COM1）。

② 将 PC/PPI 电缆的 PPI 端连接到 PLC 的 RS-485 通信口上。

2．CPU 模块供电

根据 CPU 模块类型可分为交流供电和直流供电两类，交流供电如图 11-4 所示。CPU224 AC/DC/ RLY 模块电源端和输出端连接 220V AC 电源，输入端使用 PLC 输出的 24V DC 电源。

3．启动编程软件

STEP7-Micro/WIN V4.0 编程软件能为用户创建、编辑和下载用户程序，并具有在线监控功能。首次启动 STEP7-Micro/WIN V4.0 编程软件时，其英文主界面如图 11-7 所示。

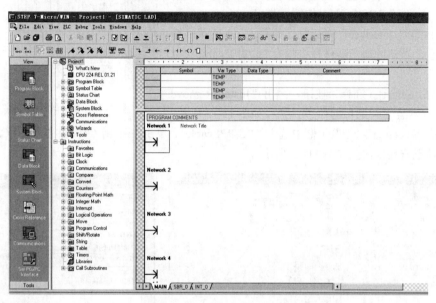

图 11-7　编程软件英文主界面

4．从英文界面转为中文界面

单击[Tools]（工具）菜单中的[Options]（选项），弹出如图 11-8 所示选项对话框。单击"Options"（选项），在其下拉菜单中选择"General"（常规）项，在"Language"（语言）框中选择"Chinese"（中文），单击[OK]按钮，软件自动关闭。重新启动软件后，则显示为中文主界面，如图 11-9 所示。

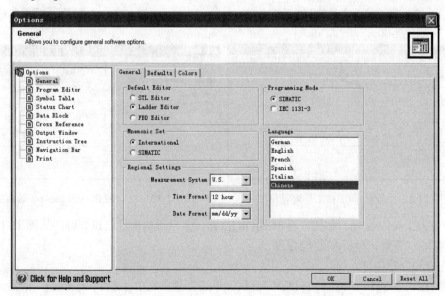

图 11-8　编程软件"Options"（选项）对话框

图 11-9　编程软件中文主界面

5．通信参数设置

首次连接计算机与 PLC 时，要设置通信参数，增加使用 PC/PPI cable（电缆）项。

① 在 STEP7-Micrco/WIN V4.0 软件中文主界面上单击"通信"图标▦，弹出"通信"对话框，通信地址未设置时出现一个问号，如图 11-10 所示。

② 单击[设置 PG/PC 接口]按钮，弹出

"Set PG/PC Interface"对话框，如图 11-11 所示，拖动滑块查看，默认的通信器件栏中没有 PC/PPI cable（电缆）项。

③ 单击[Select]（选择）按钮，弹出"Install/Remove Interfaces"（安装/删除通信器件）对话框，如图 11-12 所示。

④ 在"Selection"（选择）框中选中"PC/PPI cable"，单击[Install]（安装）按钮，PC/PPI cable 出现在右侧已安装框内，如图 11-13 所示。

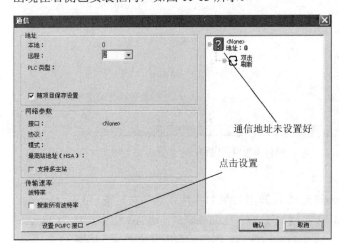

图 11-10　"通信"对话框

图 11-11　"设置通信器件"对话框

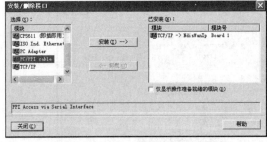

图 11-12　"安装/删除接口"对话框

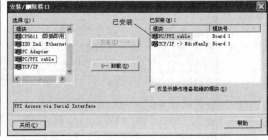

图 11-13　已安装 PC/PPI cable（通信电缆）

⑤ 单击[Close]（关闭）按钮，再单击[OK]按钮，显示通信地址已设置好，如图 11-14 所示。

11.2.3　编写、下载、运行和监控程序

1．建立和保存项目

运行编程软件 STEP 7-Micro/WIN V 4.0 后，单击主菜单栏中 [文件]→[新建]，创建一个新项目。新建的项目包含程序块、符号表、状态表、数据块、系统块、交义应用和通信等相关的块。

其中程序块中默认有一个主程序 OB1、一个子程序 SBR0 和一个中断程序 INT0。

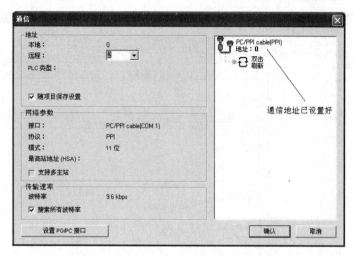

图 11-14　通信地址已设置好

单击菜单栏中[文件]→[保存]，指定文件名和保存路径后，单击[保存]按钮，文件则以项目形式保存。

2．选择 PLC 类型和 CPU 版本

单击菜单栏中 [PLC]→[类型]，在 PLC 类型对话框中选择 PLC 类型和 CPU 版本，如图 11-15 所示。如果已成功建立通信连接，通过单击菜单栏中 [PLC]→[类型]→[读取 PLC]，也可以读取 PLC 的型号和 CPU 版本号。

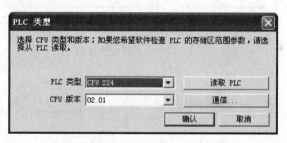

图 11-15　选择 PLC 类型和 CPU 版本

3．编辑程序

编辑器中有四种编辑梯形图的方法：双击指令图标、拖曳指令图标、使用指令工具栏编程按钮或特殊功能键（F4、F6、F9）。

使用指令树编辑程序时，选中"网络 1"，单击指令树中[位逻辑]图标，其下拉菜单如图 11-16 所示。

① 在"网络 1"注释栏中输入"启停控制"。

② 双击或拖曳常开触点、常闭触点和线圈图标，并使用[向上连线]工具（见图 11-17）编辑启停控制的梯形图，如图 11-18 所示。

③ 在 ? ? .? 框中分别输入"I0.1"、"I0.3"和"Q0.2"等元件编号（地址），如图 11-19 所示。

4．查看指令表

单击菜单栏中[查看]→[STL]，则从梯形图编辑界面自动转为指令表编辑界面，如图 11-20 所示。如果熟悉指令程序的话，也可以在指令表编辑界面中直接编写用户程序。

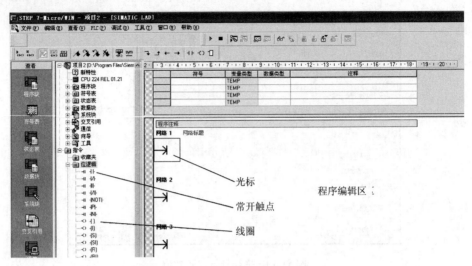

图 11-16　指令树中位逻辑的下拉菜单

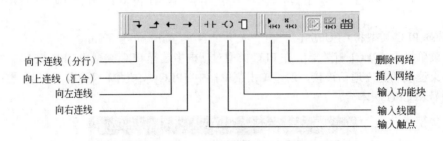

图 11-17　工具栏编辑按钮

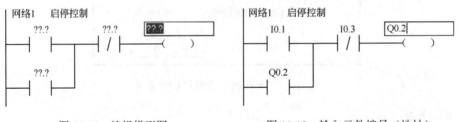

图 11-18　编辑梯形图　　　　　图 11-19　输入元件编号（地址）

5．程序编译

梯形图编辑完成后，必须编译成 PLC 能够识别的机器指令，才能下载到 PLC。单击菜单栏中 [PLC]→[编译]，或单击工具栏 ☑ 按钮，开始编译。编译结束后，在输出窗口显示编译结果信息（如"总错误数 0"）。如果出错，修正梯形图中的错误后，才能通过编译。

6．程序下载

单击菜单栏中 [文件]→[下载]，或单击工具栏 ▼ 按钮，开始下载程序（PLC 状态开关应在"STOP"位置）。下载是从编程计算机将程序装入 PLC；上传则相反，是将 PLC 中存储的程序上传到计算机。

7．运行操作

程序下载到 PLC 后，将 PLC 状态开关拨到"RUN"位置或单击工具栏运行按钮 ▶，按下按钮 SB1，输出端 Q0.2 接通；按下按钮 SB2，输出端 Q0.2 断开，表明启/停控制功能正确。然后接上负载，可实现电动机的启/停控制功能。

8．程序运行监控

单击工具栏中监控按钮 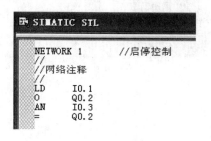→[开始程序状态监控]，接通的触点和线圈以蓝色块显示，并显示"ON"字符，如图 11-21 所示。

图 11-20　指令表编辑界面

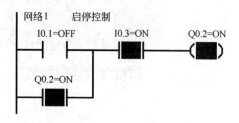

图 11-21　程序状态监控图

至此，完成了启/停控制程序的编辑、写入、程序运行和监控过程。如果需要保存程序，可单击菜单栏中[文件]→[保存]，选择保存路径并赋予文件名即可。

11.2.4　程序仿真

学习 PLC 有效的手段是联机编程和调试。S7-200 汉化版.exe 仿真软件，不仅能仿真 S7-200 主机，还能仿真数字量、模拟量扩展模块和 TD200 文本显示器。

仿真软件不能直接使用 S7-200 用户程序，必须用"导出"功能将用户程序转换成 ASCII 码文本文件，然后再下载到仿真器中运行。

1．导出文本文件

编出 PLC 控制程序后，在 STEP7-Micro/WIN V4.0 软件主界面单击[文件]→[导出]，在弹出的"导出程序块"对话框中，输入文件名（该文本文件的后缀名为".awl"）和保存路径，单击[保存]按钮即可，如图 11-22 所示。

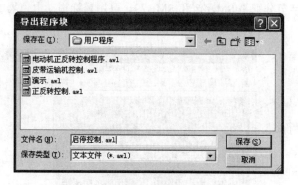

图 11-22　导出文本文件

2．启动仿真程序

仿真程序不需要安装，直接双击"S7-200 汉化版.exe"文件，仿真软件就完成启动，如图 11-23 所示。

3．选择 CPU

单击仿真软件菜单栏中[配置]→[PLC 型号]，弹出"CPU 类型"对话框，选择与编程软件相应的 CPU 型号（如 CPU224），单击[确认]即可，如图 11-24 所示。

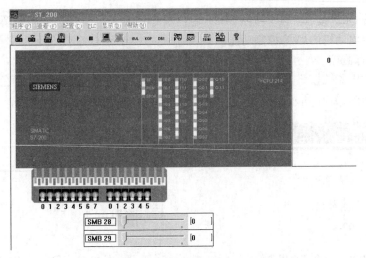

图 11-23 启动仿真软件

图 11-24 选择 CPU

4．CPU224 仿真界面

CPU224 的仿真界面如图 11-25 所示。CPU 模块下面 14 个输入开关，分别对应 PLC 的 14 个输入端，可以点击其输入控制信号。开关下面有两个模拟电位器，用于输入模拟量信号（8 位），其对应的特殊存储器字节分别是 SMB28 和 SMB29，可用鼠标拖动电位器的滑块，改变模拟量输入值（0～255）。

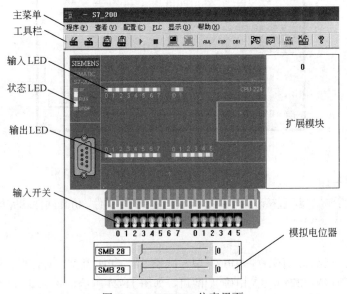

图 11-25 CPU224 仿真界面

双击扩展模块的空框，在其对话框中选择扩展模块的型号，添加或删除扩展模块。

5. 选中逻辑块

单击菜单栏中[程序]→[装载程序]，在"装载程序"对话框中选中"逻辑块"，如图 11-26 所示，单击[确定]按钮，就进入"打开"对话框。

6. 选中仿真文件

在"打开"对话框中，选中导出的"启停控制"文件并[打开]，如图 11-27 所示。

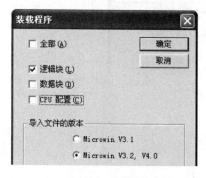

图 11-26 装载逻辑块

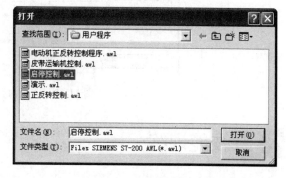

图 11-27 选择待仿真文件

7. 程序装入仿真器

将"启停控制"程序的文本文件装入仿真器，其显示内容如图 11-28 所示。

8. 运行仿真

单击工具栏上的 ▶ 按钮或单击菜单栏中[PLC]→[运行]，将仿真器切换到运行状态。双击（间隔 1s，先通后断，模拟按钮操作）I0.1 对应的开关图标，输出 Q0.2 的 LED 灯点亮；双击（间隔 1s，先通后断，模拟按钮操作）I0.3 对应的开关图标，输出 Q0.2 的 LED 灯熄灭。仿真结果符合启/停控制逻辑，如图 11-28 所示。

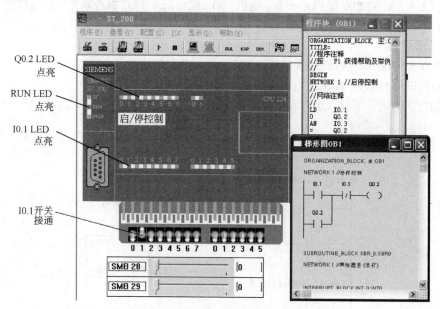

图 11-28 程序装入仿真器及运行仿真

9. 内存变量监控

单击菜单栏中[查看]→[内存监视]，在"内存表"对话框中输入变量地址，单击[开始]按钮启动监视，由于 I0.1、I0.3 和 Q0.2 都是位元件，所以接通时其值为"2#1"，断开时其值为"2#0"，如图 11-29 所示。

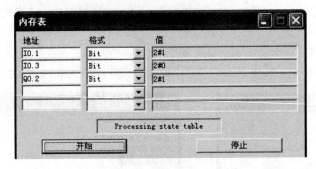

图 11-29　监控内存变量

11.3　技能训练

11.3.1　工作任务及要求

1．工作任务

用户程序的创建、编辑、下载、运行监控与仿真。

2．工作要求

① 下载 S7-200 系列 PLC 编程软件与仿真软件，并安装使用。

② 查询定时器 T37 的指令及用法。

③ 训练用户程序创建、编辑、下载、运行监控与仿真的方法和技能（训练用梯形图见图 11-30）。

11.3.2　实训设备及器材

每组（2 人）配 S7-200 型 PLC 一台，微机一台（配西门子 PLC 编程软件与仿真软件），PC/PPI 电缆一根。

11.3.3　工作过程

① 下载 S7-200 系列 PLC 编程软件与仿真软件，并安装成功。

② 将微机与 PLC 用 PC/PPI 电缆连接，并建立通信连接。

③ 创建、编辑、下载、运行和监控图 11-30 所示梯形图程序，并以"项目*"（*为组号）保存。

④ 写出图 11-30 所示梯形图对应的指令程序。

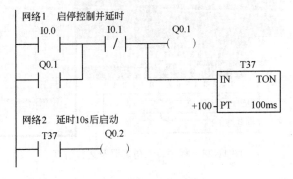

图 11-30　训练用梯形图

⑤ 将"项目*"转换为文本文件，并下载到仿真器中运行仿真。

⑥ 总结实训要点，并写出实训报告。

11.3.4　项目考核

1．分组考核（成绩占 50%）

按照工作过程分步考核，考查工作任务完成的进度、质量及创新点。

2．单独考核（成绩占 40%）

按项目考核，考查相关技能是否掌握。

3．综合素质考核（成绩占 10%）

按工作过程考核，考查安全、卫生、文明操作及团队协作精神。

小　结

① PLC 编程软元件实质上是其内存储器单元，考虑使用的方便性，将软元件称为继电器。存储器单元按存储数据的性质，可分为输入继电器（I）、输出继电器（Q）、模拟量输入继电器（AI）、模拟量输出继电器（AQ）、变量存储器（V）、位存储器（M）、顺序控制继电器（S）、局部存储器（L）、特殊存储器（SM）、定时器（T）、计数器（C）、高速计数器（HC）和累加器（AC）等。

② PLC 输入电路接通时，对应的输入继电器为通电状态，梯形图中对应的常开触点接通，常闭触点断开。

③ 若梯形图中输出继电器 Q 的线圈通电，对应物理继电器的常开触点闭合，梯形图中对应的常开触点接通，常闭触点断开。

④ STEP7-Micrco/WIN V4.0 是 S7-200 系列 PLC 的编程软件，能为用户创建、编辑和下载用户程序，并具有在线监控功能。

⑤ S7-200 汉化版.exe 是仿真软件，不仅能仿真 S7-200 主机，还能仿真数字量、模拟量扩展模块和 TD200 文本显示器。它是联机编程和调试的有效工具。

做一做

1．PLC 编程软元件称为继电器，它与物理继电器有什么不同？

2．为什么 PLC 中位元件的常开、常闭触点使用次数不限？

3．特殊继电器 SM0.0、SM0.1、SM0.4、SM0.5 的功能是什么？

4．如何创建、编辑程序文件？

5．如何下载程序？

6．如何监控程序？

7．如何仿真程序？

8．如何监控内存变量？

项目 12　基本逻辑指令的编程

12.1　点动与连动控制

12.1.1　块指令、置位/复位指令

1. 块指令（OLD、ALD）

（1）OLD 指令　电路块并联指令，用于串联电路块的并联连接。OLD 指令的助记符、逻辑功能和操作数如表 12-1 所示。

表 12-1　OLD 指令

指 令 名 称	助 记 符	逻 辑 功 能	操 作 数
或块	OLD	串联电路块的并联连接	无

两个以上触点串联连接的电路称为串联电路块，将串联电路块并联时，分支开始用 LD、LDN 指令，分支结束用 OLD 指令，如图 12-1 所示。

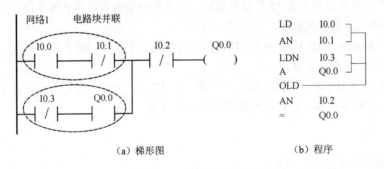

（a）梯形图　　　　　　　　　　（b）程序

图 12-1　OLD 指令的使用

（2）ALD 指令　电路块串联指令，用于电路块的串联连接。ALD 指令的助记符、逻辑功能和操作数如表 12-2 所示。

表 12-2　ALD 指令

指 令 名 称	助 记 符	逻 辑 功 能	操 作 数
与块	ALD	电路块的串联连接	无

两个以上触点串并联形成的电路称为电路块，电路块串联时，分支开始用 LD、LDN 指令，分支结束用 ALD 指令，如图 12-2 所示。

在图 12-3（a）所示梯形图中，I0.0 与 Q0.0 并联后再与 I0.1 串联组成电路块 1；I0.2 与 I0.3 串联组成电路块，I0.4 与 I0.5 串联组成另一电路块，这两个电路块并联（用 OLD 指令）后组成电路块 2。电路块 1 与电路块 2 串联（用 ALD 指令）后作为 Q0.0 的驱动条件，其对应的指令程序如图 12-3（b）所示。

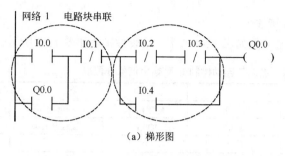
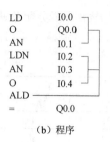

图 12-2　ALD 指令的使用

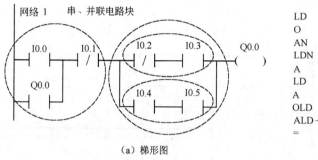
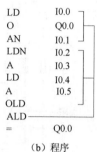

图 12-3　OLD、ALD 指令的使用

2. 置位/复位指令（S/R）

置位指令与复位指令的梯形图、指令、逻辑功能和操作数如表 12-3 所示。

表 12-3　置位与复位指令

指令名称	梯形图	指令	逻辑功能	操作数
置位指令	bit （S） N	S bit, N	从 bit 开始的 N 个元件置 1 并保持	Q、M、SM、T
复位指令	bit （R） N	R bit, N	从 bit 开始的 N 个元件复位；对数据"清 0"	C、V、S、L

① bit 表示位元件，N 表示常数，N 的范围为 1～255。

② 被 S 指令置位的软元件，用 R 指令才能复位。

③ R 指令也可以对定时器和计数器的当前值"清 0"。

用置位与复位指令编写具有自锁控制功能的程序，如图 12-4 所示。启动输入信号为 I0.0，停止输入信号为 I0.1，输出信号为 Q0.5，控制接触器线圈，以实现对电动机的启动与停止控制。

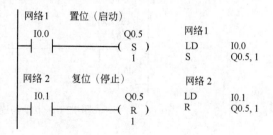

图 12-4　置位/复位指令应用

12.1.2　点动与连动控制程序

1. 控制要求

某设备用 1 台电动机拖动，除要求连续运行外，还需要用点动控制调整其工作位置。

2．输入/输出信号分配及硬件接线

点动与连动控制输入/输出信号分配如表 12-4 所示，其硬件接线如图 12-5 所示。

表 12-4　点动与连动控制输入/输出信号分配表

输　入			输　出		
输入元件	输入信号	作用	输出信号	输出元件	控制对象
按钮 SB1	I0.0	启动	Q0.1	接触器 KM	电动机 M
按钮 SB2	I0.1	停止			
按钮 SB3	I0.2	点动			
热继电器 KH	I0.3	过载保护			

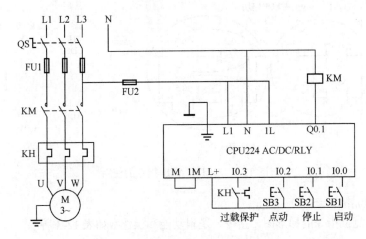

图 12-5　点动与连动控制的硬件接线图

3．控制程序

点动与连动控制的梯形图如图 12-6 所示。

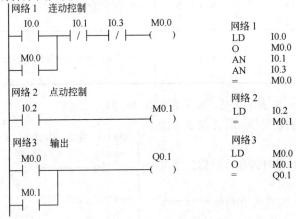

图 12-6　点动与连动控制的梯形图

12.2　正反转控制

12.2.1　边沿脉冲指令

脉冲上升沿指令（EU）和脉冲下降沿指令（ED）的梯形图、指令、逻辑功能和操作数如表

12-5 所示。

表 12-5 EU、ED 指令

指 令 名 称	梯 形 图	指 令	逻 辑 功 能
脉冲上升沿指令	—│ P │—	EU	在上升沿产生一个扫描周期的脉冲
脉冲下降沿指令	—│ N │—	ED	在下降沿产生一个扫描周期的脉冲

① EU 指令对其之前的逻辑运算结果，在上升沿产生一个扫描周期的脉冲。

② ED 指令对其之前的逻辑运算结果，在下降沿产生一个扫描周期的脉冲。

【控制案例 12-1】 为了减小两台电动机（M1 和 M2）同时启动对供电系统的影响，要求按下启动按钮（输入信号为 I0.0）时，M1 立即启动（输出信号为 Q0.1）；延迟片刻松开启动按钮时，M2 才启动（输出信号为 Q0.2）；按下停止按钮或过载（输入信号为 I0.1）时，M1、M2 同时停止。其控制的梯形图如图 12-7 所示，时序图如图 12-8 所示。

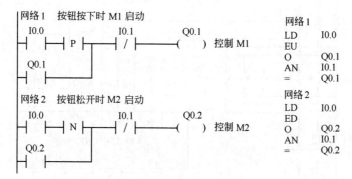

图 12-7 控制案例 12-1 梯形图

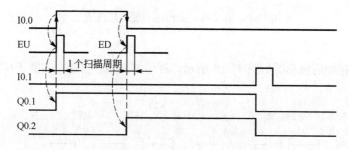

图 12-8 控制案例 12-1 时序图

12.2.2 正反转控制程序

1. 控制要求

三相异步电动机正反转控制的要求如下。

① 按下正转启动按钮 SB2，电动机 M 正转运行。

② 按下反转启动按钮 SB3，电动机 M 反转运行。

③ 按下停止按钮 SB1 及电动机过载时（KH 动作），电动机 M 停止运行。

④ 为了减轻正反转换向瞬间电流对电动机的冲击，要求适当延长换向过程。

2. 输入/输出信号分配及硬件接线

PLC 选 CPU224 AC/DC/RLY，其输入/输出信号分配如表 12-6 所示。

表 12-6　正反转控制输入/输出信号分配表

输　入			输　出		
输 入 元 件	输 入 信 号	作　用	输 出 信 号	输 出 元 件	作　用
热继电器 KH	I0.0	过载保护	Q0.1	接触器 KM1	电动机正转
按钮 SB1	I0.1	停止	Q0.2	接触器 KM2	电动机反转
按钮 SB2	I0.2	正转			
按钮 SB3	I0.3	反转			

　　电动机正反转控制的主电路及输入/输出硬件接线如图 12-9 所示。为了防止交流接触器主触点熔焊而不能断开时，造成主电路短路，故在 PLC 输出回路中，增加了 KM1 和 KM2 的电气互锁环节，这就保证了电动机运行的可靠性和安全性。

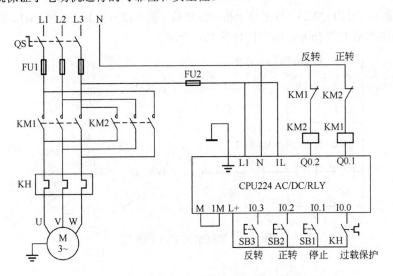

图 12-9　电动机正反转控制硬件接线图

3．控制程序

　　电动机正反转控制的梯形图如图 12-10 所示，程序中采用了自锁、联锁（互锁）、滞后启动和过载保护等控制环节。

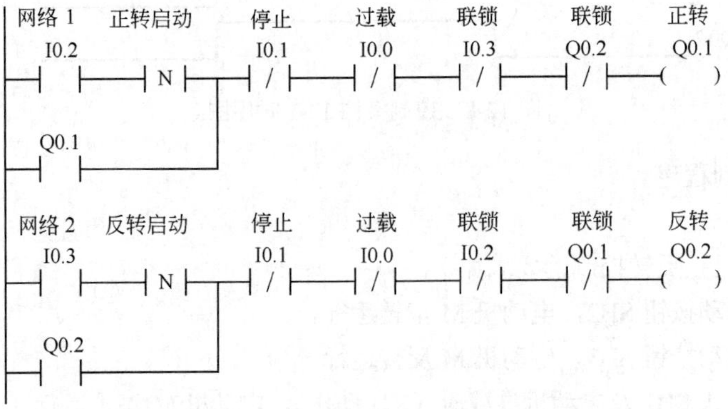

图 12-10　电动机正反转控制的梯形图

　　（1）输出联锁　为避免电动机主电路短接造成故障，必须保证一个接触器的主触点断开以后，另一个接触器的主触点才能接通。为此，在程序中设置了输出联锁，如在正转控制（Q0.1 输出）

回路，增加了 Q0.2 的常闭触点；而在反转控制（Q0.2 输出）回路，增加了 Q0.1 的常闭触点。当 Q0.1 线圈通电时，Q0.1 的常闭触点断开对 Q0.2 的输出回路实现联锁；同样，当 Q0.2 的线圈通电时，Q0.2 的常闭触点断开对 Q0.1 的输出回路实现联锁。

（2）输入联锁　为了使电动机能从正转直接切换到反转，或从反转直接切换到正转，梯形图中增加了类似按钮联锁的控制环节。如在正转控制回路，增加了反转启动信号 I0.3 的常闭触点；在反转控制回路，增加了正转启动信号 I0.2 的常闭触点。

（3）先停后启　为了减轻正反转切换瞬间电流对电动机的冲击，程序中设置了滞后启动控制环节。如在正向运转时（Q0.1 通电），如果按下反转按钮（I0.3 接通），先停正转（I0.3 常闭触点断开 Q0.1 回路）；当松开（应延迟片刻）反转按钮（I0.3 断开）时，反转启动回路才接通（I0.3 的下降沿产生启动脉冲）。反转改为正转的过程与此类同，请读者自行分析。

12.3　延时控制

12.3.1　定时器指令

S7-200 系列 PLC 的定时器分通电延时（TON）、断电延时（TOF）和有记忆通电延时（TONR）三种类型。其指令格式如表 12-7 所示，指令特性如表 12-8 所示。

表 12-7　定时器指令格式

项　目	通电延时	断电延时	有记忆通电延时
梯形图	— IN　　TON — PT　　???ms	— IN　　TOF — PT　　???ms	— IN　　TONR — PT　　???ms
指令	TON　T××，PT	TOF　T××，PT	TONR　T××，PT

表 12-8　定时器指令特性表

定时器指令	分辨率/ms	计时范围/s	定时器号
TONR	1	0.001～32.767	T0、T64
	10	0.01～327.67	T1～T4、T65～T68
	100	0.1～3276.7	T5～T31、T69～T95
TON TOF	1	0.001～32.767	T32、T96
	10	0.01～327.67	T33～T36、T97～T100
	100	0.1～3276.7	T37～T63、T101～T255

定时器的当前值、设定值寄存器均为 16 位，取值范围为 1～32767。定时器的计时过程，采用脉冲周期计数的方式，其时基增量（分辨率）分 1ms、10ms 和 100ms 三种。定时器定时的时间等于设定值 PT 乘以定时器的分辨率。

1．通电延时型定时器（TON）

TON 的驱动输入端（IN）接通时，TON 开始计时，当 TON 的当前值等于大于设定值 PT（PT=1～32767）时，定时器的位元件动作（常开触点接通，常闭触点断开）；当输入端（IN）断开时，定时器当前值寄存器"清 0"，其触点自动复位。TON 的应用如图 12-11 所示。

2．断电延时型定时器（TOF）

TOF 指令的应用如图 12-12 所示。

【控制案例 12-2】　某设备的控制要求是：工作时，主机与其冷却风机同时启动；停机时，主机停止工作 60s 后再停冷却风机，以便对主机冷却降温。

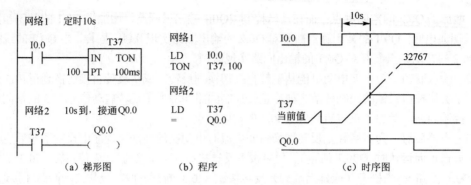

图 12-11　TON 定时器的应用

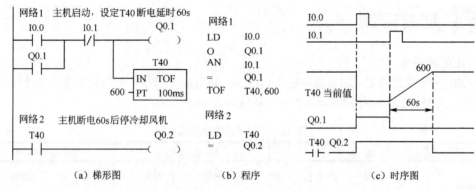

图 12-12　TOF 定时器的应用

上述控制要求可用断电延时型定时器来实现，控制的梯形图如图 12-12（a）所示。工作原理为：按下启动按钮，I0.0 常开触点接通，Q0.1 通电并自锁，同时 T40 常开触点接通，Q0.2 通电，主电动机与冷却风机电动机同时启动运行。按下停止按钮，I0.1 常闭触点断开，Q0.1 断电并解除自锁，主机电动机停机，T40 开始延时，60s 后 T40 常开触点断开，Q0.2 断电，冷却风机电动机停止工作，控制过程时序图如图 12-12（c）所示。

3. 有记忆通电延时型定时器（TONR）

有记忆通电延时型定时器 TONR 的应用如图 12-13 所示。定时器 T5 在计时过程中，若驱动输入端（IN）断开时，其当前值寄存器中的数据仍然保持，当驱动输入重新接通时，当前值寄存器在原来的基础上继续累加计时，直到累计时间到达设定值，定时器动作，T5 常开触点接通，Q0.1 为 ON。当 I0.1 接通时，T5 复位，其常开触点断开，Q0.1 为 OFF。

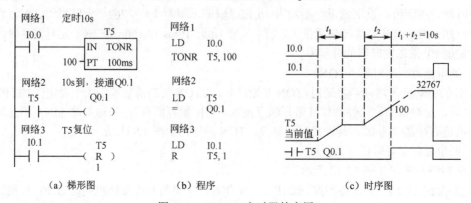

图 12-13　TONR 定时器的应用

当 I0.0 为 ON 时，T5 的当前值寄存器对 100ms 时钟脉冲进行累加计数。若 I0.0 的常开触点断开或供电中断时，T5 的当前值保持不变；若 I0.0 的常开触点再次接通或恢复供电时，计时在原有值的基础上继续进行，当累积时间 $t_1+t_2=10s$ 时，T5 的常开触点接通，Q0.1 输出。

有记忆通电延时型定时器使用时，要加复位环节。当 I0.1 为 ON 时，T5 复位（"清 0"），其常开触点断开，Q0.1 为 OFF。

12.3.2　延时控制程序

1. 自振荡程序

用定时器构成自振荡程序，可以产生任意周期的控制脉冲，如产生周期为 5s 控制脉冲的梯形图和时序图如图 12-14 所示。

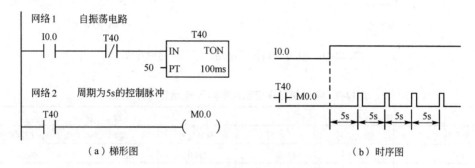

图 12-14　产生周期为 5s 的控制脉冲信号

> **注意：** 由于 1ms、10ms 定时器的时基（周期）小于 PLC 的一个扫描周期，所以不能直接用于自振荡程序，其正确使用见图 12-15。

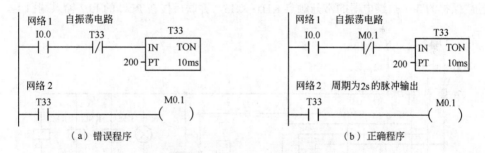

图 12-15　自复位定时器的正确使用

2. 脉宽可调振荡程序

脉宽可调振荡电路可作为信号源，是实现周期性控制的常用控制程序。

如图 12-16 所示，通过开关使 I0.0 接通，启动脉宽可调振荡程序，T37 延时 10s 后，其常开触点闭合，Q0.0 为 ON，同时 T38 开始计时，经 20s 延时后其常闭触点断开，使 T37、T38 相继复位，Q0.0 为 OFF。这一过程周期性地重复，由 Q0.0 输出一系列脉冲信号，其周期为 30s，脉宽为 20s。修改定时器的设定值，可改变 Q0.0 输出的脉宽。

3. 顺序控制程序

（1）控制要求　某生产设备有三台电动机，要求按下启动按钮后，第 1 台电动机 M1 先启动；运行 10s 后，第 2 台电动机 M2 启动；M2 运行 15s 后，第 3 台电动机 M3 启动。按下停止按钮，3 台电动机全部停止。在启动过程中，指示灯闪烁，在运行过程中，指示灯常亮。

（2）输入/输出信号分配及硬件接线　PLC 选 CPU224 AC/DC/RLY，其输入/输出信号分配如

表 12-9 所示。

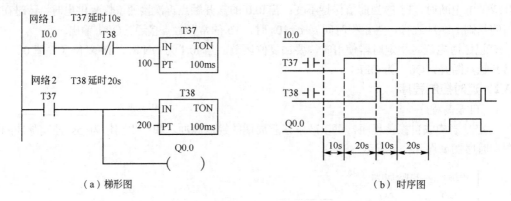

（a）梯形图　　　　　　　　　　　　　（b）时序图

图 12-16　脉宽可调振荡电路程序及信号时序图

表 12-9　电动机顺序启动控制输入/输出信号分配表

输　入			输　出		
输入元件	输入信号	作用	输出信号	输出元件	控制对象
按钮 SB1	I0.0	启动	Q0.0	HL	指示灯
按钮 SB2	I0.1	停止	Q0.1	接触器 KM1	电动机 M1
热继电器 KH1、KH2、KH3	I0.2	过载保护	Q0.2	接触器 KM2	电动机 M2
			Q0.3	接触器 KM3	电动机 M3

　　3 台电动机顺序启动控制的主电路及输入/输出硬件接线如图 12-17 所示。为了减少输入点，用于过载保护的 3 个热继电器的常开触点 KH1~KH3，并联后接在 PLC 的 I0.2 输入端口上。

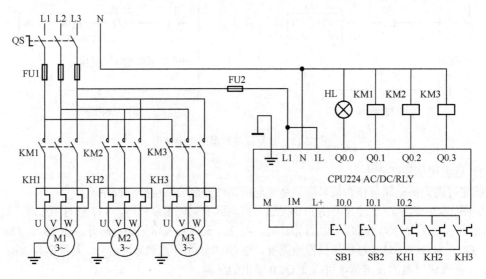

图 12-17　3 台电动机顺序启动控制硬件接线图

　　（3）控制程序　3 台电动机顺序启动过程，采用定时器通过"接力"延时的方式实现，控制的梯形图如图 12-18 所示。程序中利用特殊位存储器 SM0.5 产生的秒脉冲，使指示灯在电动机启动过程中给出闪烁信号。

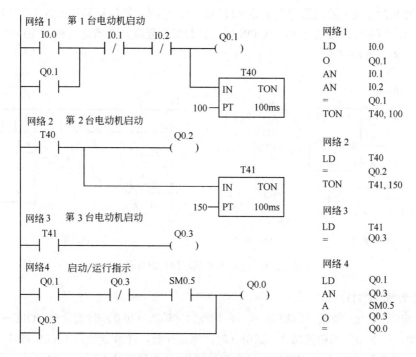

图 12-18　3 台电动机顺序启动控制程序

12.4 计数控制

12.4.1 计数器指令

S7-200 系列 PLC 的计数器分增计数器（CTU）、减计数器（CTD）和增/减计数器（CTUD）三种类型。其指令格式如表 12-10 所示，表中 C×× 为计数器编号（C0~C255），CU 为增计数信号输入端，CD 为减计数信号输入端，R 为复位输入端，LD 为装载输入端（置初值），PV 为设定值。

表 12-10　计数器指令格式

项　目	增 计 数 器	减 计 数 器	增/减计数器
梯形图	C×× CU　CTU R PV	C×× CD　CTD LD PV	C×× CU　CTUD CD R PV
指令	CTU C××, PV	CTD C××, PV	CTUD C××, PV

1. 增计数器（CTU）

计数器的功能是对输入脉冲进行计数，计数发生在脉冲的上升沿，达到计数器设定值时，计数器的位元件动作，以完成计数控制任务。

增计数器的计数过程如图 12-19 所示，当复位输入信号 I0.1 为 OFF 时，增计数器对输入信号 I0.0 计数。当计数输入信号 I0.0 由 OFF→ON（计数脉冲的上升沿）时，计数器的当前值加 1（计数最大值为 32767）。C1 的当前值大于等于设定值时，它对应的位存储单元置 1，其常开触点接通，Q0.1 输出。当复位输入信号 I0.1 为 ON 时，计数器被复位，其当前值被 "清 0"，C1 的常开触点断开，Q0.1 为 OFF。

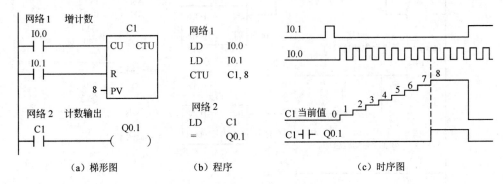

图 12-19　增计数器的程序与时序图

2. 减计数器（CTD）

减计数器的计数过程如图 12-20 所示。在计数脉冲输入（I0.0）的上升沿（OFF→ON），从设定值 4 开始，计数器的当前值减 1，减至 0 时，停止计数，计数器置 1，C2 常开触点闭合，Q0.2 输出。装载输入（I0.1）为 ON 时，计数器被复位（C2 常开触点断开，Q0.2 为 OFF），并把设定值 4 装入当前值。

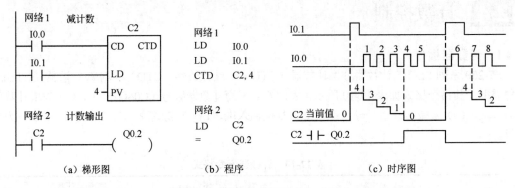

图 12-20　减计数器的程序与时序图

3. 增/减计数器（CTUD）

增/减计数器有增计数和减计数两种工作方式，其计数方式由输入端（CU/CD）决定。

增/减计数器的计数过程如图 12-21 所示，在增计数脉冲输入（I0.0）的上升沿，计数器的当前值加 1，计数器的当前值大于等于设定值时，计数器被置位，其常开触点接通，Q1.0 为 ON；在减计数脉冲输入（I0.1）的上升沿，计数器的当前值减 1，计数器的当前值小于设定值时，计数器被复位，其常开触点断开，Q1.0 为 OFF。复位输入信号 I0.2 为 ON 时，计数器被复位，其当前值被"清 0"，对应的位变为 OFF。

如果计数器的当前值为最大值 32767 时，下一个输入（CU）的上升沿将使当前值变为最小值 –32768。如果计数器的当前值为最小值 –32768，下一个输入（CD）的上升沿将使当前值变为最大值 32767。

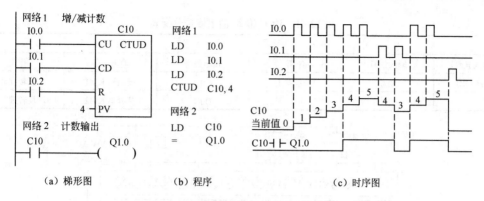

| （a）梯形图 | （b）程序 | （c）时序图 |

图 12-21 增/减计数器的程序与时序图

12.4.2 计数控制程序

1. 长延时控制程序

用定时器和计数器配合工作，可实现长延时控制。

如图 12-22 所示，启动输入 I0.0，Q0.0 指示，表明长延时电路开始工作。T40 开始计时，1800s 后计时到位，其常开触点接通一次，给计数器 C1 一个输入信号；其常闭触点断开，使 T40 复位。T40 复位后，其常开触点断开，常闭接点闭合，T40 又重新开始计时。当计数器 C1 对 T40 的反复动作计满 16 次后，C1 常开触点接通，Q0.1 为 ON，表明长延时电路计时完成，其总延时的时间 T=1800×16=28800s，即 8h。

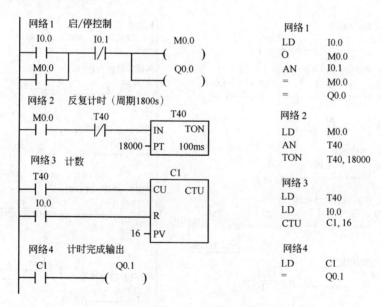

图 12-22 长延时程序

2. 循环控制程序

（1）控制要求 某搅拌机要求用单按钮实现启/停控制。启动后，正转搅拌 5s，停 2s；然后反转搅拌 5s，停 2s；循环运行 3 次（一个工艺过程）自动停机。

（2）PLC 选型及 I/O 信号分配 PLC 选 CPU224 AC/DC/RLY 模块，其输入/输出信号分配如表 12-11 所示。输入/输出硬件接线如图 12-23 所示（主电路可参考图 12-9 接线）。

表 12-11　PLC 输入/输出信号分配表

输入			输出		
输入元件	输入信号	作用	输出信号	输出元件	作用
按钮 SB	I0.0	启动/停止	Q0.2	接触器 KM1	正转搅拌
			Q0.4	接触器 KM2	反转搅拌

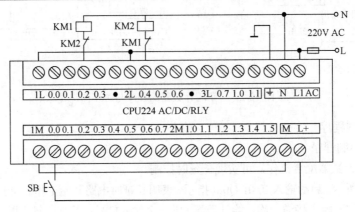

图 12-23　PLC 输入/输出硬件接线图

（3）PLC 控制程序　搅拌机控制程序如图 12-24 所示。程序功能已在各网络中注明，请读者自行分析。

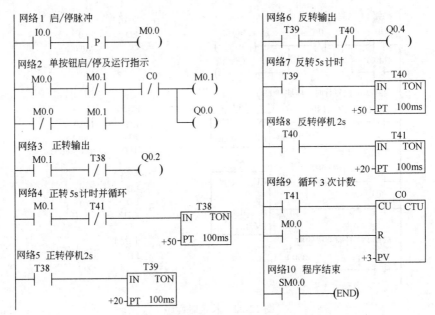

图 12-24　搅拌机控制梯形图程序

12.5　Y-△降压启动控制

12.5.1　堆栈指令

栈存储器用于保存中间计算结果。S7-200 系列 PLC 中有 9 个堆栈单元，每个单元可以存放 1

位二进制数据，最多可以连续保存 9 个逻辑运算结果（0 或 1）。堆栈有进栈、读栈和出栈三种操作，堆栈中的数据按"先进后出"的原则存取，如图 12-25 所示。

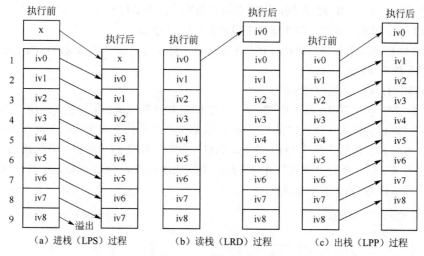

图 12-25 堆栈指令执行过程

（1）进栈（LPS） 将中间运算结果 X（或数据）压入栈存储器第 1 层，栈内各数据依次下移一层，iv8 中数据溢出丢失。

（2）读栈（LRD） 读出栈存储器第 1 层的数据，栈内数据位置不变。

（3）出栈（LPP） 弹出栈存储器第 1 层的数据（第 1 层的数据被读出，同时该数据就从栈内消失），栈内各数据依次向上移动一层。

注意：LPS、LPP 指令必须成对使用，而且连续使用应少于 9 次。

【控制案例 12-3】 1 层堆栈编程。

在图 12-26 所示程序中，I0.0 为 Q0.0~Q0.3 的总控条件（I0.0 的状态要使用 3 次），所以，在"LD I0.0"指令后要用 LPS 指令将 I0.0 的状态存入堆栈。

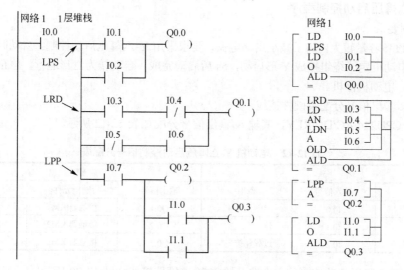

图 12-26 控制案例 12-3 程序

在 Q0.0 输出控制条件中，I0.0 与电路块（I0.1 与 I0.2 并联组成电路块）串联，所以要用"与块"指令 ALD。

在 Q0.1 输出控制条件中，I0.0 与电路块（I0.3 与 I0.4 串联成块，I0.5 与 I0.6 串联成块，两块并联要用"或块"指令 OLD）串联，同样要用"与块"指令 ALD。

在 Q0.2 输出控制条件中，I0.0 与 I0.7 串联直接控制 Q0.2。

在 Q0.3 输出控制条件中，I0.0 与 I0.7 串联成块，I1.0 与 I1.1 并联成块，这两块电路再串联，要用"与块"指令 ALD。

【控制案例 12-4】 2 层堆栈编程。

在图 12-27 所示程序中，第 1 次"压栈"存放的是 I0.0 的状态；第 2 次"压栈"存放的是 I0.0 与 I0.1 串联运算后的状态（在栈的第 1 层）。所以第 1 次"弹栈"取出的是 I0.0 与 I0.1 串联运算后的状态，再与 I0.3 串联，作为 Q0.1 的驱动条件。此时，第 1 次"压栈"存放的是 I0.0 的状态已上移至栈的第 1 层，执行"读栈"并与其后的电路块串联作为 Q0.2 的驱动条件；执行"弹栈"并与 I0.7 串联后作为 Q0.3 的驱动条件。

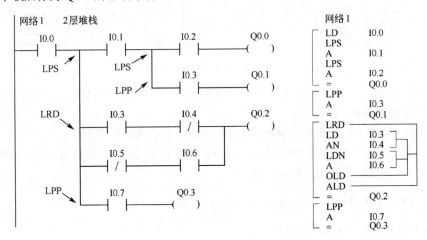

图 12-27　控制案例 12-4 程序

12.5.2　Y-△降压启动控制程序

1．控制要求

某生产设备容量较大，为了减小启动电流，要求采用 Y-△降压启动控制。启动时，按下启动按钮 SB1，电动机定子绕组接成 Y 形启动，6s 后启动完成，自动转为△形运行。停止时，按下停止按钮 SB2，电动机停机。

2．输入/输出信号分配及硬件接线

PLC 选 CPU224 AC/DC/RLY，其输入/输出信号分配如表 12-12 所示。

表 12-12　电动机 Y-△降压启动控制信号分配表

输　　入			输　　出		
输入元件	输入信号	作用	输出信号	输出元件	作用
按钮 SB1	I0.0	启动	Q0.1	接触器 KM1	电源控制
按钮 SB2	I0.1	停止	Q0.2	接触器 KM2	Y 接启动
热继电器 KH	I0.2	过载保护	Q0.3	接触器 KM3	△接运行

电动机 Y-△降压启动控制的主电路及输入/输出硬件接线如图 12-28 所示。

3．控制程序

电动机 Y-△降压启动控制的梯形图程序如图 12-29 所示。

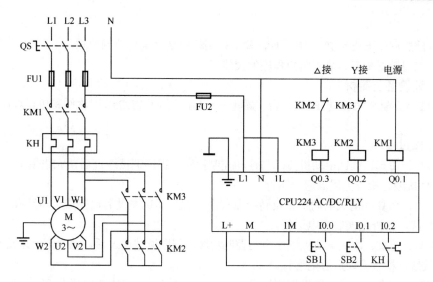

图 12-28　电动机 Y-△降压启动控制硬件接线图

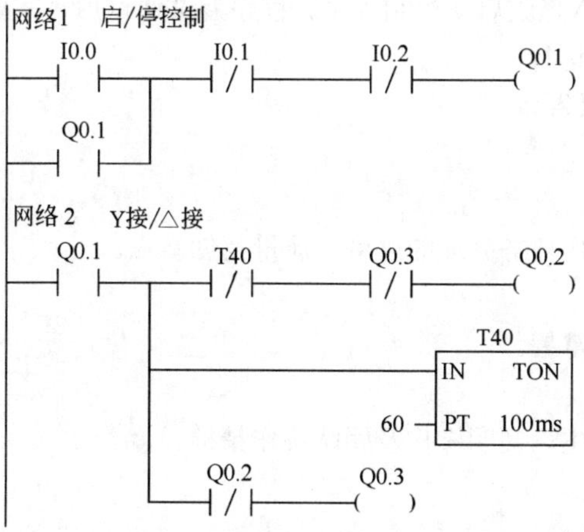

网络1　启/停控制

网络1
LD　　I0.0
O　　 Q0.1
AN　　I0.1
AN　　I0.2
=　　 Q0.1

网络2　Y接/△接

网络2
LD　　Q0.1
LPS
AN　　T40
AN　　Q0.3
=　　 Q0.2
LRD
TON　 T40,60
LPP
AN　　Q0.2
=　　 Q0.3

图 12-29　电动机 Y-△降压启动控制程序

（1）Y 接启动　按下启动按钮 SB1，Q0.1 通电并自锁，Q0.2 和 T40 通电，电动机 Y 接启动并延时；同时 Q0.2 的常闭触点断开，联锁△接输出（Q0.3）回路。

（2）△接运行　T40 延时 6s 到时，T40 常闭触点断开，Q0.2 断电并解除对 Q0.3 的联锁，Q0.3 通电，电动机△接运行。

（3）停机　按下停止按钮 SB2，或电动机过载保护动作，Q0.1 断电并解除自锁，电动机停止。

12.6　技能训练

12.6.1　工作任务及要求

1. 工作任务

PLC 典型控制程序的运行与调试。

2. 工作要求

① 使用 STEP7 编程软件编辑控制程序并在仿真软件上运行，验证控制程序是否满足控制

要求。

② 将控制程序下载到 PLC 中运行，验证控制程序是否满足控制要求。

③ 训练用梯形图工具编制用户程序的技能。

12.6.2　实训设备及器材

每组（2 人）配 S7-200 型 PLC 一台，微机一台（配西门子 PLC 编程软件和仿真软件），PC/PPI 电缆一根。

12.6.3　工作过程

① 编写、仿真、调试电动机点动与连动控制程序。程序调试通过后，完成主电路及 PLC 输入/输出硬件接线，检查无误后通电运行。

② 编写、仿真、调试电动机正反转控制程序。程序调试通过后，完成主电路及 PLC 输入/输出硬件接线，检查无误后通电运行。

③ 编写、仿真、调试电动机顺序启动控制程序。程序调试通过后，完成主电路及 PLC 输入/输出硬件接线，检查无误后通电运行。

④ 编写、仿真、调试搅拌机控制程序。程序调试通过后，完成主电路及 PLC 输入/输出硬件接线，检查无误后通电运行。

⑤ 编写、仿真、调试电动机 Y-△降压启动控制程序。程序调试通过后，完成主电路及 PLC 输入/输出硬件接线，检查无误后通电运行。

⑥ 总结实训要点，并写出实训报告。

12.6.4　项目考核

1．分组考核（成绩占 50%）

按照工作过程分步考核，考查工作任务完成的进度、质量及创新点。

2．单独考核（成绩占 40%）

按项目考核，考查相关技能是否掌握。

3．综合素质考核（成绩占 10%）

按工作过程考核，考查安全、卫生、文明操作及团队协作精神。

小　结

① S7-200 系列 PLC 的基本逻辑指令有逻辑取（LD）、逻辑取反（LDN）、输出（＝）、逻辑与（A）、逻辑与反（AN）、逻辑或（O）、逻辑或反（ON）、置位（S）、复位（R）、脉冲上升沿（EU）、脉冲下降沿（ED）、与块（ALD）、或块（OLD）、定时器（TON/TOF/TONR）、计数器（CTU/CTD/CTUD）、进栈（LPS）、读栈（LRD）、出栈（LPP）、取反（NOT）和程序结束（END）等。熟悉并灵活应用这些指令，是编写控制程序的基础。如果对某个指令不熟悉，可在编程软件界面下先选中该指令，然后按[F1]键，软件"帮助"会给出详细的说明和应用举例。

② 梯形图是控制逻辑的图示法。梯形图编程的基本模式是"启—保—停"电路。每个"启—保—停"电路一般只针对一个输出，这个输出可以是 PLC 的实际输出，也可以是中间变量；每个"启—保—停"电路的工作条件，要根据控制要求确定。

③ 梯形图编程时，像堆积木一样灵活运用一些基本控制环节，如自锁环节、互锁（联锁）环节、延时环节、振荡环节、计数环节等，可以使编程更加便捷、有效。

④ S7-200 的梯形图程序被划分为若干个网络，一个网络只允许有一块独立的电路。如果一

个网络有两块独立的电路，在程序编译时会出现错误。指令表允许将若干个独立电路对应的程序放在一个网络中，但这样的程序不能转换为梯形图。

⑤ 本项目给出了一些 PLC 控制的典型程序，如电动机点动与连动控制程序、电动机正反转控制程序、电动机顺序启动控制程序、长延时控制程序、搅拌机循环控制程序、电动机 Y-△ 降压启动控制程序等。可根据具体实训实习条件，有选择地进行编程、仿真和程序调试训练。

做一做

1. 接通延时型定时器（TON）的输入端（IN）_____时开始计时，当前值大于等于设定值（PT）时，其常开触点_____，常闭触点_____。

2. 断电延时型定时器（TOF）的输入端（IN）接通时，其常开触点_____，常闭触点_____。输入端（IN）断电时开始_____，当前值大于等于设定值（PT）时，其常开触点_____，常闭触点_____。

3. 增计数器计数输入端（CU）的信号_____时，计数器的当前值加 1。当前值大于等于设定值（PV）时，其常开触点_____，常闭触点_____。复位输入电路接通时，计数器被复位，复位后的当前值为_____，其常开触点_____，常闭触点_____。

4. 指出图 12-30 所示梯形图中的启动环节、停止环节、自锁环节和联锁环节，并写出其指令程序。

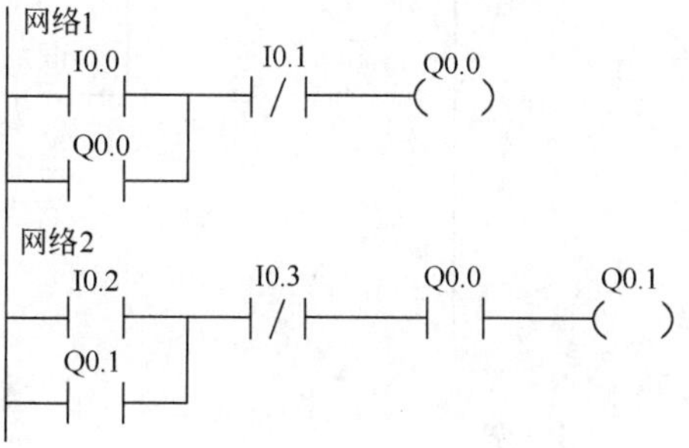

5. 设计用 PLC 实现电动机点动与连动控制的梯形图程序。

6. 试根据以下控制要求，分别编写两台电动机 M1 与 M2 的控制程序。

① 启动时，M1 启动后，M2 才能启动；停止时，M2 停止后，M1 才能停止。

② M1 先启动，经过 30s 后 M2 自行启动；M2 启动 10min 后 M1 自动停止。

图 12-30 题 4 图

7. 读下列程序，画出对应的梯形图。

网络 1				网络 2	
LD	I0.0	LPS		LD	T37
LD	Q0.1	A	I0.2	A	SM0.5
AN	I0.3	=	Q0.1	O	M0.2
OLD		LPP		AN	I1.0
AN	I0.1	AN	I0.0	=	Q0.2
		TON	T37, 100		

8. 写出图 12-31 所示梯形图对应的指令程序。

9. 写出图 12-32 所示梯形图对应的指令程序。

10. 画出图 12-33 中 M0.0、M0.1 和 Q0.0 的时序图。

11. 用 PLC 实现三相异步电动机 Y-△ 减压启动控制，Y 接启动 6s 后，自动换接为△接运行（Y→△换接，要求间隔断电 0.3s），试设计控制的程序。要求给出主电路、I/O 信号分配图及控制的程序梯形图。

12. 某风机运行监视系统，如果三台风机中有两台在运行，信号灯就持续发亮；如果只有一台风机运行，信号灯就以 0.5Hz 的频率闪光；如果三台风机都不工作，信号灯就以 2Hz 的频率闪光。运行监视系统停止工作，信号灯熄灭。试设计其控制的程序。

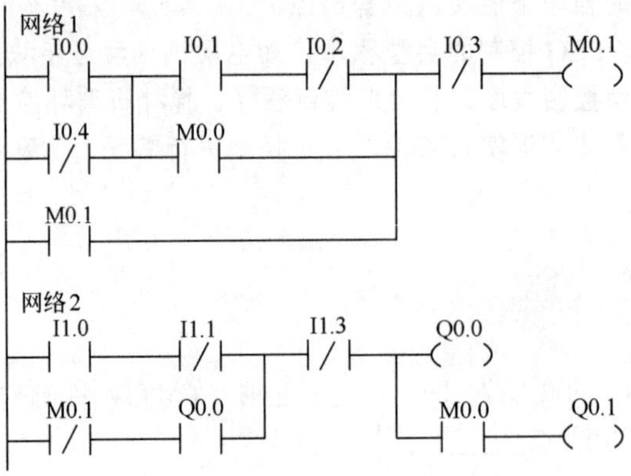

图 12-31　题 8 图

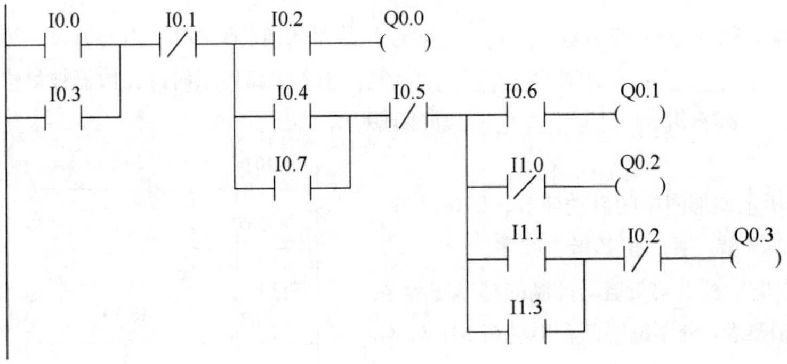

图 12-32　题 9 图

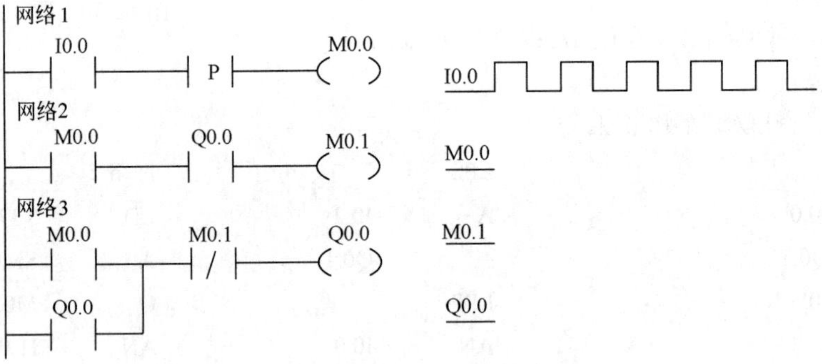

图 12-33　题 10 图

13. 某设备有 3 台电动机，控制要求是：按下启动按钮后，3 台电动机相隔 20s 自动启动；运行 4h 后 3 台电动机自动停机。按下停止按钮，电动机停止。

① 绘出控制的主电路及输入/输出硬件接线图。

② 设计控制的梯形图，写出指令程序。

项目 13　顺序控制指令的编程

一个完整的生产工艺过程，可分解为若干个"工步"。依生产过程按"工步"进行的控制就是顺序控制。S7-200 系列 PLC 为用户提供的顺序控制指令，专门用于编制顺序控制程序。本项目将介绍顺序控制指令的编程方法及应用案例。

13.1　顺序控制功能图

13.1.1　顺序控制指令

S7-200 系列 PLC 顺序控制指令的格式如表 13-1 所示。

表 13-1　顺序控制指令

指　令	梯　形　图	指　令　表	功　能	操作元件
LSCR	bit ⊢ SCR	LSCR S-bit	顺控开始	S（位）
SCRT	bit ⊔ ⊢（SCRT）	SCRT S-bit	顺控转移	S（位）
SCRE	⊢（SCRE）	SCRE	顺控结束	无

① LSCR　顺序控制开始指令，用于"激活"当前状态。

② SCRT　顺序控制转移指令，将程序控制权从一个程序段传递到另一个程序段。

③ SCRE　顺序控制结束指令，用于"关闭"当前状态。

④ 操作元件　顺序控制指令的操作元件是顺控继电器（S）。顺控继电器又称状态元件，是构成顺序控制功能图的基本元素。S7-200 系列 PLC 顺控继电器共 256 位，采用 8 进制编号（S0.0~S0.7、S1.0~S1.7、…、S31.0~S31.7）。

13.1.2　顺序控制功能图

1. 控制案例

某送料小车自动往返运行的工艺过程如图 13-1 所示，其控制要求如下。

按下启动按钮 SB1，小车电动机 M 正转，小车第一次前进，碰到限位开关 SQ1 后小车电动机 M 反转，小车后退。

小车后退碰到限位开关 SQ2 后，小车电动机 M 停转，停 10s 后，小车第二次前进，碰到限位开关 SQ3，再次后退。

小车第二次后退碰到限位开关 SQ2 时，小车停止。

2. 顺序控制功能图

小车的工作过程，如果用"工步"加以描述，可表示为：工步 0（停车）→工步 1（一次前进）→工步 2（一次后退）→工步 3（停车延时）→工步 4（二次前进）→工步 5（二次后退）→工步 0（停车）。

将每个"工步"用"状态"表示，再依据工艺过程加上工作任务及状态与状态之间转移的条件，就构成了顺序控制功能图，如图 13-2 所示。

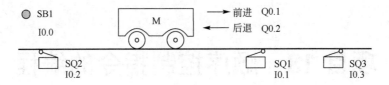

图 13-1　送料小车自动往返运行示意图

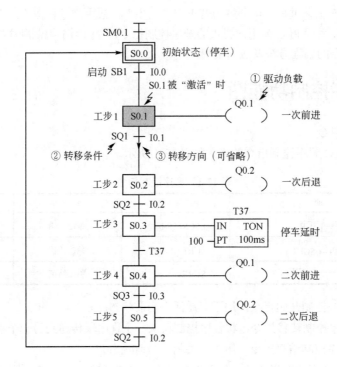

图 13-2　小车顺序控制功能图

①"状态"是构成顺序控制功能图的基本环节，其物理意义是顺序控制过程中的"工步"，如工步 0（S0.0）、工步 1（S0.1）、…、工步 5（S0.5）等。

② 每一状态都有负载驱动，指定状态转移条件和状态转移方向三个要素，这三个要素描述了一个状态的基本特征和功能。一旦某一状态被"激活"（如 S0.1），与该状态连接的负载（Q0.1）就得以驱动；然后判断状态转移条件是否满足，如果转移条件成立（I0.1 为 ON），就按顺序（箭头指示，但可省略）转向下一状态（S0.2）；当 S0.2 被"激活"时，前一个状态（S0.1）就会自动"关闭"。

③ 顺序控制功能图是严格按照预定的工艺流程顺序执行的。"激活"当前状态，用 LSCR 指令；"关闭"当前状态，用 SCRE 指令；状态之间的转移用 SCRT 指令。

④ 顺序控制功能图根据控制流程不同，可分为单流程、选择分支流程和并行分支流程等几种基本形式。

13.2　单流程控制

单流程只有一个分支，在每个工步（状态）后面仅有一个转移方向，并按顺序执行整个流程。

下面以送料小车控制为例，说明单流程编程的方法。

1．输入/输出信号分配及硬件接线

PLC 选 CPU224 AC/DC/RLY，其输入/输出信号分配如表 13-2 所示，硬件接线如图 13-3 所示。

表 13-2　送料小车控制输入/输出信号分配表

输　入			输　出		
输入元件	输入信号	作　用	输出信号	输出元件	作　用
按钮 SB1	I0.0	启动	Q0.1	接触器 KM1	小车前进控制
行程开关 SQ1	I0.1	位置 1 限位	Q0.2	接触器 KM2	小车后退控制
行程开关 SQ2	I0.2	位置 2 限位			
行程开关 SQ3	I0.3	位置 3 限位			

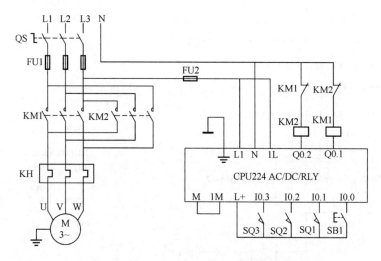

图 13-3　小车控制主电路及输入/输出硬件接线图

2．控制程序

送料小车顺序控制的功能图如图 13-2 所示，对应的梯形图程序如图 13-4 所示。

从图 13-4 不难看出，顺序控制程序梯形图具有明显的段落特征，每一段都是从 LSCR 指令开始，以 SCRE 指令结束。每一段程序对应顺序功能图中的一个状态（工步），状态间的顺序转移用 SCRT 指令表达。除此而外，状态编程还应注意以下几点。

① 每一状态的编程，都有三个要素。

要素 1：驱动负载（执行工作任务）。如图 13-4 梯形图中 S0.1 状态的工作任务为第一次前进。

要素 2：设定状态转移条件。如图 13-4 梯形图中状态 S0.1 转移到状态 S0.2 的条件为开关 SQ1 动作（I0.1 为 ON）。

要素 3：指定状态转移方向。如图 13-4 梯形图中状态 S0.1 转移的下一个状态是 S0.2。

② 状态编程的顺序是先驱动负载，再根据转移条件和转移方向进行状态转移。

③ 驱动负载用"="指令。如果同一负载需要重复驱动，对连续输出可以用"S"指令将其置位，等到该负载无需驱动时，再用"R"指令将其复位；对非连续输出应通过中间继电器（M 元件），再驱动负载。如图 13-2 中，Q0.1 有两次驱动，在图 13-4 梯形图中，是通过 M0.1 和 M0.3 驱动 Q0.1 的；同样，Q0.2 是通过 M0.2 和 M0.4 驱动的。

④ 负载驱动或状态转移条件可能是多个，要视其具体逻辑关系，将其进行串、并联组合。如图 13-7 中原点指示驱动条件和状态 S0.0 向状态 S0.1 的转移条件。

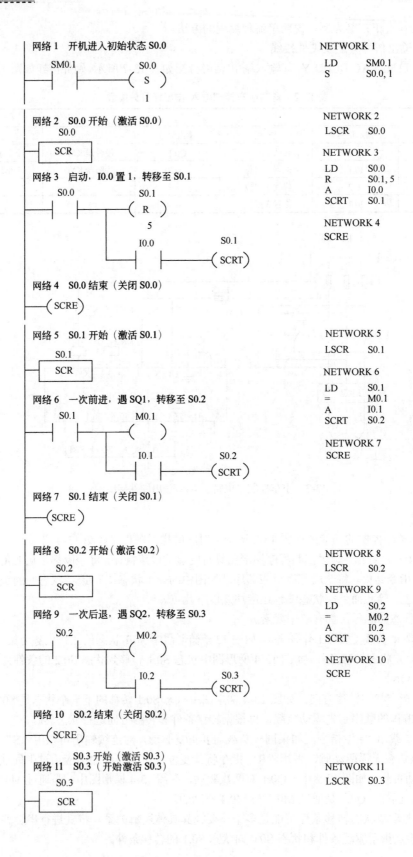

网络 1　开机进入初始状态 S0.0

```
  SM0.1        S0.0
  ┤├──────────( S )
                 1
```

NETWORK 1
LD   SM0.1
S   S0.0, 1

网络 2　S0.0 开始（激活 S0.0）

```
  S0.0
  ┤ SCR ├
```

NETWORK 2
LSCR   S0.0

网络 3　启动，I0.0 置 1，转移至 S0.1

```
  S0.0         S0.1
  ┤├────┬────( R )
         │        5
         │
       I0.0      S0.1
        ┤├──────( SCRT )
```

NETWORK 3
LD   S0.0
R   S0.1, 5
A   I0.0
SCRT   S0.1

网络 4　S0.0 结束（关闭 S0.0）

```
  ──( SCRE )
```

NETWORK 4
SCRE

网络 5　S0.1 开始（激活 S0.1）

```
  S0.1
  ┤ SCR ├
```

NETWORK 5
LSCR   S0.1

网络 6　一次前进，遇 SQ1，转移至 S0.2

```
  S0.1         M0.1
  ┤├────┬────(   )
         │
       I0.1      S0.2
        ┤├──────( SCRT )
```

NETWORK 6
LD   S0.1
=   M0.1
A   I0.1
SCRT   S0.2

网络 7　S0.1 结束（关闭 S0.1）

```
  ──( SCRE )
```

NETWORK 7
SCRE

网络 8　S0.2 开始（激活 S0.2）

```
  S0.2
  ┤ SCR ├
```

NETWORK 8
LSCR   S0.2

网络 9　一次后退，遇 SQ2，转移至 S0.3

```
  S0.2         M0.2
  ┤├────┬────(   )
         │
       I0.2      S0.3
        ┤├──────( SCRT )
```

NETWORK 9
LD   S0.2
=   M0.2
A   I0.2
SCRT   S0.3

网络 10　S0.2 结束（关闭 S0.2）

```
  ──( SCRE )
```

NETWORK 10
SCRE

网络 11　S0.3 开始（激活 S0.3）

```
  S0.3
  ┤ SCR ├
```

NETWORK 11
LSCR   S0.3

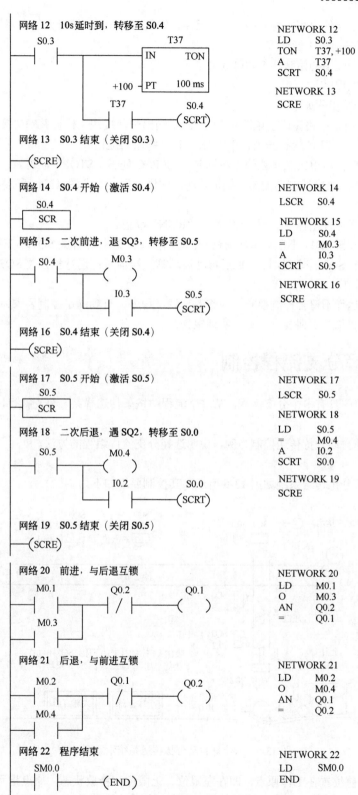

网络 12　10s延时到，转移至 S0.4

```
NETWORK 12
LD    S0.3
TON   T37, +100
A     T37
SCRT  S0.4
```

网络 13　S0.3 结束（关闭 S0.3）

```
NETWORK 13
SCRE
```

网络 14　S0.4 开始（激活 S0.4）

```
NETWORK 14
LSCR  S0.4
```

网络 15　二次前进，退 SQ3，转移至 S0.5

```
NETWORK 15
LD    S0.4
=     M0.3
A     I0.3
SCRT  S0.5
```

网络 16　S0.4 结束（关闭 S0.4）

```
NETWORK 16
SCRE
```

网络 17　S0.5 开始（激活 S0.5）

```
NETWORK 17
LSCR  S0.5
```

网络 18　二次后退，遇 SQ2，转移至 S0.0

```
NETWORK 18
LD    S0.5
=     M0.4
A     I0.2
SCRT  S0.0
```

网络 19　S0.5 结束（关闭 S0.5）

```
NETWORK 19
SCRE
```

网络 20　前进，与后退互锁

```
NETWORK 20
LD    M0.1
O     M0.3
AN    Q0.2
=     Q0.1
```

网络 21　后退，与前进互锁

```
NETWORK 21
LD    M0.2
O     M0.4
AN    Q0.1
=     Q0.2
```

网络 22　程序结束

```
NETWORK 22
LD    SM0.0
END
```

图 13-4　送料小车控制的梯形图程序

⑤ 相邻状态不能使用相同编号的 T、C 元件。如果同一 T、C 编号元件在相邻状态下编程，其线圈不能断电，当前值不能清零。

⑥ 初始状态一般用初始脉冲 SM0.1 驱动。

3．编辑、调试程序

程序编辑、调试步骤如下。

① 按图 13-3 所示电路完成主电路与 PLC 输入/输出硬件接线。检查并确认接线正确无误。

② 接通电源，将 PLC 状态开关置于"TERM"（终端）位置。

③ 启动编程软件，单击工具栏停止图标 ■，使 PLC 处于"STOP"状态。

④ 根据图 13-2 顺序控制功能图，编辑程序。编译无误（参考图 13-4 所示程序）后下载到 PLC 中。

⑤ 单击工具栏运行图标 ▶，使 PLC 处于"RUN"状态。

⑥ 按下启动按钮 SB1，小车第 1 次前进（电动机正转）；遇行程开关 SQ1 小车第 1 次后退（电动机反转）；后退至 SQ2 停车延时；10s 后自动启动第 2 次前进；遇行程开关 SQ3 小车第 2 次后退；后退至 SQ2 停车。

⑦ 如果小车运行不符合控制要求，应修改、调试程序，直到满足控制要求为止。

⑧ 断开电源。总结实训要点，写出实训报告。

13.3 选择分支流程控制

顺序控制功能图具有多个分支流程，从多个流程中按条件选择某一分支执行，称为选择分支流程控制。

下面以大小球自动分拣传送控制为例，说明选择分支流程编程的方法。

1．控制要求

某大小球自动分拣传送系统如图 13-5 所示，其控制要求如下。

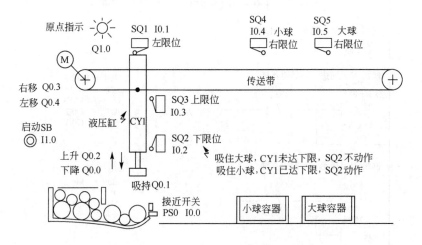

图 13-5　大小球自动分拣传送系统示意图

① 机械手当前位置在工作原点，即在左限位、上限位和释放状态，原点指示灯亮。工件到位，接近开关动作（I0.0 为 ON），通过按钮 SB 给一个启动信号（I1.0），机械手开始工作，并按下降→吸持→上升→右移→下降→释放→上升→左移的工序自动循环。

② 机械手的左、右运动通过电动机 M 拖动带传动装置实现；机械手的上、下运动通过液压

传动装置实现；机械手吸持、释放工件通过电磁铁的得电与失电实现。

③ 机械手下降时，当电磁铁压着大球时（机械手未达下限），下限位开关 SQ2 处于断开状态（I0.2 为 OFF）；压着小球时（机械手已达下限），下限位开关 SQ2 处于闭合状态（I0.2 为 ON），以此作为大、小球分类传送的依据。

2．PLC 选型及 I/O 信号分配

PLC 选 CPU224 AC/DC/RLY，其输入/输出信号分配如表 13-3 所示，硬件接线如图 13-6 所示。

表 13-3　自动分拣传送控制 I/O 信号分配表

输 入 元 件	输 入 信 号	输 出 元 件	输 出 信 号
按钮 SB	I1.0	下降电磁阀 YV1	Q0.0
接近开关 PS0	I0.0	电磁铁 YA	Q0.1
左限位开关 SQ1	I0.1	上升电磁阀 YV2	Q0.2
下限位开关 SQ2	I0.2	右移接触器 KM1	Q0.3
上限位开关 SQ3	I0.3	左移接触器 KM2	Q0.4
小球右限位开关 SQ4	I0.4	原点指示灯 HL	Q1.0
大球右限位开关 SQ5	I0.5		

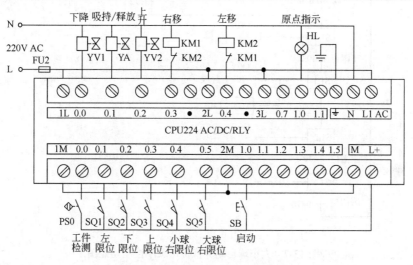

图 13-6　PLC 输入/输出硬件接线图

3．程序设计

按控制工艺要求，该控制流程根据吸持的是大球还是小球应有两个分支，且属于选择性分支。选择执行的条件是下限位开关 SQ2 的通与断。若吸持的是小球，机械手已达下限，I0.2 为 ON，选择第一分支执行，当机械手右移至小球右限位（SQ4 为 ON）时，就下降将工件释放在小球容器中；若吸持的是大球，机械手未达下限，I0.2 为 OFF，选择第二分支执行，当机械手右移至大球右限位（SQ5 为 ON）时，就下降将工件释放在大球容器中。其顺序控制功能图如图 13-7 所示，对应的梯形图程序如图 13-8 所示。

4．编辑、调试程序

程序编辑、调试步骤如下。

① 按图 13-6 所示电路完成 PLC 输入/输出硬件接线。检查并确认接线正确无误。

② 接通电源，将 PLC 状态开关置于"TERM"（终端）位置。

③ 启动编程软件，单击工具栏停止图标 ■，使 PLC 处于"STOP"状态。

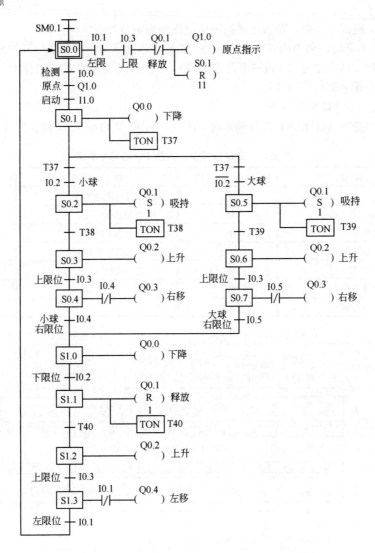

图 13-7　大小球自动分拣传送顺序控制功能图

④ 根据图 13-7 并行分支功能图编辑程序。编译无误（参考图 13-8 所示梯形图）后下载到 PLC 中。

⑤ 单击工具栏运行图标 ▶，使 PLC 处于"RUN"状态。

⑥ 在机械手回原点（Q1.0 为 ON）和工件到位（I0.0 为 ON）的前提下，按下启动按钮 SB（I1.0 为 ON），机械手下降，2s 后若吸持的是小球，机械手已达下限（下限位开关 SQ2 动作，I0.2 为 ON），选择第一分支执行，然后吸持抓球，2s 后上升，上升至上限位开关 SQ3 动作（I0.3 为 ON），机械手右移至小球右限位（SQ4 动作，I0.4 为 ON）时，就转为下降，下降至 SQ2 动作（I0.2 为 ON）时，将工件释放（释放时间为 2s）在小球容器中，然后上升至 SQ3 动作（I0.3 为 ON）时，机械手左移，左移至左限位开关 SQ1 动作（I0.1 为 ON），机械手返回原点（Q1.0 指示），完成一个工作循环，等待下一次运行的启动信号。若吸持的是大球，机械手未达下限，I0.2 为 OFF，选择第二分支执行，执行过程请读者自行调试、总结。

⑦ 如果机械手动作不符合控制要求，应修改、调试程序，直到满足控制要求为止。

⑧ 断开电源。总结实训要点，写出实训报告。

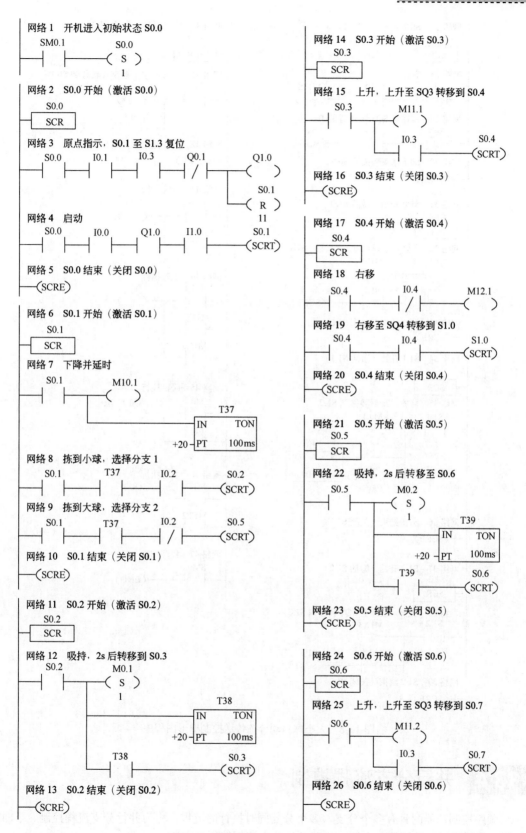

网络 1　开机进入初始状态 S0.0

网络 2　S0.0 开始（激活 S0.0）

网络 3　原点指示，S0.1 至 S1.3 复位

网络 4　启动

网络 5　S0.0 结束（关闭 S0.0）

网络 6　S0.1 开始（激活 S0.1）

网络 7　下降并延时

网络 8　拣到小球，选择分支 1

网络 9　拣到大球，选择分支 2

网络 10　S0.1 结束（关闭 S0.1）

网络 11　S0.2 开始（激活 S0.2）

网络 12　吸持，2s 后转移到 S0.3

网络 13　S0.2 结束（关闭 S0.2）

网络 14　S0.3 开始（激活 S0.3）

网络 15　上升，上升至 SQ3 转移到 S0.4

网络 16　S0.3 结束（关闭 S0.3）

网络 17　S0.4 开始（激活 S0.4）

网络 18　右移

网络 19　右移至 SQ4 转移到 S1.0

网络 20　S0.4 结束（关闭 S0.4）

网络 21　S0.5 开始（激活 S0.5）

网络 22　吸持，2s 后转移至 S0.6

网络 23　S0.5 结束（关闭 S0.5）

网络 24　S0.6 开始（激活 S0.6）

网络 25　上升，上升至 SQ3 转移到 S0.7

网络 26　S0.6 结束（关闭 S0.6）

图 13-8

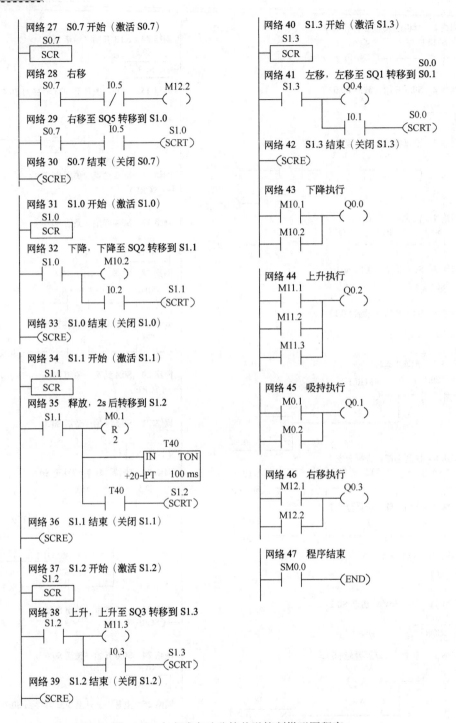

图 13-8　大小球自动分拣传送控制梯形图程序

13.4　并行分支流程控制

顺序控制功能图具有多个分支，多个分支同时执行的流程，称为并行分支流程控制。下面以按钮式人行横道交通灯控制为例，说明并行分支流程编程的方法。

1．控制要求

图 13-9 为按钮式人行横道交通灯控制的示意图，其控制要求如下。

① 若无人过横道（初始状态），车道为绿灯信号，人行横道为红灯信号。

② 若有人要过横道，应先发出过路请求（按下按钮 I0.0 或 I0.1），30s 后车道信号响应为黄灯，再经 10s 转为红灯信号，表明人可以通过横道；但为确保安全，车道红灯信号给出 5s 后才允许人行横道绿灯亮，即人行横道方可通行。

③ 人行横道绿灯亮 10s 后，转为绿灯闪烁信号（OFF/ON 各 0.5s），以提示人行横道绿灯即将关闭。人行横道绿灯闪烁 5 次后转为红灯信号，再经 5s 后返回初始状态。一个工作周期控制的时序图如图 13-10 所示。

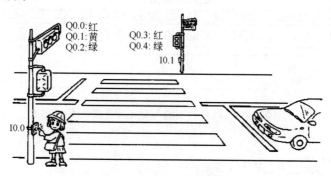

图 13-9　人行横道交通灯控制示意图

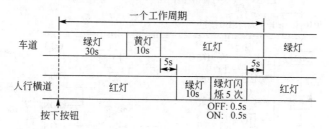

图 13-10　人行横道交通灯控制时序图

2．PLC 选型及 I/O 信号分配

PLC 选 CPU224 AC/DC/RLY，其输入/输出信号分配如表 13-4 所示，硬件接线如图 13-11 所示。

表 13-4　人行横道交通灯控制 I/O 信号分配表

输入元件	输入信号	输出元件	输出信号
按钮 SB1	I0.0	车道红灯继电器 KA1	Q0.0
按钮 SB2	I0.1	车道黄灯继电器 KA2	Q0.1
		车道绿灯继电器 KA3	Q0.2
		人行横道红灯继电器 KA4	Q0.3
		人行横道绿灯继电器 KA5	Q0.4

3．程序设计

人行横道交通灯顺序控制的流程如图 13-12 所示，由于车道信号灯的动作与人行道信号灯的动作是同时进行的，所以控制流程应为并行分支结构。初始状态，车道为绿灯（Q0.2 为 ON，允许通行），人行道为红灯（Q0.3 为 ON，禁止通行）。若有人要过横道，按下请求过路按钮（I0.0 或 I0.1 为 ON），延时 30s 后由状态 S0.2 控制车道黄灯点亮（Q0.1 为 ON），延时 10s，由状态 S0.3 控制车道红灯点亮（Q0.0 为 ON），再延时 5s 开启状态 S1.1，使人行横道绿灯点亮（Q0.4 为 ON），10s 后人行横道绿灯由状态 S1.2 和状态 S1.3 交替控制闪烁，闪烁 5 次（通过 C0 对 S1.3

动作次数计数控制）后人行横道红灯点亮（Q0.3 为 ON），经 5s 延时返回初始状态（S0.0），使车道变为绿灯信号，人行横道变为红灯信号。

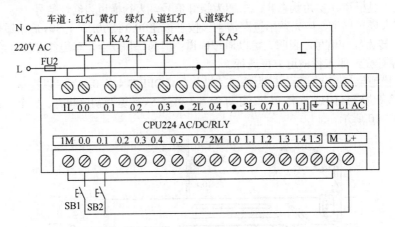

图 13-11　PLC 控制输入/输出硬件接线图

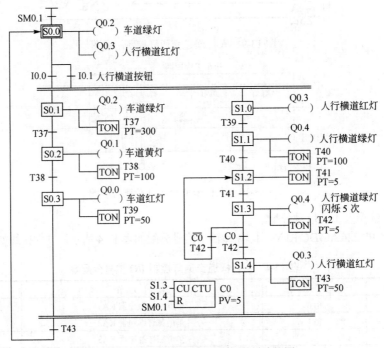

图 13-12　人行横道交通灯顺序控制功能图

图中状态 S1.3 后面有一个选择性分支，人行横道绿灯闪烁不到 5 次（C0 为 OFF），选择局部重复动作；闪烁 5 次（C0 为 ON）完成，点亮人行横道红灯。

4．编辑、调试程序

程序编辑、调试步骤如下。

① 按图 13-11 所示电路完成 PLC 输入/输出硬件接线。检查并确认接线正确无误。

② 接通电源，将 PLC 状态开关置于"TERM"（终端）位置。

③ 启动编程软件，单击工具栏停止图标■，使 PLC 处于"STOP"状态。

④ 根据图 13-12 并行分支功能图编辑程序。编译无误（参考图 13-13 所示程序）后下载到 PLC 中。

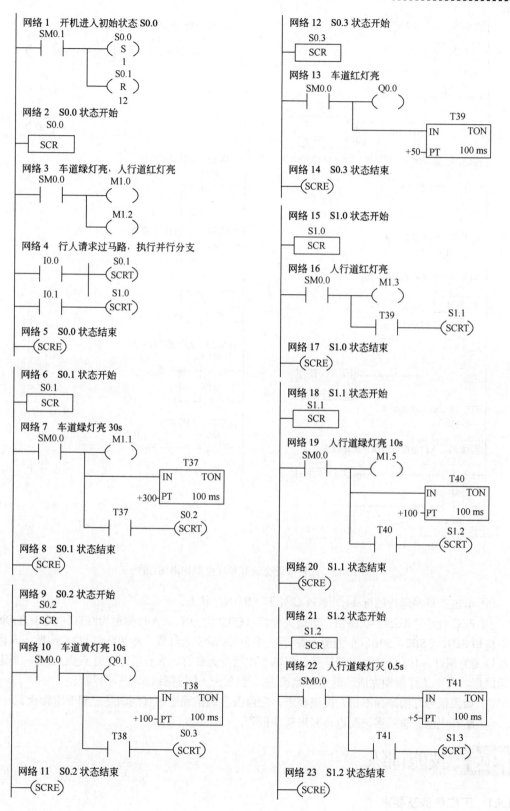

图 13-13

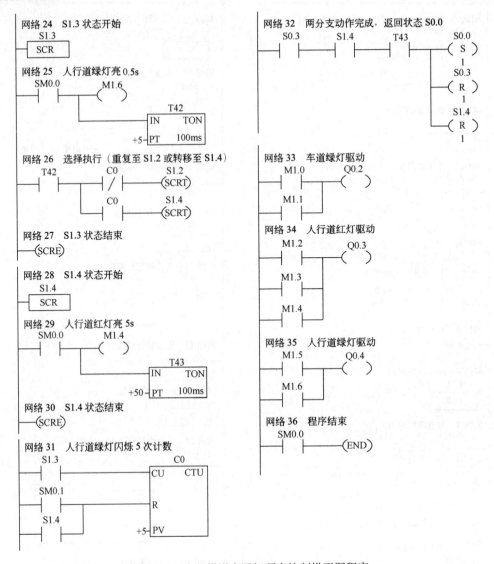

图 13-13 人行横道交通灯顺序控制梯形图程序

⑤ 单击工具栏运行图标 ▶，使 PLC 处于"RUN"状态。

⑥ PLC 处于"RUN"状态后，车道为绿灯（Q0.2 为 ON），人行横道为红灯（Q0.3 为 ON）。按下按钮 SB1 或 SB2，30s 后车道变为黄灯，再经 10s 后变为红灯。车道红灯点亮 5s 后，人行横道红灯变为绿灯，10s 后变为闪烁信号，闪烁 5 次后变为红灯。人行横道红灯点亮 5s 后，车道又变为绿灯，一个工作周期完成，返回初始状态，等待下一个过路请求信号的到来。

⑦ 如果信号灯的动作不符合控制要求，应修改、调试程序，直到满足控制要求为止。

⑧ 断开电源。总结实训要点，写出实训报告。

13.5 技能训练

13.5.1 工作任务及要求

1. 工作任务

顺序控制程序的编辑、运行与调试。

2．工作要求

① 使用 STEP7 编程软件编辑顺序控制程序，并在仿真软件上运行，验证控制程序是否满足控制要求。

② 将编辑的顺序控制程序下载到 PLC 中运行，验证控制程序是否满足控制要求。

③ 训练用顺序控制功能图工具编制用户程序的技能。

13.5.2　实训设备及器材

每组（2 人）配 S7-200 型 PLC 一台，微机一台（配西门子 PLC 编程软件和仿真软件），PC/PPI 电缆一根。

13.5.3　工作过程

① 编写、仿真、调试、运行送料小车控制程序（按 13.2 第 3 项操作）。

② 编写、仿真、调试、运行大小球自动分拣传送控制程序（按 13.3 第 4 项操作）。

③ 编写、仿真、调试、运行人行横道交通灯控制程序（按 13.4 第 4 项操作）。

13.5.4　项目考核

1．分组考核（成绩占 50%）

按照工作过程分步考核，考查工作任务完成的进度、质量及创新点。

2．单独考核（成绩占 40%）

按项目考核，考查相关技能是否掌握。

3．综合素质考核（成绩占 10%）

按工作过程考核，考查安全、卫生、文明操作及团队协作精神。

小　结

① 顺序控制功能图是描述顺序控制过程的有效工具。对顺序过程控制，用顺序控制功能图编程，思路清晰，程序更加结构化，使编程和程序调试更加便捷。

② 顺控程序具有明显的段落特征，每一段都是从 LSCR 指令开始，以 SCRE 指令结束。每一段程序对应顺序功能图中的一个状态（工步），状态间的顺序转移，根据转移条件用 SCRT 指令实现。

③ 每一状态的编程，都包括驱动负载（执行工作任务）、设定状态转移条件和指定状态转移方向三个要素。

④ 顺序控制功能图按其结构不同，可分单流程、选择分支流程和并行分支流程三种基本结构。单流程按顺序执行；选择分支流程按条件选择其中某一分支执行；并行分支流程同时执行多个分支。

⑤ 由于控制过程不同，一个实际的顺控流程，也可以是几种基本控制流程的组合。对组合流程，遇选择分支，按选择分支流程处理；遇并行分支，按并行分支编程，编程的基本方法相同。

做一做

1．试说明用顺序控制功能图编程的思想及适用场合。

2．有一顺序控制的单流程，如图 13-14 所示，试对其进行编程。

3．有一选择分支流程，如图 13-15 所示，试对其进行编程。

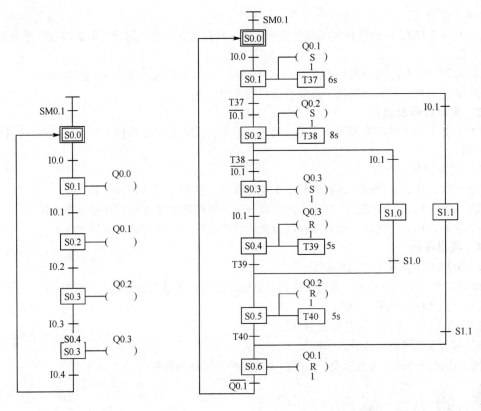

图 13-14 题 2 图   图 13-15 题 3 图

4. 现有 3 台电动机，要求按时间原则（间隔 10s）实现顺序启/停控制。启动顺序为 M1→M2→M3，停止顺序为 M3→M2→M1，并在启动过程中，也要能按此顺序启动与停车。试设计其控制的功能图，并编制程序。

5. 某控制系统有六台电动机 M1~M6，分别受 Q0.1~Q0.6 控制。按下启动按钮 SB1（I0.1），M1 启动，延时 10s 后 M2 启动，M2 启动 10s 后 M3 启动。M4 与 M1 同时启动，M4 启动 15s 后 M5 启动，M5 启动 15s 后 M6 启动。按下停车按钮 SB2（I0.2），M4、M5、M6 同时停车；M4、M5、M6 停车 5s 后，M1、M2、M3 同时停车，然后返回初始状态。试设计其控制的功能图，并编制程序。

6. 某小车运行过程如图 13-16 所示。小车原位在左限位开关 SQ1 位置，按启动按钮 SB，小车前进至料斗下方时，右限位开关 SQ2 动作，小车停止。打开料斗给小车加料，延时 10s 后关闭料斗，小车后退返回，到 SQ1 停止，并打开小车底门卸料，10s 后卸料完毕，然后重复上述过程。试设计其控制的功能图，并编制程序。

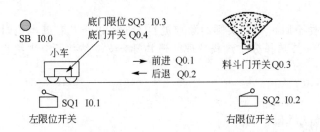

图 13-16 小车运行过程示意图

7. 有一并行分支流程，如图 13-17 所示，试对其进行编程。

8. 某输送带传动系统如图 13-18 所示，控制要求如下，试设计其控制的程序。

① 按下启动按钮 SB1，电动机 M1、M2 启动，驱动输送带 1、2 工作，按下停止按钮 SB2，输送带停止

运行。

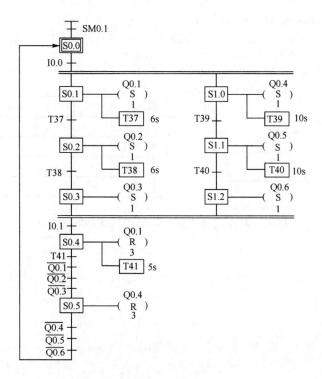

图 13-17 题 7 图

② 当工件到达转运点 A 时，SQ1 动作使输送带 1 停止，同时汽缸 1 动作将工件推上输送带 2。汽缸采用自动复位型，由电磁阀控制，得电动作，失电自动复位；SQ2 用于检测汽缸 1 动作到位，汽缸 1 复位时间为 2s。

③ 当工件到达搬运点 B 时，SQ3 动作使输送带 2 停止，同时汽缸 2 动作，将工件推上小车。SQ4 用于检测汽缸 2 动作到位，汽缸 2 复位时间为 2s。

④ 重复上述动作（汽缸 1、2 复位后，输送带 1、2 方可重新启动）。

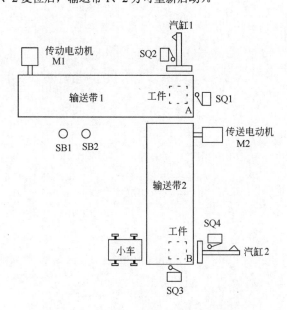

图 13-18 输送带自动控制系统示意图

9. 某钻孔动力头，其加工的工艺过程如图 13-19 所示。试编制其控制程序。

① 动力头在原位，按启动按钮 SB，电磁阀 YV1、YV3 通电，动力头快进。

② 动力头碰到限位开关 SQ2 时，电磁阀 YV1 通电，动力头由快进转为工进。

③ 动力头碰到限位开关 SQ3 时，电磁阀 YV2 通电，动力头快退。

④ 快退碰到限位开关 SQ1 后，停止。

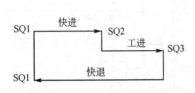

电磁阀		YV1	YV2	YV3	转换主令
动力头工序	快进	+	−	+	SB
	工进	+	−	−	SQ2
	快退	−	+	−	SQ3
	停止	−	−	−	SQ1

图 13-19　钻孔动力头工作循环图及电磁阀动作表

项目 14　功能指令的编程

功能指令实际上是许多功能不同的子程序，它直接表达本指令要做什么。如数据传送、程序流程控制、算术与逻辑运算、移位与循环移位、触点比较、数码显示及外部输入设备处理等。功能指令的处理对象主要是字元件，所以控制功能强，可以实现更为复杂的控制任务。

14.1　数据类型与表达形式

1. 数据类型

S7-200 系列 PLC 数据类型可以是字节、字、双字和实数型。数据类型、长度及范围如表 14-1 所示。

表 14-1　数据类型、长度及范围

基本数据类型	无符号整数		有符号整数	
	十进制	十六进制	十进制	十六进制
字节 B（8 位）	0～255	0～FF	−128～127	80～7F
字 W（16 位）	0～65535	0～FFFF	−32768～32767	8000～7FFF
双字 D（32 位）	0～4 294967295	0～FFFFFFFF	−2147483648～2147483647	80000000～7FFFFFFF
布尔型（1 位）	0 或 1			
实数或浮点数（32 位）	正数：+1.175495E−38～+3.402823E+38			
	负数：−1.175495E−38～−3.402823E+38			

2. 常数

在 PLC 存储器中，CPU 以二进制形式存储所有常数。但使用常数时，可以用二进制、十进制、十六进制、ASCII 码或实数等多种形式。常数的表示形式如表 14-2 所示。

表 14-2　常数表示形式

数　制	格　式	举　例
十进制	十进制数值	2010
二进制	2#（二进制数值）	2# 1001111001001111
十六进制	16#（十六进制数值）	16# 9E4F
实数	IEEE 754 标准（32 位浮点数）	+3.141593（正数）
		−0.707E+8（负数）

3. 数据表达形式

（1）字节（B）　字节为 8 位，如图 14-1（a）所示。图中 IB0 表示输入继电器第 0 个字节，其中第 0 位是最低位，第 7 位是最高位。

（2）字（W）　字为 16 位，如图 14-1（b）所示。图中 IW0 表示一个字，一个字含 2 个字节，这 2 个字节的地址必须连续，其中低位字节是高 8 位，高位字节是低 8 位。

（3）双字（DW）　双字为 32 位，如图 14-1（c）所示。图中 ID0 表示一个双字，一个双字含四个字节，这四个字节的地址也必须连续，其中 IB0 是最高 8 位，IB1 是高 8 位，IB2 是低 8 位，IB3 是最低 8 位。

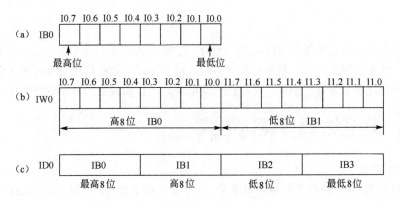

图 14-1　输入继电器的数据表达方式

由输出继电器组成的字节、字和双字数据，其表达方式如图 14-2 所示。

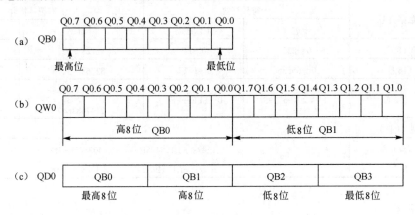

图 14-2　输出继电器的数据表达方式

14.2　数据传送指令及应用

数据传送指令主要用于各存储单元之间数据的传送，同时还具有位控功能。

14.2.1　数据传送指令（MOV）

数据传送指令包括字节、字、双字和实数传送，其指令格式如表 14-3 所示。

表 14-3　数据传送指令格式

项　目	字 节 传 送	字 传 送	双 字 传 送	实 数 传 送
梯形图（LAD）	MOV-B — EN　　ENO — — IN　　OUT —	MOV-W — EN　　ENO — — IN　　OUT —	MOV-DW — EN　　ENO — — IN　　OUT —	MOV-R — EN　　ENO — — IN　　OUT —
指令（STL）	MOVB　IN, OUT	MOVW　IN, OUT	MOVD　IN, OUT	MOVR　IN, OUT

① 功能指令在梯形图中以指令盒的形式表示。指令盒中 EN 为使能输入端（驱动输入端），ENO 为使能输出端，IN 为源操作数，OUT 为目标操作数；MOV-B 等表示该功能指令的操作码和数据类型。

② 数据传送指令的功能是当 EN=1 时，将源操作数 IN 传送到目标操作数 OUT 中。数据传送指令执行后，源操作数的数据不变，目标操作数的数据刷新。当 EN=1 时，ENO 后面可接下一个指令盒（指令盒串联用 AENO 指令）。

③ 使用数据传送指令时，要注意数据的类型（B/W/D/R）。

14.2.2 数据块传送指令（BM）

数据块传送指令包括字节、字和双字传送，其指令格式如表 14-4 所示。

表 14-4 数据块传送指令格式

项　　目	字节块传送	字 块 传 送	双字块传送
梯形图 （LAD）	BLKMOV-B EN　ENO IN　OUT N	BLKMOV-W EN　ENO IN　OUT N	BLKMOV-D EN　ENO IN　OUT N
指令（STL）	BMB IN, OUT, N	BMW IN, OUT, N	BMD IN, OUT, N

① 数据块传送指令的指令盒中，EN 为使能输入端，ENO 为使能输出端，IN 为源操作数的起始地址，N 为源操作数的数目（传送数据的个数），OUT 为目标操作数的起始地址；BLKMOV-B 等表示该功能指令的操作码和数据类型。

② 数据块传送指令的功能是当 EN=1 时，将源操作数地址 IN 起始的 N 个数据传送到目标操作数地址 OUT 起始的 N 个单元中。

③ 使用数据块传送指令时，应注意数据地址的连续性。

设 VB10～VB14 的 5 个字节中数据分别为 31、32、33、34 和 35，如将 VB10～VB14 单元中的数据传送到 VB100～VB104 单元中，驱动信号为 I0.0，执行数据块传送指令后，VB100～VB104 单元中的数据分别为 31、32、33、34 和 35，如图 14-3 所示。

在图 14-3 中，如果将源操作数设为 0，执行数据块传送指令后，则可对 VB100～VB104 单元进行"清 0"操作。

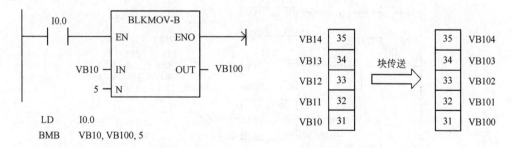

图 14-3 数据块传送操作实例

14.2.3 数据传送指令应用案例

1. 控制要求

某装饰灯箱有 8 盏指示灯 HL0～HL7，控制要求是：按下启动按钮 SB1，奇数灯与偶数灯交替点亮，工作周期为 1s（ON/OFF 各 0.5s），反复循环工作；按下停止按钮 SB2，信号灯全部熄灭。试设计 PLC 控制电路，并用数据传送指令编写控制程序。

2．PLC 选型及 I/O 信号分配

根据控制要求，输入为 2 个信号，输出为 8 个信号，所以选 CPU224 AC/DC/RLY 型 PLC（14入/10 出），其输入/输出信号分配及硬件接线如图 14-4 所示。

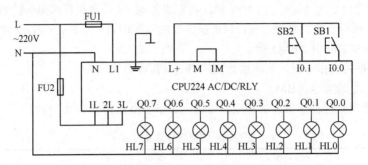

图 14-4　灯箱控制 I/O 硬件接线图

3．控制程序

根据控制要求，列出控制信号对输出信号的控制关系表（见表 14-5），表中"●"表示灯亮，空格表示灯灭。因为 8 盏指示灯 HL0～HL7 的亮/灭状态，正好与输出继电器 Q0.0～Q0.7（8 位）的 1/0状态对应，所以可用输出继电器字节 QB0 对其控制，如表 14-5 所示。控制程序如图 14-5 所示。

表 14-5　数据块传送指令格式

控制信号	输出信号（QB0）								控制字
	Q0.7	Q0.6	Q0.5	Q0.4	Q0.3	Q0.2	Q0.1	Q0.0	
T37=1	●		●		●		●		16# AA
T37=0		●		●		●		●	16# 55
I0.1									0

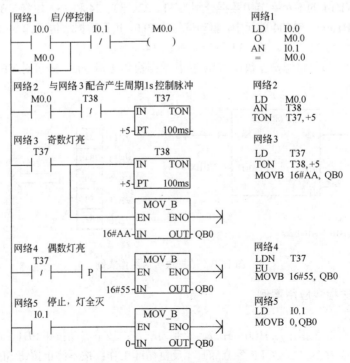

图 14-5　灯箱控制梯形图程序

4．技能训练（程序调试）

程序编辑、调试步骤如下。

① 按图 14-4 完成 PLC 输入/输出硬件接线。检查并确认接线正确无误。

② 接通电源，将 PLC 状态开关置于"TERM"（终端）位置。

③ 启动编程软件，单击工具栏停止图标 ■，使 PLC 处于"STOP"状态。

④ 根据图 14-5 梯形图编辑程序。编译无误后下载到 PLC 中。

⑤ 单击工具栏运行图标 ▶，使 PLC 处于"RUN"状态。

⑥ 按下按钮 SB1，奇数灯与偶数灯交替点亮，并反复循环动作；按下按钮 SB2，灯全部熄灭，表明控制逻辑正确。

⑦ 如果灯的通/断情况不符合控制要求，应修改、调试程序，直到满足控制要求。

⑧ 断开电源。总结实训要点，写出实训报告。

5．创新训练

如果此灯箱用一个开关 SA 控制，开关接通，奇数灯与偶数灯交替点亮，并重复动作；开关断开，灯全亮。试编制其控制程序并调试成功。

14.3　跳转指令及应用

设备在调试工艺参数的时候，需要手动操作方式；在正常运行时，需要自动操作方式。这就需要两段控制程序，一段用于调试工艺参数控制，另一段用于生产过程自动控制。这两段程序的执行，可用跳转指令来选择。

跳转指令用来选择执行指定的程序段，跳过暂时不需要执行的程序段。

14.3.1　跳转与标号指令（JMP/LBL）

跳转与标号指令的指令格式如表 14-6 所示。

表 14-6　跳转与标号指令格式

项　目	跳　转	标　号
梯形图（LAD）	N —(JMP)	N —[LBL]
指令表（STL）	JMP　N	LBL　　N
数据范围	N：0～255	

① 跳转指令由跳转助记符 JMP 和跳转标号 N 构成。标号指令由标号助记符 LBL 和标号 N 构成。

② 跳转指令功能：当跳转条件满足时，程序由 JMP 指令控制，跳转至标号为 N 的程序段去执行。

③ 标号指令功能：标记跳转的目的地地址。

④ 跳转指令和标号指令必须位于同一程序块中，即同时位于主程序或子程序内。

应用跳转指令的程序结构如图 14-6 所示。I0.3 是手动/自动选择开关的输入信号。当 I0.3 为 OFF 时，执行手动程序段；当 I0.3 为 ON 时，执行自动程序段。

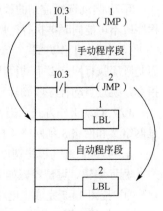

图 14-6　手动/自动程序的选择

14.3.2　跳转指令应用案例

1．控制要求

某设备有手动/自动两种操作方式，SA 是操作方式选择开关，当 SA 断开时，选择手动操作方式；当 SA 接通时，选择自动操作方式，不同操作方式的控制要求如下。

（1）手动操作方式　按启动按钮 SB2，电动机运转；按停止按钮 SB1，电动机停止。

（2）自动操作方式　按启动按钮 SB2，电动机连续运转 1min 后，自动停止。按停止按钮 SB1，电动机立即停止。

2．PLC 选型及 I/O 信号分配

PLC 选 CPU224 AC/DC/RLY 型，其输入/输出信号分配如表 14-7 所示，控制的主电路及输入/输出硬件接线如图 14-7 所示。

表 14-7　输入/输出信号分配表

输 入 元 件	输 入 信 号	输 出 元 件	输 出 信 号
热继电器 KH	I0.0	接触器 KM	Q0.0
停止按钮 SB1	I0.1		
启动按钮 SB2	I0.2		
选择开关 SA	I0.3		

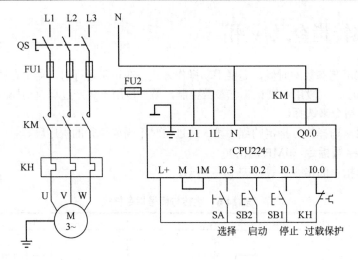

图 14-7　手动/自动控制电路接线图

3．控制程序

手动/自动选择控制的程序如图 14-8 所示。在梯形图中，Q0.0 有两次输出，由于手动与自动程序段不可能同时被执行，所以 Q0.0 不能视为双线圈输出。

（1）手动工作方式　当 SA 处于断开状态时，I0.3 常开触点断开，不执行"JMP　1"跳转，而是顺序执行网络 2 手动程序段。手动程序执行完毕，由于 I0.3 常闭触点闭合，所以执行"JMP　2"指令，跳过自动程序段到标号 2 处结束。

（2）自动工作方式　当 SA 处于接通状态时，I0.3 常开触点闭合，执行"JMP　1"指令，跳过网络 2 和网络 3 到网络 4 标号 1 处，执行网络 5 的自动程序段，然后顺序执行到程序结束。

4．技能训练（程序调试）

程序编辑、调试步骤如下。

① 按图 14-7 完成主电路及 PLC 输入/输出硬件接线。检查并确认接线正确无误。

② 接通电源，将 PLC 状态开关置于"TERM"（终端）位置。

③ 启动编程软件，单击工具栏停止图标 ■，使 PLC 处于"STOP"状态。

④ 根据图 14-8 梯形图编辑程序。编译无误后下载到 PLC 中。

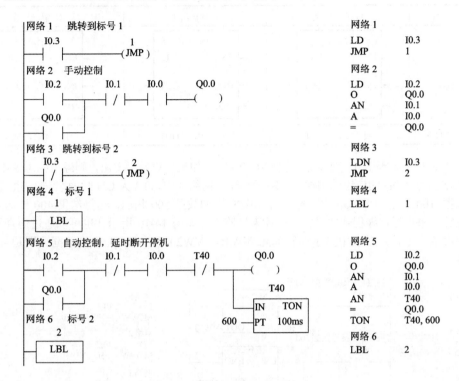

图 14-8　手动/自动控制梯形图程序

⑤ 单击工具栏运行图标 ▶，使 PLC 处于"RUN"状态，I0.0 指示灯应亮。

⑥ 将 SA 置于断开状态，选择手动工作方式，输入指示灯 I0.3 熄灭。按启动按钮 SB2，电动机启动；按停止按钮 SB1，电动机停止。

⑦ 将 SA 置于接通状态，选择自动工作方式，输入指示灯 I0.3 点亮。按启动按钮 SB2，电动机启动，1min 后自动停止。在运转过程中，按停止按钮 SB1，电动机立即停止。

⑧ 如果控制过程不符合控制要求，应修改、调试程序，直到满足控制要求。

⑨ 断开电源。总结实训要点，写出实训报告。

14.4　算术运算指令及应用

算术运算指令可以进行加、减、乘、除、加 1 和减 1 等运算。

14.4.1　加法指令（ADD）

加法指令是对有符号的数进行相加运算。包括整数、双整数和实数加法，其指令格式如表 14-8 所示。

（1）整数加法（ADD-I）　将 2 个字长 16 位的带符号整数 IN1 和 IN2 相加，运算结果送入 OUT 指定的存储单元（16 位）中。

（2）双整数加法（ADD-DI）　将 2 个双字长 32 位的带符号双整数 IN1 和 IN2 相加，运算结果送入 OUT 指定的存储单元（32 位）中。

（3）实数加法（ADD-R）　将 2 个双字长 32 位的带符号实数 IN1 和 IN2 相加，运算结果送入 OUT 指定的存储单元（32 位）中。

表 14-8　ADD 指令格式

项　目	整 数 加 法	双整数加法	实 数 加 法
梯形图 （LAD）	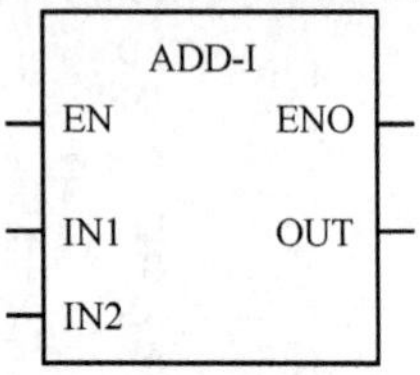 ADD-I EN　ENO IN1　OUT IN2	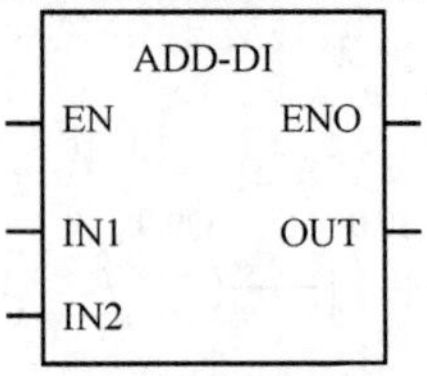 ADD-DI EN　ENO IN1　OUT IN2	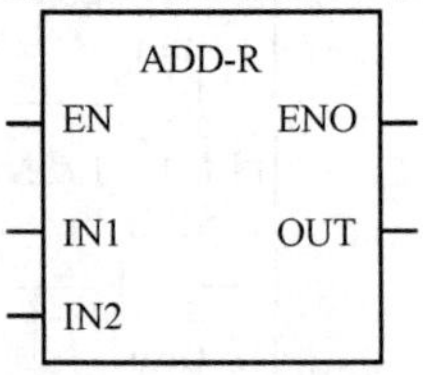 ADD-R EN　ENO IN1　OUT IN2
指令（STL）	+I　IN1, OUT	+D　IN1, OUT	+R　IN1, OUT

如果运算结果等于 0，则零标志位 SM1.0 置 1；如果运算结果溢出，则溢出标志 SM1.1 置 1。

加法指令 ADD 的应用示例如图 14-9 所示。在网络 3 中, I0.3 为 ON 时，执行加法指令，VW10 中的数据–100 传送到 VW30 中，然后与 VW20 中的数据 500 相加，运算结果 400 传送到 VW30 中。运算结果可通过编程软件"状态监控表"监视，如图 14-10 所示（也可以通过仿真软件监控其"内存表"），监控表中显示存储单元 VW10、VW20 和 VW30 中的数据分别是–100、500 和 400。

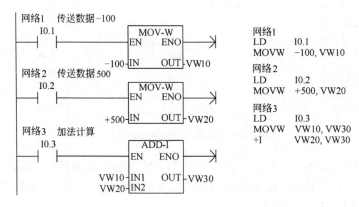

图 14-9　加法指令应用示例

	地址	格式	当前值
1	VW10	有符号	-100
2	VW20	有符号	+500
3	VW30	有符号	+400
4		有符号	
5		有符号	

图 14-10　加法运算状态监控表

14.4.2　减法指令（SUB）

减法指令是对有符号的数进行相减运算。包括整数、双整数和实数减法，其指令格式如表 14-9 所示。

表 14-9　SUB 指令格式

项　目	整 数 减 法	双整数减法	实 数 减 法
梯形图 （LAD）	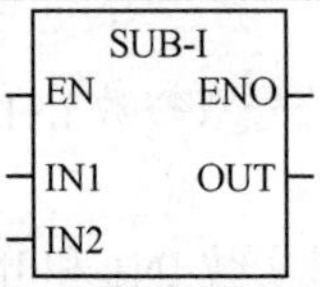 SUB-I EN　ENO IN1　OUT IN2	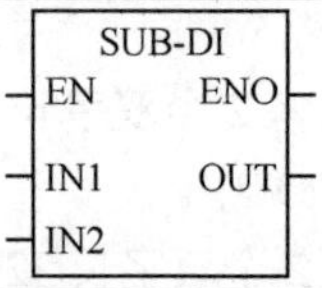 SUB-DI EN　ENO IN1　OUT IN2	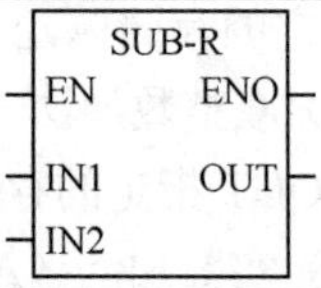 SUB-R EN　ENO IN1　OUT IN2
指令（STL）	-I　IN1, OUT	-D　IN1, OUT	-R　IN1, OUT

减法运算与加法运算是类似的，如果运算结果为负数，则负数标志位 SM1.2 置 1。

减法指令 SUB 的应用示例如图 14-11 所示。在网络 2 中，I0.2 为 ON 时，执行减法指令，VW10 中的数据 300 与 VW20 中的数据 1200 相减，运算结果–900 存储到变量寄存器 VW30 中。由于运算结果为负，所以负数标志位 SM1.2 置 1，Q0.0 输出指示。

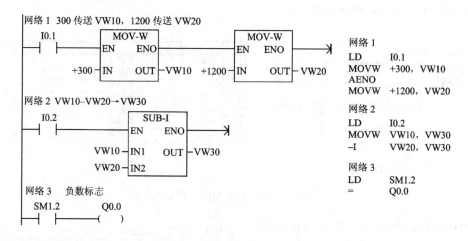

图 14-11 减法指令应用示例

运算结果状态监控表如图 14-12 所示，状态监控表中显示 VW10、VW20 和 VW30 单元的数据分别是+300、+1200 和–900。

	地址	格式	当前值
1	VW10	有符号	+300
2	VW20	有符号	+1200
3	VW30	有符号	–900

图 14-12 减法运算状态监控表

14.4.3 乘法指令（MUL）

乘法指令是对有符号的数进行乘法运算。包括整数、双整数、整数乘法双整数输出和实数乘法运算，其指令格式如表 14-10 所示。

表 14-10 MUL 指令格式

项 目	整 数 乘 法	双整数乘法	整数乘法双整数输出	实 数 乘 法
梯形图 （LAD）	MUL-I EN ENO IN1 OUT IN2	MUL-DI EN ENO IN1 OUT IN2	MUL EN ENO IN1 OUT IN2	MUL-R EN ENO IN1 OUT IN2
指令表	*I IN1, OUT	*D IN1, OUT	MUL IN1, OUT	*R IN1, OUT

（1）整数乘法（MUL_I） 将 2 个字长（16 位）有符号整数 IN1 和 IN2 相乘，运算结果送到 OUT 指定的存储器单元，输出结果为 16 位。

（2）双整数乘法（MUL_DI） 将 2 个双字长（32 位）有符号双整数 IN1 和 IN2 相乘，运算结果送到 OUT 指定的存储器单元，输出结果为 32 位。

（3）整数乘法双整数输出（MUL） 将 2 个字长（16 位）有符号整数 IN1 和 IN2 相乘，运算结果送到 OUT 指定的存储器单元，输出结果为 32 位。

（4）实数乘法（MUL_R）　将 2 个双字长（32 位）有符号实数 IN1 和 IN2 相乘，运算结果送到 OUT 指定的存储器单元，输出结果为 32 位。

处于监控状态的（整数乘法双整数输出）梯形图如图 14-13（a）所示。当 I0.0 为 ON 时，执行乘法运算，运算结果（10923×12 ＝ 131076）存储在 VD30 目标单元中，对应的二进制格式为 0000 0000 0000 0010 0000 0000 0000 0100。

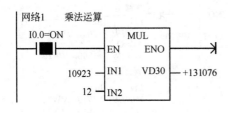

	地址	格式	当前值
1	VD30	有符号	+131076
2	VB30	无符号	0
3	VB31	无符号	2
4	VB32	无符号	0
5	VB33	无符号	4
6	VW30	有符号	+2
7	VW32	有符号	+4

（a）监控梯形图　　　　　　　　　　　　　　　（b）状态监控表

图 14-13　乘法指令 MUL 应用示例

VD30 占 4 个字节，其中 VB30=0、VB31=2、VB32=0、VB33=4；VD30 占 2 个字，其中 VW30 = +2、VW32 = +4，状态监控表如图 14-13（b）所示。仿真内存监控表如图 14-14 所示。

地址	格式	值
VD30	With sign	131076
VB30	Binary	2#00000000
VB31	Binary	2#00000010
VB32	Binary	2#00000000
VB33	Binary	2#00000100
VW30	Hexadecimal	16#0002
VW32	Hexadecimal	16#0004

图 14-14　乘法运算仿真内存监控表

14.4.4　除法指令（DIV）

除法指令是对有符号的数进行除法运算。包括整数、双整数、整数除法双整数输出和实数除法运算，其指令格式如表 14-11 所示。

表 14-11　DIV 指令格式

项目	整数除法	双整数除法	整数除法双整数输出	实数除法
梯形图（LAD）	DIV-I EN ENO IN1 OUT IN2	DIV-DI EN ENO IN1 OUT IN2	DIV EN ENO IN1 OUT IN2	DIV-R EN ENO IN1 OUT IN2
指令表	/I IN1, OUT	/D IN1, OUT	DIV IN1, OUT	/R IN1, OUT

（1）整数除法（DIV_I）　将 2 个字长（16 位）有符号整数 IN1 和 IN2 相除，运算结果送到 OUT 指定的存储器单元，输出结果为 16 位（整数除法不保留余数）。

（2）双整数除法（DIV_DI）　将 2 个双字长（32 位）有符号双整数 IN1 和 IN2 相除，运算结果送到 OUT 指定的存储器单元，输出结果为 32 位。

（3）整数除法双整数输出（DIV）　将 2 个字长（16 位）有符号整数 IN1 和 IN2 相除，运算结果送到 OUT 指定的存储器单元，输出结果为 32 位，其中低 16 位是商，高 16 位是余数，如图 14-15 所示。

（4）实数除法（DIV_R）　将 2 个双字长（32 位）有符号实数 IN1 和 IN2 相除，运算结果送到 OUT 指定的存储器单元，输出结果为 32 位。

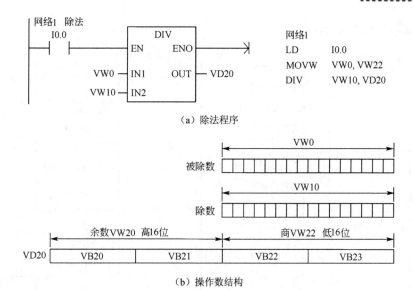

（a）除法程序

（b）操作数结构

图 14-15 除法指令 DIV 应用示例

处于监控状态的除法运算（整数除法双整数输出）梯形图如图 14-16（a）所示。当 I0.0 为 ON 时，执行除法指令，运算结果（如 15 除以 2 得商 7 余 1）存储在 VD20 单元，其中商 7 存储在 VW22，余数 1 存储在 VW20，对应的二进制数为 0000 0000 0000 0001 0000 0000 0000 0111。VD20 占 4 个字节，其中 VB20=0、VB21=1、VB22=0、VB23=7；VD20 占 2 个字，其中 VW20=+1、VW22=+7。状态监控表如图 14-16（b）所示。

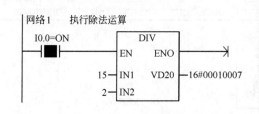

	地址	格式	当前值
1	VD20	有符号	+65543
2	VB20	无符号	0
3	VB21	无符号	1
4	VB22	无符号	0
5	VB23	无符号	7
6	VW20	有符号	+1
7	VW22	有符号	+7

（a）监控梯形图   （b）状态监控表

图 14-16 除法运算状态监控表

利用除 2 取余法，可以判断数据的奇偶性，如果余数为 1 是奇数，为 0 则是偶数。

【控制案例 14-1】 某控制程序中，需要对算式 $\dfrac{160X}{2}+5$ 运算，式中 X（0～255）表示输入端口送入的 8 位二进制数（IB0），运算结果需送 QB0 输出。I1.0 为运算控制开关，计算控制程序如图 14-17 所示。

运行或仿真程序，当 IB0=0（I0.7～I0.0 均为 OFF）时，QB0=5（00000101）；当 IB0=1（I0.0 为 ON）时，QB0=85（01010101）…

14.4.5 增 1/减 1 指令（INC/DEC）

增 1/减 1 指令用于自增、自减计数操作，以实现累计计数和循环控制等功能，操作数可以是字节、字或双字，其指令格式如表 14-12 所示。

增 1/减 1 指令的应用如图 14-18 所示。每当 I0.0 接通一次，QB0 的当前值被加 1 后重新存储，即 QB0+1→QB0；每当 I0.1 接通一次，QB0 的当前值被减 1 后重新存储，即 QB0−1→QB0。计算结果可以通过输出 LED 显示。

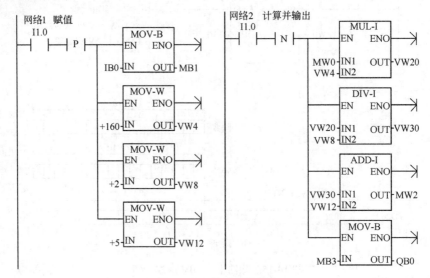

图 14-17　算式计算程序

表 14-12　INC/DEC 指令格式

项　目	增 1（INC）			减 1（DEC）		
梯形图 （LAD）	INC-B EN ENO IN OUT	INC-W EN ENO IN OUT	INC-DW EN ENO IN OUT	DEC-B EN ENO IN OUT	DEC-W EN ENO IN OUT	DEC-DW EN ENO IN OUT
指令表	INCB OUT	INCW OUT	INCD OUT	DECB OUT	DECW OUT	DECD OUT

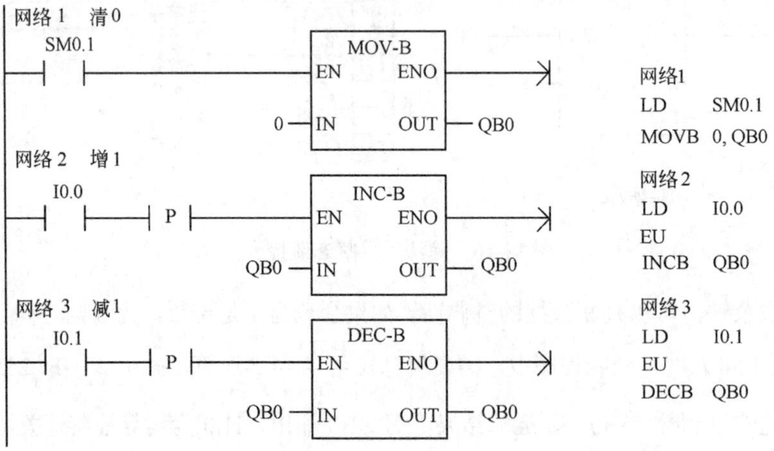

图 14-18　增 1/减 1 指令应用示例

注意：当用按钮操作时，为了确保每次增/减的数为 1，应在程序中用脉冲边沿指令来控制增 1/减 1 指令。

14.4.6　增 1/减 1 指令应用案例

1. 控制要求

某加热器有 7 个挡位，功率调节分别是 0.5kW、1kW、1.5kW、2kW、2.5kW、3kW 和 3.5kW，

由一个功率调节按钮 SB1 和一个停止按钮 SB2 控制。第 1 次按下 SB1 时功率为 0.5kW，第 2 次按下 SB1 时功率为 1kW，第 3 次按下 SB1 时功率为 1.5kW，…，第 8 次按下 SB1 或随时按下 SB2 时，停止加热。

2．PLC 选型及 I/O 信号分配

PLC 选 CPU224 AC/DC/RLY 型，其输入/输出信号分配如表 14-13 所示，控制的主电路及输入/输出硬件接线如图 14-19 所示。

表 14-13　输入/输出信号分配表

输入元件	输入信号	作　用	输出信号	输出元件	控制负载
按钮 SB1	I0.0	功率选择	Q0.1	接触器 KM1	R1 / 0.5kW
按钮 SB2	I0.1	停止	Q0.2	接触器 KM2	R2 / 1kW
			Q0.3	接触器 KM3	R3 / 2kW

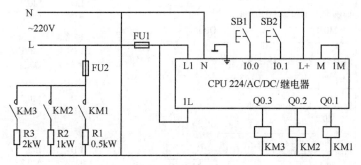

图 14-19　单按钮功率控制电路

3．控制程序

首先通过增 1 指令建立按键次数与控制字节及输出功率之间的关系（见表 14-14），然后用控制字节 MB0 的低 3 位去控制 Q0.3～Q0.1，从而实现对功率的选择控制。控制程序如图 14-20 所示。

表 14-14　控制信号与控制字节关系表

按 SB1 次数	控制字节 MB0				输出功率 / kW
	M0.3	M0.2	M0.1	M0.0	
0	0	0	0	0	0
1	0	0	0	1	0.5
2	0	0	1	0	1
3	0	0	1	1	1.5
4	0	1	0	0	2
5	0	1	0	1	2.5
6	0	1	1	0	3
7	0	1	1	1	3.5
8	1	0	0	0	0

4．技能训练（程序调试）

程序编辑、调试步骤如下。

① 按图 14-19 完成主电路及 PLC 输入/输出硬件接线。检查并确认接线正确无误。

② 接通电源，将 PLC 状态开关置于"TERM"（终端）位置。

③ 启动编程软件，单击工具栏停止图标 ■ ，使 PLC 处于"STOP"状态。

④ 根据图 14-20 梯形图编辑程序。编译无误后下载到 PLC 中。

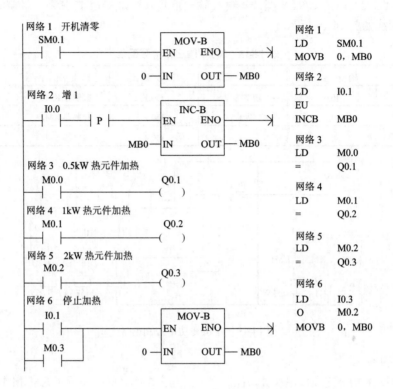

图 14-20　单按钮功率控制梯形图程序

⑤ 单击工具栏运行图标 ▶ ，使 PLC 处于"RUN"状态。

⑥ 按 SB1 调试程序。第 1 次按下 SB1 输出功率应为 0.5kW，第 2 次按下 SB1 输出功率应为 1kW，……，第 8 次按下 SB1 或随时按下 SB2 时应停止加热（实操训练中，负载 R1、R2 和 R3 可用白炽灯或信号灯代替）。

⑦ 如果控制过程不符合控制要求，应修改、调试程序，直到满足控制要求。

⑧ 断开电源。总结实训要点，写出实训报告。

5. 创新训练

有 8 盏指示灯 HL1～HL8，用按钮 SB1 和 SB2 控制。第 1 次按下 SB1 时 HL1 亮，第 2 次按下 SB1 时 HL2 亮，……，第 8 次按下 SB1 时 HL8 亮；按下 SB2 时，灯全熄灭。试编制其控制程序并调试运行成功。

14.4.7　逻辑运算指令简介

逻辑运算指令包括逻辑"与"（WAND）、逻辑"或"（WOR）和逻辑"取反"（INV）等指令。

逻辑运算指令操作的原则是：按位操作，如按位相"与"、按位相"或"或按位"取反"，操作数可以是字节、字和双字，其操作功能如图 14-21 所示。

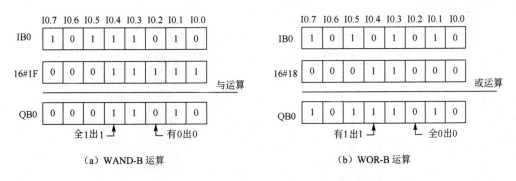

（a）WAND-B 运算　　　　　　　　　（b）WOR-B 运算

图 14-21　逻辑"与"、"或"指令执行过程

14.5 子程序与循环指令及应用

在 PLC 程序中，对于需要重复执行的程序段，一般作为子程序来处理。对于多次重复且有规律性的逻辑操作，使用循环指令编程，可简化程序结构。

14.5.1　子程序调用指令（CALL/CRET）

子程序调用及返回指令的格式如表 14-15 所示。

表 14-15　CALL/CRET 指令格式

项　　目	子程序调用指令	子程序返回指令
梯形图 （LAD）	SBR-N EN	条件返回：——（CRET） 无条件返回：——（RET）
指令（STL）	CALL　SBR-N	CRET；RET

① SBR 为子程序，N（0～63）为子程序编号，CPU224 可以创建 64 个子程序；CRET 指令用于子程序内部，由判断条件决定是否结束子程序调用；RET 指令用于子程序结束，执行完子程序后无条件返回主程序（OB）。

② 如果子程序调用条件满足，则中断主程序去执行子程序。子程序执行结束，返回到主程序中断处，去顺序执行主程序的下一条指令程序。

③ 在子程序中再调用其他子程序，称为子程序嵌套，嵌套总数可达 8 级。

④ 对 STEP7-Micro/WIN V4.0 软件，当打开程序编辑器时，系统默认提供了一个子程序 SBR-0，用户可以直接在其中输入子程序。

【控制案例 14-2】 应用子程序调用指令的程序如图 14-22 所示。程序功能是当 I0.1 和 I0.2 分别接通时，将相应的数据传送到 VW0 和 VW10 存储单元，然后调用加法子程序进行加法运算。

在加法子程序中，将 VW0 与 VW10 单元的数据相加，运算结果存储在 VW20 单元，并用其低位字节 VB21 控制输出 QB0。

运行或仿真程序，在 I0.1 接通的上升沿那个扫描周期，将 2 送 VW0，3 送 VW10，然后中断主程序，去调用并执行加法子程序 SBR-0。

在子程序 SBR-0 中，VW0 与 VW10 的数据相加，运算结果 5 送 VW20，然后用 VW20 的低 8 位 VB21 控制输出 QB0（00000101），使 Q0.2、Q0.0 接通。

同理，可分析 I0.2 接通时的控制结果。

在主程序网络 3 中，当 I0.3 为 ON 时，对输出 QB0"清 0"。

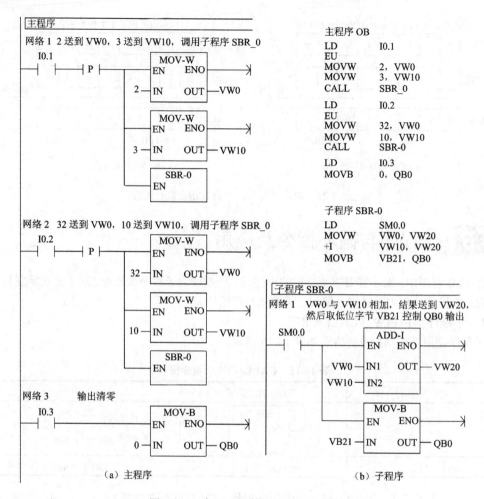

图 14-22　应用子程序调用指令的程序

14.5.2　循环指令（FOR/NEXT）

循环指令 FOR、NEXT 指令的格式如表 14-16 所示。

表 14-16　FOR/NEXT 指令格式

项　目	FOR 指令	NEXT 指令
梯形图 （LAD）	FOR EN　ENO INDX INIT FINAL	（NEXT）
指令（STL）	FOR　INDX　INIT　FINAL	NEXT

① 在循环程序中，FOR 用来标记循环体的开始，NEXT 用来标记循环体的结束，FOR 与 NEXT 之间的程序称为循环体。在一个扫描周期内，循环体被反复执行。FOR 与 NEXT 必须成对使用。

② 参数 INDX 为循环次数当前值寄存器，用来记录当前循环次数（循环体程序每执行一次，INDX 值加 1）。参数 INIT 和 FINAL 用来规定循环次数的初值和终值，当循环次数当前值大于终值时，循环结束。可以用改写参数值的方法控制循环体的实际循环次数。

③ 在循环体内可以嵌套另一个循环，循环指令嵌套最多允许 8 级。

【控制案例 14-3】　求 0+1+2+3+⋯+100 的和，并将计算结果存入 VW0 中。

用循环指令求和的程序如图 14-23 所示。在 I0.0 上升沿开始的一个扫描周期内，执行循环体 100 次。每循环一次，VW2+1→VW2，VW0+VW2→VW0，循环结束后，VW0 中存储的数据为 5050。

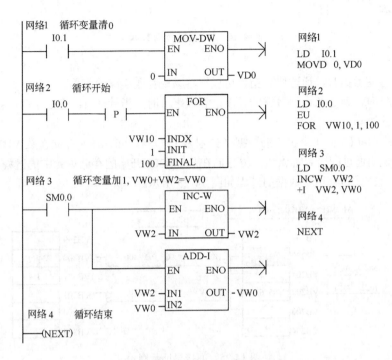

图 14-23　用循环指令求和的程序

由于循环指令在每个扫描周期都会被重复执行，因此，循环指令应采用脉冲执行方式，另外需要在执行程序前对循环体中使用的变量寄存器进行清 0 操作，使 VW0 只能存储 1 个扫描周期的和。

14.5.3　CPU 存储器的间接寻址

直接使用存储器的标识符和地址编号来找到数据，称为直接寻址，如 I0.0、M1.2、QB0 和 VW0 等。而间接寻址，要先建立数据地址指针，再通过指针来找到存储器中的数据。

1. 建立指针

为了间接读取存储器某一地址的数据，需要先为该地址建立指针。指针为双字，存放存储器数据单元的地址。只能使用变量存储器（V）、局部存储器（L）和累加器（AC1、AC2、AC3）作为指针。

为生成指针，必须使用双字传送指令（MOVD），将存储器某个位置的地址送到另一寄存器或累加器作为指针，并加 "&" 符号表示，如

MOVD　 & VB100，VD202
MOVD　 & MB2，AC1

2. 使用指针读取数据

在某一操作数前面加 "*" 号，表示该操作数为一个指针。在图 14-24 中，AC1 为指针，用来存放要访问的操作数 VB200 的地址。通过间接寻址，将 VB200、VB201 中的数据传送到 AC0 中。

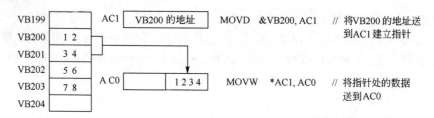

图 14-24　用指针读取数据

3．修改指针

处理连续存储数据时，通过修改指针可以很容易地存取连续的数据。

在修改指针时，要注意访问数据的长度：存取字节时，指针加 1；存取字时，指针加 2；存取双字时，指针加 4。

【控制案例 14-4】 有 4 个字节的数据（分别为 12、34、56、78）存储在从 VB200 开始的存储单元中，试说明通过间接寻址将该数据存储在从 VB300 开始的存储单元中的过程。

用间接寻址方式转存这一数据的过程如图 14-25 所示。

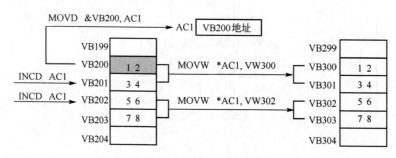

图 14-25　间接寻址示例

（1）建立指针　用传送指令（MOVD ＆VB200，AC1）将 VB200 的地址送到 AC1 中（地址是 32 位）建立指针。此时，地址指针指向 VB200。

（2）数据传送　用字传送指令（MOVW ＊AC1，VW300）将指针处（VB200、VB201）的数据（12、34）送到 VW300（VB300、VB301）。

（3）修改指针　由于采用的是字传送，所以修改指针时，指针应加 2。使用 2 个增 1 指令（INCD AC1），使指针地址加 2，此时的地址指针指向 VB202。

（4）数据传送　用字传送指令（MOVW ＊AC1，VW302）将指针处（VB202、VB203）的数据（56、78）送到 VW302（VB302、VB303）。

14.5.4　循环与子程序应用案例

1．控制要求

设数据寄存器 VW0、VW2、VW4 和 VW6 存储的数据分别为 2、3、-1 和 7，试编制控制程序求其代数和，将运算结果存入 VW10，并用 VB11 中数据控制 QB0。I0.0 为计算控制信号，I0.1 为"清 0"控制信号。

2．控制程序

求和控制程序如图 14-26 所示。图 14-26（a）为主程序，主要完成数据传送、子程序调用和运算结果输出；图 14-26（b）为子程序，通过循环操作和间接寻址完成代数运算。

① 在主程序网络 1 中，将数 2、3、-1 和 7 送到数据寄存器 VW0、VW2、VW4 和 VW6；网络 2 将 VB0 的地址送到累加器 AC1 中建立指针，然后调用子程序 SBR-0。

② 在子程序 SBR-0 中，数据相加采用循环操作，循环次数为 3。每次循环时，AC1 的数据

加 2，将地址指针由 0→2→4→6，对应的数据寄存器为 VW0、VW2、VW4 和 VW6，使 VW0 与 VW2、VW4 和 VW6 分别相加，运算结果 2+3+（−1）+7=11 送 VW0 中。循环结束，完成相加运算，返回主程序。

③ 在主程序网络 3 中，将 VW0 存储的运算结果 11 转存到 VW10 中，并将 VW10 的低位字节 VB11 送 QB0 输出（0000 1011），使 Q0.3、Q0.1 和 Q0.0 的状态为 ON。

④ 当 I0.1 为 ON 时，QB0 清 0。

3．技能训练（程序调试）

程序编辑、调试步骤如下。

① 接通电源，将 PLC 状态开关置于"TERM"（终端）位置。

② 启动编程软件，单击工具栏停止图标 ■，使 PLC 处于"STOP"状态。

③ 根据图 14-26 梯形图编辑程序。编译无误后下载到 PLC 中。

④ 单击工具栏运行图标 ▶，使 PLC 处于"RUN"状态。

⑤ 接通 I0.0，Q0.3、Q0.1 和 Q0.0 输出指示灯亮。

⑥ 接通 I0.1，输出指示灯全灭。

⑦ 修改送入 VW0、VW2、VW4 和 VW6 的数据，重新运行程序，分析运行结果。

⑧ 断开电源。总结实训要点，写出实训报告。

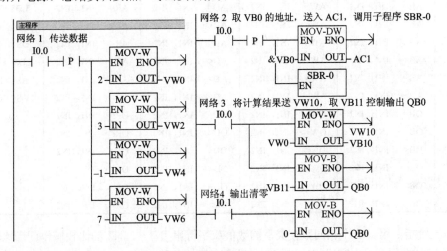

（a）主程序

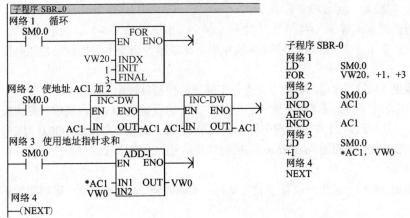

（b）子程序

图 14-26　求和控制程序

14.6　比较指令及应用

14.6.1　比较指令

比较指令的指令格式如表 14-17 所示，其操作数据可以是字节、整数、双整数和实数。

表 14-17　比较指令

项　　目	字 节 比 较	整 数 比 较	双整数比较	实 数 比 较	字符串比较
梯形图 （LAD）	IN1 —|==B|— IN2	IN1 —|=I|— IN2	IN1 —|=D|— IN2	IN1 —|=R|— IN2	IN1 —|==S|— IN2
指令表 （STL）	LDB= IN1，IN2 LDB<> IN1，IN2 LDB< IN1，IN2 LDB<= IN1，IN2 LDB> IN1，IN2 LDB>= IN1，IN2 AB= IN1，IN2 AB<> IN1，IN2 AB< IN1，IN2 AB<= IN1，IN2 AB> IN1，IN2 AB>= IN1，IN2 OB= IN1，IN2 OB<> IN1，IN2 OB< IN1，IN2 OB<= IN1，IN2 OB> IN1，IN2 OB>= IN1，IN2	LDW= IN1，IN2 LDW<> IN1，IN2 LDW< IN1，IN2 LDW<= IN1，IN2 LDW> IN1，IN2 LDW>= IN1，IN2 AW= IN1，IN2 AW<> IN1，IN2 AW< IN1，IN2 AW<= IN1，IN2 AW> IN1，IN2 AW>= IN1，IN2 OW= IN1，IN2 OW<> IN1，IN2 OW< IN1，IN2 OW<= IN1，IN2 OW> IN1，IN2 OW>= IN1，IN2	LDD= IN1，IN2 LDD<> IN1，IN2 LDD< IN1，IN2 LDD<= IN1，IN2 LDD> IN1，IN2 LDD>= IN1，IN2 AD= IN1，IN2 AD<> IN1，IN2 AD< IN1，IN2 AD<= IN1，IN2 AD> IN1，IN2 AD>= IN1，IN2 OD= IN1，IN2 OD<> IN1，IN2 OD< IN1，IN2 OD<= IN1，IN2 OD> IN1，IN2 OD>= IN1，IN2	LDR= IN1，IN2 LDR<> IN1，IN2 LDR< IN1，IN2 LDR<= IN1，IN2 LDR> IN1，IN2 LDR>= IN1，IN2 AR= IN1，IN2 AR<> IN1，IN2 AR< IN1，IN2 AR<= IN1，IN2 AR> IN1，IN2 AR>= IN1，IN2 OR= IN1，IN2 OR<> IN1，IN2 OR< IN1，IN2 OR<= IN1，IN2 OR> IN1，IN2 OR>= IN1，IN2	LDS= IN1，IN2 AS= IN1，IN2 OS= IN1，IN2 LDS<> IN1，IN2 AS<> IN1，IN2 OS<> IN1，IN2

　　① 比较指令用于 2 个相同数据类型的数值或字符串 IN1 与 IN2 的比较操作。当比较条件成立时，比较触点闭合，去完成相应的控制。触点中间的参数 B、I、D、R、S 分别表示数据类型为字节、整数、双整数、实数和字符串。

　　② 比较运算有：等于（=）、大于等于（>=）、小于等于（<=）、大于（>）、小于（<）、不等于（<>）等 6 种比较操作。在实际应用中，比较指令为上下限控制及数值条件判断提供了方便。

　　【控制案例 14-5】　应用比较指令产生一定脉宽的控制脉冲信号。

　　控制程序及时序图如图 14-27 所示。定时器 T37 的设定值为 100，接成自复式振荡电路，产生周期为 10s 的信号。当 T37 的当前值等于或大于 60 时，比较触点接通，Q0.0 为 ON，否则 Q0.0 为 OFF，由此产生一序列通 4s、断 6s 的控制脉冲信号。改变比较触点条件，可以得到不同脉宽的控制脉冲信号。

　　【控制案例 14-6】　某生产线有 5 台电动机，要求间隔 5s 顺序启动，试用比较指令编写启动控制程序。

　　5 台电动机依次间隔 5s 顺序启动的控制程序如图 14-28 所示。按下启动按钮（I0.0 为 ON），Q0.0 通电并自锁，第 1 台电动机启动；同时 T37 开始延时，当 T37 的当前值等于或大于比较指令的设定值时，比较触点接通，其余 4 台电动机依次启动。为使电动机启动后连续运行，程序中采用置位指令。

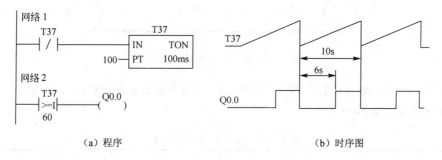

（a）程序　　　　　　　　　　　　　（b）时序图

图 14-27　比较触点应用示例

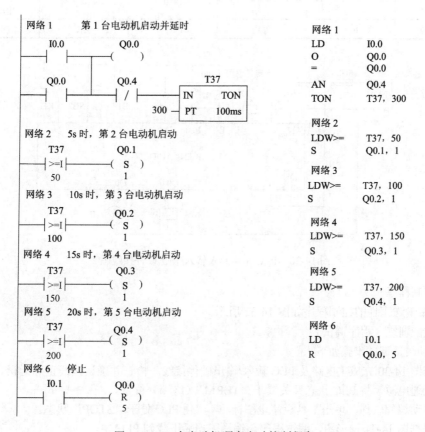

图 14-28　5 台电动机顺序启动控制程序

当按下停止按钮（I0.1 为 ON）时，Q0.0~Q0.4 复位，5 台电动机全部停止。

14.6.2　比较指令应用案例

1. 控制要求

某输送工件的传送带如图 14-29 所示。接于 PLC 输入端口的光电传感器 BO 对工件进行检测计数，输入信号为 I0.0，20 个为一组。当计件数量小于 15 时，指示灯 HL 常亮；当计件数量等于或大于 15 时，指示灯闪烁；当计件数量为 20 时，10s 后传送带停止运行，同时指示灯熄灭。

2. PLC 选型及 I/O 信号分配

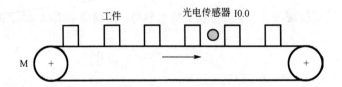

图 14-29　输送工件传送带示意图

PLC 选 CPU224 AC/DC/RLY 型,其输入/输出信号分配如表 14-18 所示,控制的主电路及输入/输出硬件接线如图 14-30 所示。

表 14-18　输入/输出信号分配表

输入元件	输入信号	作　用	输出信号	输出元件	控制负载
传感器 BO	I0.0	工件检测	Q0.0	接触器 KM	传送带
按钮 SB1	I0.2	启动			电动机 M
按钮 SB2	I0.3	停止	Q0.2	HL	指示灯

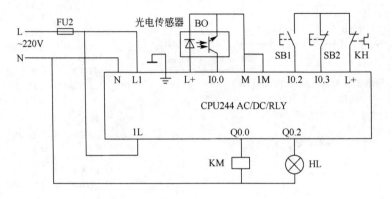

图 14-30　PLC 主电路及输入/输出硬件接线图

3．控制程序

传送带输送工件的控制程序如图 14-31 所示。

4．技能训练(程序调试)

程序编辑、调试步骤如下。

① 按图 14-30 完成主电路及 PLC 输入/输出硬件接线。检查并确认接线正确无误。

② 接通电源,将 PLC 状态开关置于"TERM"(终端)位置。

③ 启动编程软件,单击工具栏停止图标 ■,使 PLC 处于"STOP"状态。

④ 根据图 14-31 梯形图,编辑程序。编译无误后下载到 PLC 中。

⑤ 单击工具栏运行图标 ▶,使 PLC 处于"RUN"状态,输入指示灯 I0.3 应亮。

⑥ 按下启动按钮 SB1,Q0.0、Q0.2 输出指示灯亮。

⑦ 反复接通 I0.0,模拟工件检测信号(光电开关的通断)。当 I0.0 接通 15 次后,Q0.2 输出指示灯闪烁。当 I0.0 接通 20 次后,T41 开始延时,10s 后,Q0.0、Q0.2 断电,输出指示灯熄灭。

⑧ 如果控制过程不符合控制要求,应修改、调试程序,直到满足控制要求。

⑨ 断开电源。总结实训要点,写出实训报告。

5．创新训练

工件传送的控制要求不变,改用计数器 C0 记录工件的数量,试编制其控制程序并调试成功。

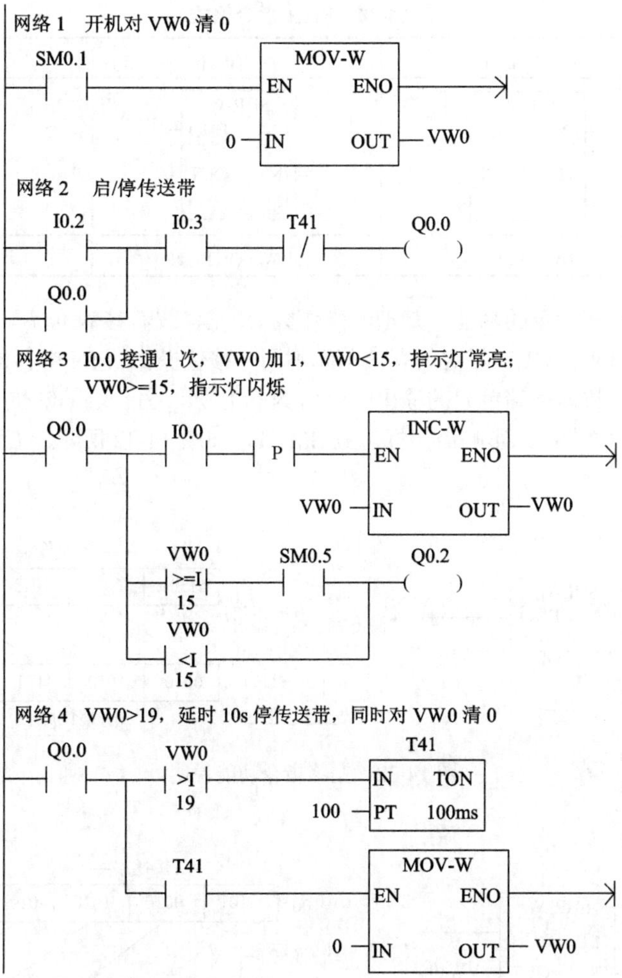

网络 1　开机对 VW0 清 0

```
SM0.1              ┌─────────────┐
──┤ ├──────────────┤ EN    MOV-W  ──────────────►
                   │          ENO │
              0 ───┤ IN       OUT ├── VW0
                   └─────────────┘
```

网络 2　启/停传送带

```
  I0.2     I0.3      T41           Q0.0
──┤ ├──┬──┤ ├──────┤/├──────────( )
       │
  Q0.0 │
──┤ ├──┘
```

网络 3　I0.0 接通 1 次，VW0 加 1，VW0<15，指示灯常亮；
　　　　VW0>=15，指示灯闪烁

```
  Q0.0     I0.0              ┌─────────────┐
──┤ ├──┬──┤ ├──┤ P ├────────┤ EN   INC-W   ──────────────►
       │                    │          ENO │
       │                VW0 ┤ IN       OUT ├── VW0
       │                    └─────────────┘
       │
       │   VW0      SM0.5       Q0.2
       ├──┤>=I├────┤ ├────────( )
       │   15
       │   VW0
       └──┤<I├
           15
```

网络 4　VW0>19，延时 10s 停传送带，同时对 VW0 清 0

```
  Q0.0     VW0              T41
──┤ ├──┬──┤>I├──────────┌─────────┐
       │   19           │ IN   TON │
       │            100 ┤ PT  100ms│
       │                └─────────┘
       │
       │   T41          ┌─────────────┐
       └──┤ ├───────────┤ EN   MOV-W   ──────────────►
                        │          ENO │
                    0 ──┤ IN       OUT ├── VW0
                        └─────────────┘
```

图 14-31　传送带的 PLC 控制梯形图程序

14.7　移位指令及应用

移位指令有左移指令、右移指令、循环左移指令和循环右移指令等，主要用于字元件有规律的位移控制，其操作数可以是字节、字或双字。

14.7.1　左/右移位指令（SHL/SHR）

左移位指令的指令格式如表 14-19 所示。右移位指令的指令格式如表 14-20 所示。

表 14-19　SHL 指令格式

项　目	字 节 左 移	字 左 移	双 字 左 移
梯形图 （LAD）	┤EN SHL-B ENO├ ┤IN　　OUT├ ┤N	┤EN SHL-W ENO├ ┤IN　　OUT├ ┤N	┤EN SHL-DW ENO├ ┤IN　　OUT├ ┤N
指令表（STL）	SLB　OUT, N	SLW　OUT, N	SLD　OUT, N

表 14-20   SHR 指令格式

项　　目	字 节 右 移	字 右 移	双 字 右 移
梯形图 （LAD）	SHR-B EN　ENO IN　OUT N	SHR-W EN　ENO IN　OUT N	SHR-DW EN　ENO IN　OUT N
指令表（STL）	SRB　OUT，N	SRW　OUT，N	SRD　OUT，N

① 左移指令和右移指令的功能，是把源操作数 IN 左移或右移 N 位后，将结果放在 OUT 指定的存储单元。如果 IN 和 OUT 指定的存储单元不同，移位操作后 IN 中各位数据保持不变。

② 左移移位时，数据存储单元的移出端溢出 N 位数据，另一端的缺位自动补 N 个 0；被移出数据块的末位（加"*"位）影响溢出标志位 SM1.1，如图 14-32 所示。右移移位与左移移位类同，如图 14-33 所示。

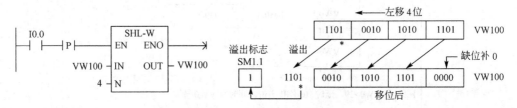

图 14-32　左移指令功能说明

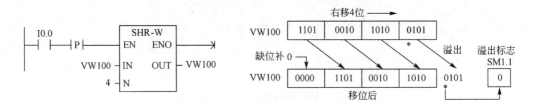

图 14-33　右移指令功能说明

③ 移位操作后，如果 OUT 指定的存储单元数据变为 0，则零标志位 SM1.0 置 1。如图 14-32 中，当 I0.0 接通时，VW100 中数据向左移动 4 位。如果执行 4 次左移位操作， VW100 中数据变为 0，则零标志位 SM1.0 置 1。

【控制案例 14-7】　8 盏指示灯 HL1～HL8，从 HL1 开始，每隔 1s 依次点亮；当前一盏点亮时，后一盏熄灭，并重复动作，以此形成流水灯光的效果。应用左移位指令编制的控制程序如图 14-34 所示。

14.7.2　循环左/右移位指令（ROL/ROR）

循环左移位指令的指令格式如表 14-21 所示。循环右移位指令的指令格式如表 14-22 所示。

① 循环左移位指令和循环右移位指令的功能,是把源操作数 IN 循环左移或循环右移 N 位后，将结果放在 OUT 指定的存储单元。如果 IN 和 OUT 指定的存储单元不同，循环移位操作后 IN 中各位数据保持不变。

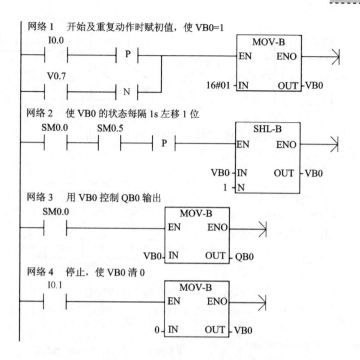

图 14-34 移位指令应用示例

表 14-21 ROL 指令格式

项 目	字节循环左移	字循环左移	双字循环左移
梯形图 （LAD）	ROL-B EN ENO IN OUT N	ROL-W EN ENO IN OUT N	ROL-DW EN ENO IN OUT N
指令表（STL）	RLB OUT, N	RLW OUT, N	RLD OUT, N

表 14-22 ROR 指令格式

项 目	字节循环右移	字循环右移	双字循环右移
梯形图 （LAD）	ROR-B EN ENO IN OUT N	ROR-W EN ENO IN OUT N	ROR-DW EN ENO IN OUT N
指令表（STL）	RRB OUT, N	RRW OUT, N	RRD OUT, N

② 循环左移位时，数据存储单元高位移出的 N 位数据进入数据存储单元的低位；被移出数据块的末位（加 "*" 位）影响溢出标志位 SM1.1，如图 14-35 所示。循环右移位与循环左移位类同，如图 14-36 所示。

【控制案例 14-8】 用单按钮 SB（I0.0）控制彩灯循环点亮，第 1 次按下启动循环，第 2 次按下停止循环。用一个开关 SA（I0.1）控制循环方向，SA 接通左循环，SA 断开右循环，由此交替。

如果 QB0 的初始状态为 00000011，循环周期为 1s，应用循环移位指令编制的控制程序如图 14-37 所示。

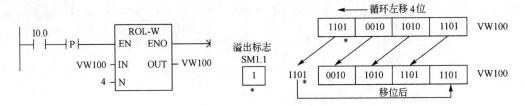

图 14-35 循环左移位指令功能说明

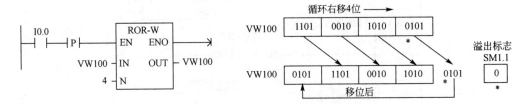

图 14-36 循环右移位指令功能说明

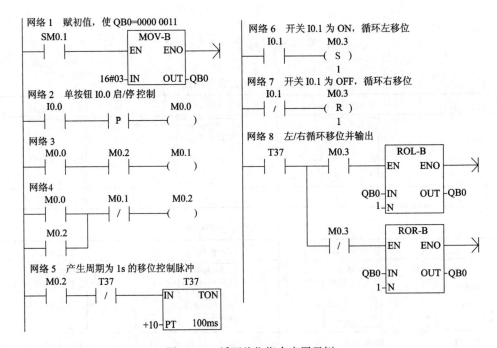

图 14-37 循环移位指令应用示例

14.7.3 循环移位指令应用案例

1. 控制要求

某广告灯箱有 16 盏灯 L1～L16，要求按下启动按钮时，灯以正、反序每隔 1s 轮流点亮；按下停止按钮时，停止工作。试利用 PLC 实现此流水灯光的控制。

2. PLC 选型及 I/O 信号分配

PLC 选 CPU226 型，由于输出动作频繁，可选用晶体管输出型 PLC，其输入/输出信号分配如表 14-23 所示，输入/输出硬件接线如图 14-38 所示。

表 14-23 输入/输出信号分配表

输 入 元 件	输 入 信 号	作 用	输 出 信 号	控 制 负 载
按钮 SB1	I0.0	启动	Q0.0～Q0.7	L1～L8
按钮 SB2	I0.1	停止	Q1.0～Q1.7	L9～L16

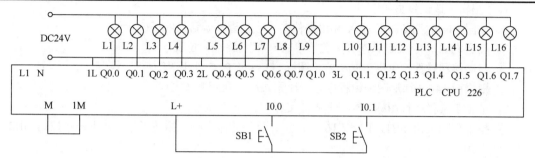

图 14-38 PLC 输入/输出硬件接线图

3．控制程序

流水灯光控制程序如图 14-39 所示。程序用步进指令编写，在 S0.1 正序工步中，用 16 位循环左移指令 ROL，每 1s 向左移动 1 位；在 S0.2 反序工步中，用 16 位循环右移指令 ROR，每 1s 向右移动 1 位。

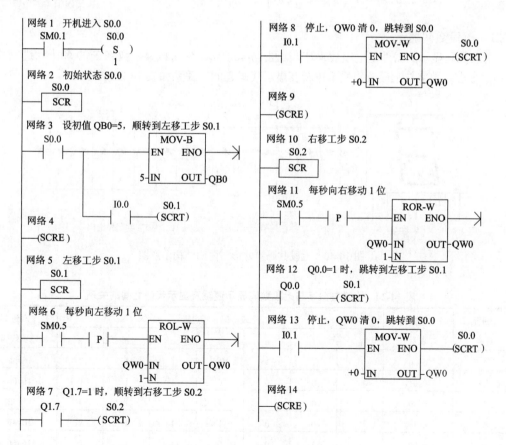

图 14-39 流水灯光控制梯形图程序

在正序工步中，当最后 1 个灯的控制信号 Q1.7 为 ON 时，跳转到反序工步运行；在反序工步中，当最后 1 个灯的控制信号 Q0.0 为 ON 时，跳转到正序工步运行，使灯以正、反序轮流点亮，循环工作。

4．技能训练（程序调试）

程序编辑、调试步骤如下。

① 按图 14-38 完成 PLC 输入/输出硬件接线。检查并确认接线正确无误。

② 接通电源，将 PLC 状态开关置于"TERM"（终端）位置。

③ 启动编程软件，单击工具栏停止图标 ■，使 PLC 处于"STOP"状态。

④ 根据图 14-39 梯形图编辑程序。编译无误后下载到 PLC 中。

⑤ 单击工具栏运行图标 ▶，使 PLC 处于"RUN"状态。

⑥ 按下启动按钮 SB1，L1～L16 灯以正、反序轮流点亮，循环工作。按下停止按钮 SB2，灯箱停止工作。

⑦ 如果控制过程不符合控制要求，应修改、调试程序，直到满足控制要求。

⑧ 断开电源。总结实训要点，写出实训报告。

5．创新训练

试将灯光间隔轮流点亮的周期改为 0.5s，修改、调试程序，并观察运行结果。

14.8 数码显示指令及应用

14.8.1 七段数码显示

七段数码显示的器件是七段数码管，如图 14-40 所示，它可以显示数字 0～9 和十六进制数字 A～F。十进制数字与七段数码显示逻辑及显示代码之间的关系如表 14-24 所示。

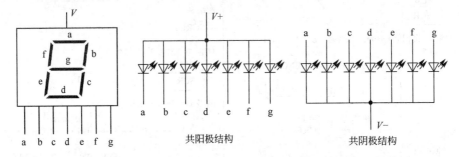

图 14-40 七段数码管外形与内部结构示意图

表 14-24 十进制数字与七段数码显示逻辑及显示代码之间的关系

十进制数字	二进制表示	七段数码显示逻辑							十六进制显示代码
		g	f	e	d	c	b	a	
0	0000	0	1	1	1	1	1	1	16#3F
1	0001	0	0	0	0	1	1	0	16#06
2	0010	1	0	1	1	0	1	1	16#5B
3	0011	1	0	0	1	1	1	1	16#4F
4	0100	1	1	0	0	1	1	0	16#66
5	0101	1	1	0	1	1	0	1	16#6D

续表

十进制数字	二进制表示	七段数码显示逻辑							十六进制显示代码
		g	f	e	d	c	b	a	
6	0110	1	1	1	1	1	0	1	16#7D
7	0111	0	0	0	0	1	1	1	16#07
8	1000	1	1	1	1	1	1	1	16#7F
9	1001	1	1	0	1	1	1	1	16#6F

【控制案例 14-9】 用 PLC 实现智力竞赛抢答器的数码显示。设有 5 组参与竞赛，某参赛队抢先按下自己的按钮时，立即显示该组号码，同时联锁其他参赛队的输入信号。主持人按复位按钮清除显示的数码后，比赛可继续进行。5 组智力竞赛抢答器有 6 个输入信号（5 组抢答按钮 SB1～SB5 和主持人复位按钮 SB6），7 个输出信号（七段数码管的 a～g 段发光二极管），其输入/输出信号分配及硬件接线如图 14-41 所示。PLC 输出端可接 5～30V 直流电源，由于每段发光二极管的额定电流通常是几十毫安，所以要根据直流电源电压的高低确定限流电阻的阻值。

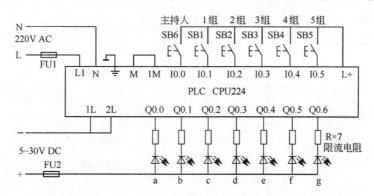

图 14-41　智力竞赛抢答器输入/输出硬件接线图

智力竞赛抢答器显示的控制程序如图 14-42 所示。程序的功能已注在各网络中，M0.0 在程序中起联锁作用。如第 1 组抢先按下抢答按钮，在送 1 显示码（16#06）的同时，使 M0.0 置位，M0.0 常闭触点断开，联锁其他参赛组输出回路，保证 QB0 中的数据不再发生变化。当主持人按下复位按钮时，对 M0.0 复位，并对 QB0 清 0。

14.8.2　七段编码指令（SEG）

在控制案例 14-9 中，数据显示需要人工编码，如果应用 PLC 七段编码指令，可以自动实现编码。

七段编码指令的指令盒如图 14-43 所示。其功能是当使能 EN 有效时，对源操作数 IN（字节型）的低 4 位二进制数产生相应的七段显示码，并将其输出到目标操作数 OUT 指定的单元。如果源操作数 IN 的有效数字大于 4 位，只对其低 4 位编码。

SEG 指令的编码范围为十六进制数字 0～9、A～F。对数字 0～9 的七段编码见表 14-24，对数字 A～F 的七段编码可参考有关资料。

SEG 指令的应用示例如图 14-44（a）所示，运行状态监控表如图 14-44（b）所示。

当 I0.0 为 ON 时，对数字 5 执行七段编码，并将编码结果存入 QB0，使 Q0.7～Q0.0 的位状态为 01101101，对照表 14-24，即为"5"的编码。同样，当 I0.1 为 ON 时，对数字 1 执行七段编码，并将编码结果存入 QB1，使 Q1.7～Q1.0 的位状态为 00000110，即为"1"的编码。

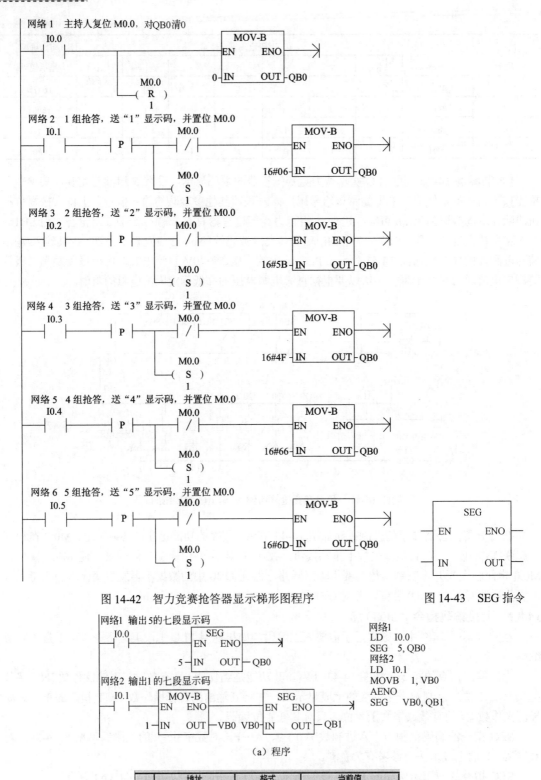

图 14-42 智力竞赛抢答器显示梯形图程序

图 14-43 SEG 指令

（a）程序

	地址	格式	当前值
1	QB0	二进制 ▼	2#0110_1101
2	QB1	二进制	2#0000_0110

（b）监控状态表

图 14-44 七段编码指令 SEG 应用示例

14.8.3　BCD 码转换指令（IBCD）

1. 8421BCD 编码

在 PLC 的存储器中，无论是十进制数还是十六进制数，数据都是以二进制的形式存储的。如果直接使用 SEG 指令对 2 位以上的十进制数进行编码，则会出错。如十进制数 21 的二进制形式是 00010101，对其高 4 位应用 SEG 指令编码，则会得到 1 的七段显示码；对其低 4 位应用 SEG 指令编码，则会得到 5 的七段显示码，显示结果"15"是十六进制数，而不是十进制数"21"。显然，要想显示"21"，就要先将二进制数 00010101 转换成反映十进制进位关系（逢十进一）的 00100001 代码，然后对高 4 位"2"和低 4 位"1"分别用 SEG 指令进行编码。

这种用二进制数的形式反映十进制进位关系的代码，称为 BCD 码。其中最常用的是 8421BCD 码，它是用 4 位二进制数表示 1 位十进制数，该代码从高位至低位的权分别是 8、4、2、1，故称为 8421 BCD 码。

十进制数、十六进制数、二进制数与 8421 BCD 码的对应关系如表 14-25 所示。

表 14-25　十进制数、十六进制数、二进制数与 8421 BCD 码的对应关系

十进制数	十六进制数	二进制数	8421 BCD 码	十进制数	十六进制数	二进制数	8421 BCD 码
0	0	0000	0000	11	B	1011	0001 0001
1	1	0001	0001	12	C	1100	0001 0010
2	2	0010	0010	13	D	1101	0001 0011
3	3	0011	0011	14	E	1110	0001 0100
4	4	0100	0100	15	F	1111	0001 0101
5	5	0101	0101	16	10	10000	0001 0110
6	6	0110	0110	17	11	10001	0001 0111
7	7	0111	0111	20	14	10100	0010 0000
8	8	1000	1000	50	32	110010	0101 0000
9	9	1001	1001	150	96	10010110	0001 0101 0000
10	A	1010	0001 0000	258	102	100000010	0010 0101 1000

从表中可以看出，8421 BCD 码从低位起每 4 位为一组，高位不足 4 位补 0，每组表示 1 位十进制数。8421 BCD 码与二进制数的表面形式相同，但概念完全不同。虽然在一组 8421 BCD 码中，每位的进位也是二进制，但组与组之间的进位则是十进制。

2. BCD 码转换指令 IBCD

要想正确显示十进制数，必须先用 BCD 码转换指令将二进制形式的数据转换成 8421 BCD 码，再用 SEG 指令编成七段显示码，并用其控制数码管显示。

BCD 码转换指令（IBCD）的指令盒如图 14-45 所示。

IBCD 指令的功能是将源操作数 IN（0～9999）转化成 8421 BCD 码，存入目标操作数 OUT 指定的存储单元中。目标操作数每 4 位表示 1 位十进制数，并从低位至高位依次表示个位、十位、百位、千位。

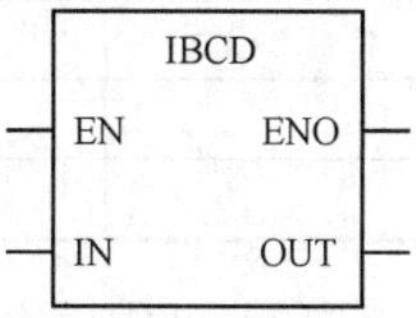

IBCD 指令应用示例如图 14-46 所示。当 I0.0 为 ON 时，先将 5028 存入 VW0 中，然后将 VW0 中数据编为 BCD 码送 QW0 输出。程序执行结果如图 14-47 所示，可以看出，VW0 中存储的二进制数与 QW0 中的 BCD 码完全不同。QW0 以 4 位 BCD 码为 1 组，从高位至低位依次为十进制数 5、0、2、8 的 BCD 码。

图 14-45　IBCD 指令

网络1
I0.0
MOV-W
EN
ENO
5028
IN
OUT
VW0
IBCD
EN
ENO
VW0
IN
OUT
QW0
网络1
LD I0.0
MOVW 5028, VW0
AENO
MOVW VW0, QW0
IBCD QW0

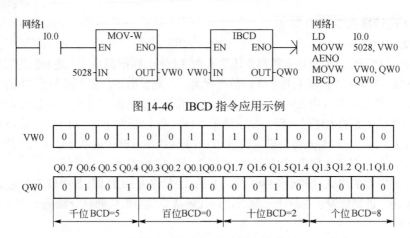

图 14-46　IBCD 指令应用示例

VW0
0 0 0 1 0 0 1 1 1 0 1 0 0 1 0 0
Q0.7 Q0.6 Q0.5 Q0.4 Q0.3 Q0.2 Q0.1 Q0.0 Q1.7 Q1.6 Q1.5 Q1.4 Q1.3 Q1.2 Q1.1 Q1.0
QW0
0 1 0 1 0 0 0 0 0 0 1 0 1 0 0 0
千位 BCD=5
百位BCD=0
十位BCD=2
个位 BCD=8

图 14-47　IBCD 指令执行结果

3．多位数码显示

当显示的数码不止 1 位时，就要并列使用多个数码管。以 2 位数码显示为例，可以显示的十六进制数是 0~FF，十进制数是 0~99。

如果要显示 2 位十六进制数，可将其二进制数据的高 4 位和低 4 位分别用七段编码指令 SEG 编码，然后用编码分别控制高位、低位数码管输出。

如果要显示 2 位十进制数，要先用 IBCD 指令将其二进制数据转换为 8 位 BCD 码，再将 BCD 码的高 4 位和低 4 位分别用七段编码指令 SEG 编码，最后用高、低位编码分别控制十位和个位数码管输出。

14.8.4　数码显示应用案例

1．控制要求

某停车场最多可停 50 辆车，用 2 位数码管显示停车数量。用出/入传感器检测进出车辆数量，每开进一辆车，停车数量增 1，每开出一辆车，停车数量减 1。场内停车数量小于 45 辆时，入口处绿灯亮，允许车入场；等于和大于 45 辆时，绿灯闪烁，提醒待进车辆司机注意将满场；等于 50 时，红灯亮，禁止车辆入场。试设计停车场车辆数目显示程序。

2．PLC 选型及 I/O 信号分配

PLC 选 CPU224 晶体管输出型，由于本案例有 16 个输出信号，而 CPU224 只有 10 个输出端口，故扩展一个 8 点的数字量输出模块 EM222，其输入/输出信号分配如表 14-26 所示，输入/输出硬件接线如图 14-48 所示。

表 14-26　输入/输出信号分配表

输 入 元 件	输 入 信 号	作　用	输 出 信 号	控 制 对 象
传感器 IN	I0.0	检测进场车辆	Q0.6～Q0.0	个位数显示
传感器 OUT	I0.1	检测出场车辆	Q2.6～Q2.0	十位数显示
			Q1.0	绿灯，允许信号
			Q1.1	红灯，禁止信号

图 14-48 中，传感器的三个端子分别接 PLC 的输入信号端、输入公共端和 24V 电源的正极。入口传感器 IN 接 I0.0，出口传感器 OUT 接 I0.1。2 个共阳极数码管的公共端 V+接 24V DC 电源正极，个位数码管 a~g 段接 PLC 输出端口 Q0.0~Q0.6；十位数码管 a~g 段接输出扩展模块 EM222 的输出端口 Q2.0~Q2.6。PLC 的输出公共端 1L、2L、3L 和 EM222 的 1L、2L 接 24V DC 电源负极。红、绿信号灯分别接 PLC 的 Q1.1 和 Q1.0 端口。

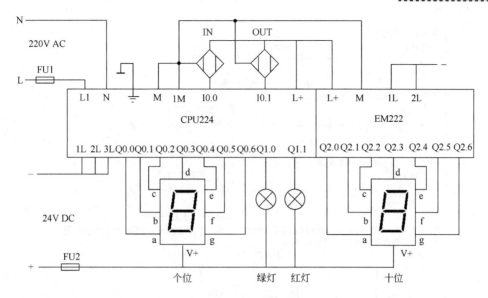

图 14-48　PLC 输入/输出硬件接线图

3．控制程序

停车场车辆数目显示程序如图 14-49 所示。在网络 2 和网络 3 中，将传感器检测车辆进出信号通过增 1、减 1 计算送数据寄存器 VW0 保存。

在网络 4 中，将 VW0 中数据编为 8421 BCD 码存入 VW10（VB11 中），将 VB11 与 16#0F 做逻辑"与"运算，取其低 4 位 VB11.3~VB11.0 编为七段显示码送个位数码管显示；同时将 VB11 右移 4 位，即取 VB11 高 4 位 VB11.7~VB11.4 编为七段显示码送十位数码管显示。

在网络 5 中，如果停车数量小于 45，绿灯常亮，允许车辆入场；如果停车数量等于或大于 45，但小于 50，绿灯闪烁，提醒注意满场。

在网络 6 中，如果停车数量等于或大于 50，红灯亮，禁止车辆入场。

4．技能训练（程序调试）

程序编辑、调试步骤如下。

① 按图 14-48 完成 PLC 输入/输出硬件接线。检查并确认接线正确无误。

② 接通电源，将 PLC 状态开关置于"TERM"（终端）位置。

③ 启动编程软件，单击工具栏停止图标 ■，使 PLC 处于"STOP"状态。

④ 根据图 14-49 梯形图编辑程序。编译无误后下载到 PLC 中。

⑤ 单击工具栏运行图标 ▶，使 PLC 处于"RUN"状态。

⑥ 模拟运行：给 I0.0 一个输入信号，数码管显示数目自动加 1；给 I0.1 一个输入信号，数码管显示数目自动减 1。数目小于 45 时，Q1.0 绿灯亮；等于或大于 45，但小于 50 时，Q1.0 绿灯闪烁；等于或大于 50 时，Q1.1 红灯亮。

⑦ 如果控制过程不符合控制要求，应修改、调试程序，直到满足控制要求。

⑧ 断开电源。总结实训要点，写出实训报告。

5．创新训练

如果 PLC 掉电重新运行后，应将停车场原有车辆数量作为初始值显示，并在此基础上控制车辆的进出。试编制能满足这一控制要求的程序，并调试运行成功。

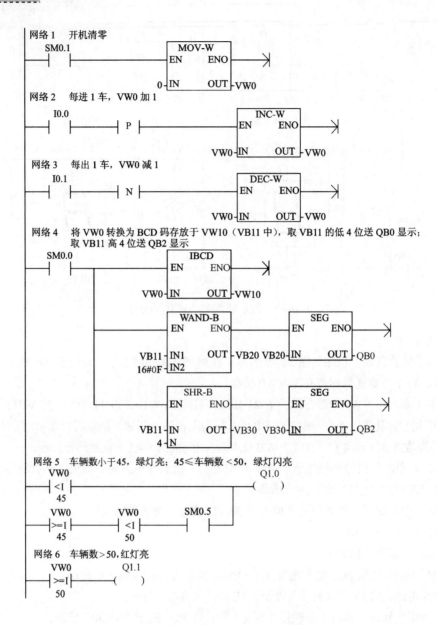

图 14-49　停车场车辆数目显示梯形图程序

① 功能指令实际上是许多功能不同的子程序，控制功能强，可以实现更为复杂的控制任务，所以使应用编程更为便捷。

② 功能指令在梯形图中以指令盒的形式表示。指令盒中包括指令操作码（如 MOV 等）、数据类型（B/W/D/R）、使能输入端（EN）、使能输出端（ENO）、源操作数（IN）和目标操作数（OUT）等要素。

③ 使用功能指令时，要注意数据的类型和操作数的范围。如果对某个功能指令操作数的范围不熟悉，可在编程软件界面下先选中该指令盒，然后按[F1]键，软件"帮助"会给出详细的说明和应用举例。

④ 本项目介绍了 S7-200 系列 PLC 主要的一些功能指令，通过控制案例的编程和程序运行调试，掌握功能指令编程的基本方法和程序调试的技能，为应用程序的编制奠定基础。实际上，S7-200系列 PLC 为用户提供了更为丰富的功能指令，详见附录 4。

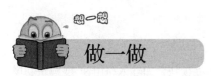

1. 什么是功能指令？其用途与基本逻辑指令有什么区别？

2. 功能指令有哪些要素？在梯形图指令盒中如何表示？

3. 编写控制程序，将 VB0 开始的 50 个字的数据传送到 VB500 开始的存储区中。

4. 应用跳转功能指令，设计电动机既能点动又能连续控制的控制程序。设 I0.0=ON 时，电动机实现点动控制；I0.0=OFF 时，电动机实现连续运行。

5. 三台电动机相隔 10s 启动，各运行 30s 停止，循环往复。试使用数据传送与触点比较指令编程，实现这一控制要求。

6. 计算 500×20+300÷15 的值，并将计算结果送 VW50 存储。

7. 使用循环指令求 0+1+2+3+…+50 的和。

8. 某广告牌用 HL1～HL6 六个灯分别照亮"欢迎光临指导"六个字，其控制工序如表 14-27 所示，每步间隔 1s，反复循环。试用移位指令构成移位控制，实现广告牌灯光的闪烁控制。

表 14-27　广告牌字灯闪烁工序表

工序	1	2	3	4	5	6	7	8	9	10
HL1	×						×		×	
HL2		×					×		×	
HL3			×				×		×	
HL4				×			×		×	
HL5					×		×		×	
HL6						×	×		×	

9. 试用循环移位指令实现某喷水池的花式喷水控制：第一组喷水 4s→第二组喷水 3s→第三组喷水 2s→三组同时喷水 1s→再同时停止 5s→重复上述过程。

10. 试应用七段编码指令 SEG 设计一个用数码显示的 6 人智力竞赛抢答器。

11. 设 VB0=3498，将 VB0 中的数据编为 8421 BCD 码后存储到 VW10 中，并将该数的千位、百位、十位、个位的七段显示分别存储到 VB23、VB22、VB21、VB20 中。

12. 某自动生产线，80 个工件装一箱，用传感器检测工件，用 2 位数码管显示工件的数量。当工件数量小于 70 时，绿灯亮；等于或大于 70，但小于 80 时，绿灯闪烁；等于 80 时，红灯亮并停机包装。1min 后生产线自动启动运行，重复上述过程。试设计 PLC 控制的硬件接线及控制程序。

项目 15　PLC 技术的综合应用

15.1　扩展模块的编址

PLC 除基本单元（主机）外，还有一些具有一定功能的扩展模块，如输入/输出扩展模块、模拟量 A/D 与 D/A 转换模块等。这些模块与 PLC 基本单元配合使用，可以满足工业控制对系统硬件的不同要求。

1. 扩展模块的类型

S7-200 系列 PLC 可提供 6 种基本型号数字量和模拟量的扩展模块，如表 15-1 所示。

表 15-1　扩展模块型号、输入/输出点数及消耗电流

模块类型	型号	输入/输出点数	模块消耗电流/mA	
			+5V DC	+24V DC
数字量 扩展模块	EM221	8 点输入（24V DC）	30	4/输入
		8 点输入（120/230V AC）	30	
		16 点输入（24V DC）	70	4/输入
	EM222	4 点输出（24V DC）	40	
		4 点输出（继电器）	30	20/输出
		8 点输出（24V DC）	50	
		8 点输出（继电器）	40	9/输出
		8 点输出（120/230V AC）	110	
	EM223	4 点输入（24V DC）/4 点输出（24V DC）	40	4/输入
		4 点输入（24V DC）/4 点输出（继电器）	40	4/输入，9/输出
		8 点输入（24V DC）/8 点输出（24V DC）	80	
		8 点输入（24V DC）/8 点输出（继电器）	80	4/输入，9/输出
		16 点输入（24V DC）/16 点输出（24V DC）	160	
		16 点输入（24V DC）/16 点输出（继电器）	150	4/输入，9/输出
		32 点输入（24V DC）/32 点输出（24V DC）	240	
		32 点输入（24V DC）/32 点输出（继电器）	205	4/输入，9/输出
模拟量 扩展模块	EM231	4 路模拟输入	20	60
		4 路热电偶模拟输入	87	60
		4 路热电阻模拟输入	87	60
	EM232	2 路模拟输出	20	70
	EM235	4 路模拟输入/1 路模拟输出	30	60

选配扩展模块时，应当检查所有扩展模块使用的直流电流是否超出基本单元的供电能力，如果超出，必须减少模块或改变模块配置。

S7-200 各型号基本单元可带扩展模块的数量和能提供的最大直流电流如表 15-2 所示。

表 15-2　S7-200 主机可带扩展模块数量及供电能力

型　号	数字量 I/O 点	模拟量 I/O 点	可带扩展模块数量	可提供最大直流电流/mA	
				5V DC	24V DC
CPU221	6／4	无	0	0	180
CPU222	8／6	无	2	340	180
CPU224	14／10	无	7	660	280
CPU224XP	14／10	2／1	7	660	280
CPU226	24／16	无	7	1000	400

　2．扩展模块的连接与编址

　（1）扩展模块的连接　PLC 基本单元与扩展模块可由面板安装或导轨固定安装，并用总线连接电缆通过扩展端口连接。连接时，基本单元放在最左边，扩展模块依次放置在其右边，并按 0、1、2…依次编号，如图 15-1 所示。

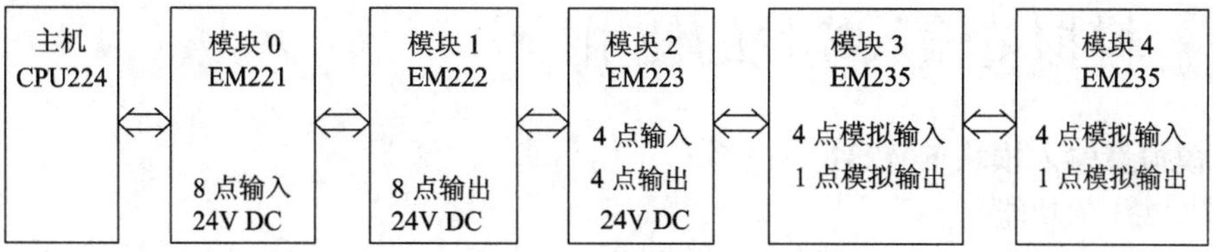

图 15-1　基本单元与扩展模块的连接

　（2）扩展模块的编址　S7-200 系列 PLC 数字量的 I/O 地址，是以字节为单位分配的，即使某些 I/O 点未被使用，但这些字节中的位也被保留，在 I/O 链中不能分配给后来的模块；模拟量扩展模块是按偶数分配地址的，同样未使用的地址也被保留。扩展模块的地址编码按照从左至右的顺序依次排序。

　【控制案例 15-1】　某 PLC 控制系统，经估算需要数字量输入 24 点，数字量输出 20 点，模拟量输入 6 个通道，模拟量输出 2 个通道。试为该系统选择 PLC 机型及扩展模块，按其空间分布位置（连接关系）对主机和各模块的 I/O 点进行编址，并对主机内部 5V DC 电源带负载的能力进行校验。

　（1）硬件配置及编址　PLC 主机可选 CPU224，其扩展模块可有不同的选取组合，图 15-1 所示为其中一种硬件配置方案，对应的 I/O 点编址如表 15-3 所示。

表 15-3　PLC 硬件系统 I/O 地址分配

主机		模块 0	模块 1	模块 2		模块 3		模块 4	
CPU224		EM221	EM222	EM223		EM235		EM235	
本地 I／O		扩展 I／O							
I0.0	Q0.0	I2.0	Q2.0	I3.0	Q3.0	AIW0	AQW0	AIW8	AQW4
I0.1	Q0.1	I2.1	Q2.1	I3.1	Q3.1	AIW2		AIW10	
I0.2	Q0.2	I2.2	Q2.2	I3.2	Q3.2	AIW4		AIW12	
I0.3	Q0.3	I2.3	Q2.3	I3.3	Q3.3	AIW6		AIW14	
I0.4	Q0.4	I2.4	Q2.4						
I0.5	Q0.5	I2.5	Q2.5						
I0.6	Q0.6	I2.6	Q2.6						
I0.7	Q0.7	I2.7	Q2.7						

本地 I/O		扩展 I/O						
I1.0	Q1.0							
I1.1	Q1.1							
I1.2								
I1.3								
I1.4								
I1.5								

（2）带负载能力校验　在该硬件组态中，1 个 EM221 模块，消耗电流为 30mA；1 个 EM222 模块，消耗电流为 50mA；1 个 EM223 模块，消耗电流为 40mA；2 个 EM235 模块，消耗电流各为 30mA，共计消耗电流为 180mA，小于 CPU224 可提供的 660mA 电流，所以该控制系统硬件配置方案可行。各扩展模块 24V DC 工作电源由外部电源提供。

15.2　模拟量输入模块的使用

15.2.1　模拟量输入模块 EM231

1．EM231 的功能

EM231 是 S7-200 系列 PLC 模拟量输入模块，有 4 个 A/D 转换通道，可将模拟量信号（如温度、压力、流量等）转换成数字信号送给 PLC，以实现对过程参数的控制。

2．EM231 主要技术参数

模拟量输入模块 EM231 的主要技术参数如表 15-4 所示。

表 15-4　EM231 主要技术参数

模拟量输入特性		输入分辨率	
模拟量输入点数	4	电压（单极性）	2.5mV（0～10V 时）
隔离（现场与逻辑电路间）	无	电压（双极性）	2.5mV（±5V 时）
输入类型	差分输入	电流	5μA（0～20mA 时）
DC 输入阻抗		模数转换时间	<250μs
电压输入	≥10MΩ	模拟量输入阶跃响应	1.5ms 到 95%
电流输入	250Ω	共模抑制	40dB，DC 到 AC 60Hz
输入范围		共模电压	信号电压+共模电压（必须小于等于±12V）
电压（单极性）	0～10V，0～5V	数据字格式	
电压（双极性）	±5V，±2.5V	双极性，全量程范围	±32000
最大输入电压	30V DC	单极性，全量程范围	0～32000
电流	0～20mA	输入滤波衰减	−3dB，3.1kHz
最大输入电流	32mA	24V DC 电压范围	20.4～28.8V

3．EM231 信号的转换

（1）模拟量输入数据字的格式　模拟量输入模块的分辨率为 12 位，这 12 位的数据是左对齐的，如图 15-2 所示。

在单极性格式中，最低位是 3 个连续的 0，使得 A/D 转换器（ADC）计数数值每变化 1 个单位，则数据字的变化是以 8 为单位变化的，相当于转换值被乘以 8。单极性数据格式的全量程范围为 0～32000。

图 15-2 模拟量输入数据字的格式

在双极性格式中，最低位是 4 个连续的 0，使得 A/D 转换器（ADC）计数值每变化 1 个单位，则数据字的变化是以 16 为单位变化的，相当于转换值被乘以 16。双极性全量程范围的数字量为–32000～+32000。

（2）模拟量输入值的转换 模拟量输入值的转换，要考虑变送器输出的量程和模拟量输入模块的量程，找出被测物理量 I_x 与 A/D 转换后的数字值 O_x 之间的比例关系，如图 15-3 所示。

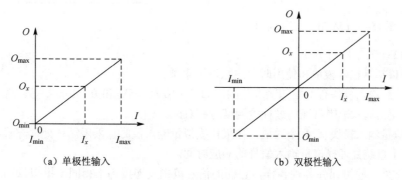

（a）单极性输入   （b）双极性输入

图 15-3 模拟量输入比例换算关系

由图可得出计算转换值的公式

$$O_x = \frac{O_{max} - O_{min}}{I_{max} - I_{min}} \times (I_x - I_{min}) + O_{min}$$

式中 O_x——转换结果（数字量）；

I_x——模拟输入量（电流或电压）；

O_{max}——转换值上限（+32000）；

O_{min}——转换值下限（–32000）；

I_{max}——模拟量输入值上限（20mA 或+5V、+10V）；

I_{min}——模拟量输入值下限（0mA 或–2.5V、–5V）。

15.2.2 EM231 模块的使用

1. EM231 的外部接线

EM231 外部接线如图 15-4 所示，上部 12 个端子，每 3 个为 1 组，分别为 A、B、C 和 D 通道的接线端口，每组可作为 1 路模拟量的输入通道（电压或电流信号）。输入信号为电压信号时，接两个端子（如 A+、A–）；输入信号为电流信号时，接三个端子（如 RC、C+、C–），其中 RC 与 C+端子短接；未使用的输入通道应短接（如 B+、B–）。下部右边是增益校准电位器（在没有精密仪器的情况下，不要调整）和配位设定 DIP 开关。4 路模拟量的地址分别是 AIW0、AIW2、AIW4 和 AIW6。

2. DIP 开关设置

模拟量输入模块的量程和精度，可通过模块上的 DIP 开关来设置，DIP 开关的设置如表 15-5

所示。表中 SW1、SW2、SW3 开关 ON 为接通，OFF 为关断，CPU 只在电源接通时读取开关的设置。

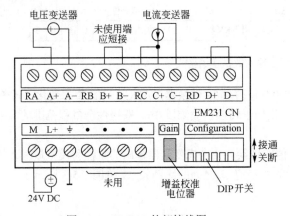

图 15-4　EM231 外部接线图

表 15-5　EM231 模块 DIP 开关设置表

单极性			满量程输入	分辨率
SW1	SW2	SW3		
ON	OFF	ON	0～10V	2.5mV
	ON	OFF	0～5V	1.25mV
			0～20mA	5μA
双极性			满量程输入	分辨率
SW1	SW2	SW3		
OFF	OFF	ON	±5V	2.5mV
	ON	OFF	±2.5V	1.25mV

3．EM231 的使用与仿真

在选择模拟量输入模块和使用时要注意以下事项。

① 模拟量输入模块有不同的输入范围，如 0～10V、±5V 和 0～20mA 等。选用模拟量输入模块时，要使其输入范围与现场过程检测信号相对应。

② 模拟量输入模块有 4 个通道，在采样模拟量输入值时，采用循环处理方式，所以采样循环时间反映了系统处理模拟量输入信号的响应时间。

③ 由于外部检测元件各种各样，它们的信号范围及连接各不相同。模拟量输入模块为适应不同要求提供了多种连接方式，例如电阻的连接方式，各种传感器的连接方式（两线、三线和带补偿的四线连接等），这些都要根据实际需要进行选择。

④ 使用模拟量模块时要注意抗干扰措施，主要方法有：与交流信号和可产生干扰源的供电电源保持一定距离；模拟量信号接线采用屏蔽措施；采用一定的补偿措施，减少环境对模拟量信号的影响等。

【控制案例 15-2】 量程为 0～10MPa 的压力变送器，其输出信号为直流 4～20mA。控制要求是，当系统压力大于 8MPa 时，信号灯点亮（Q0.0 输出）指示。试编程并仿真。

本案例选择模拟量输入模块 EM231，将压力变送器输出的模拟量（4～20mA 电流）转换为 0～32000 的数字量，并存储在模拟量寄存器 AIW0 中。

当系统压力为 8MPa 时，压力变送器的输出信号为：$4+\dfrac{20-4}{10}\times 8$ =16.8mA。模拟量 16.8mA 经 A/D 转换后的数字量为 26880。

控制程序如图 15-5 所示，当 I0.0 接通时，将 AIW0 中数据传送到变量寄存器 VW10 保存，并采用比较指令将 VW10 的值与常数 26880 进行比较，当 VW10 的值大于 26880 时，Q0.0 输出指示。

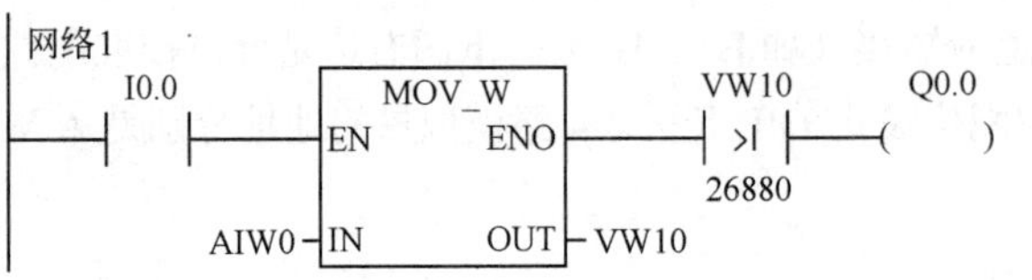

```
网络1
  I0.0        MOV_W        VW10    Q0.0     LD    I0.0
  ─┤├──────┤EN    ENO├──────┤>I├────( )     MOVW  AIW0,  VW10
                             26880          AENO
  AIW0─┤IN   OUT├─VW10                      AW>   VW10,  26880
                                            =     Q0.0
```

图 15-5　控制案例 15-2 控制程序

　　在仿真软件中，选用 CPU224，并配置模拟量输入模块 EM231，选择 EM231 的量程为 0～20mA。运行程序，监视变量寄存器 VW10 的值和 Q0.0 的状态，仿真结果如图 15-6 所示。在图 15-6（a）中，模拟电位器输入值为 14.68mA，小于 16.8mA，对应 VW10 中数值 24048 小于 26880，Q0.0 为 0，指示灯灭。在图 15-6（b）中，模拟电位器数值为 17.21mA，大于 16.8mA，对应 VW10 中数值 28200 大于 26880，Q0.0 为 1，指示灯点亮。

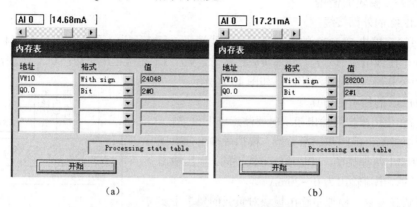

（a）　　　　　　　　　　　　　（b）

图 15-6　控制案例 15-2 仿真结果

15.3　模拟量输出模块的使用

15.3.1　模拟量输出模块 EM232

1. EM232 的功能

EM232 是 S7-200 系列 PLC 模拟量输出模块，有 2 个 D/A 转换通道，可将数字量信号转换成模拟量信号（电压或电流），以实现对执行元件的控制。

2. EM232 主要技术参数

模拟量输出模块 EM232 的主要技术参数如表 15-6 所示。

表 15-6　EM232 主要技术参数

模拟量输出特性		精度　（0～55℃ 最差情况）	
模拟量输出点数	2	电压输出	满量程的 ±2%
隔离（现场侧到逻辑线路）	无	电流输出	满量程的 ±2%
输出范围		精度　（25℃ 典型情况）	
电压输出	± 10V	电压输出	满量程的 ±0.5%
电流输出	0～20mA	电流输出	满量程的 ±0.5%
数据字格式		稳定时间	
电压	± 32000	电压输出	100μs
电流	0～+32000	电流输出	2ms
分辨率		最大驱动（24V DC 电源）	
电压	12 位	电压输出	最小 5000Ω
电流	11 位	电流输出	最大 500Ω

3. EM232 信号的转换

模拟量输出模块的分辨率为 12 位，这 12 位数据左端对齐，如图 15-7 所示。最高有效位是符号位，0 表示正数，低位是 4 个连续的 0。在将数据字装载到数模转换器（DAC）的寄存器之前，低位的 4 个 0 被截断，不会影响输出信号的值。

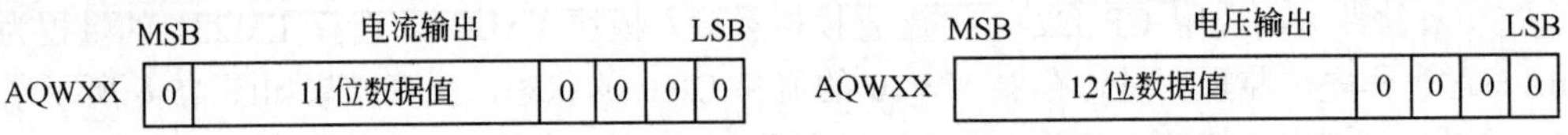

MSB	电流输出		LSB
AQWXX	0	11 位数据值	0 0 0 0

MSB	电压输出		LSB
AQWXX	12 位数据值		0 0 0 0

图 15-7　模拟量输出数据字的格式

15.3.2　EM232 模块的使用

1．EM232 的外部接线

模拟量输出模块 EM232 的上部有 6 个接线端子，每 3 个为 1 组，每组可作为 1 路模拟量的输出通道（电压或电流信号）。外部负载连接时，V0、V1 端接电压负载；I0 、I1 端接电流负载；M0、M1 为公共端。2 组接法相同，如图 15-8 所示。

2．EM232 的使用与仿真

在选择和使用模拟量输出模块时要注意以下事项。

（1）模拟量输出范围和输出类型　模拟量输出分电压输出和电流输出两种类型，只是接线方式不同。电压输出为–10～+10V，电流输出为 0～20mA。

（2）对负载要求　模拟量输出模块对负载的要求主要是负载阻抗，在电流输出方式下，一般给出最大负载阻抗；在电压给出方式下，则给出最小负载阻抗。

（3）抗干扰措施　可采用与模拟量输入模块相同的抗干扰措施。

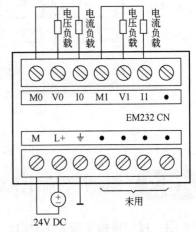

图 15-8　EM232 外部接线图

【控制案例 15-3】　使用 EM232 将给定的数字量转换为模拟电压输出，用数字电压表测量输出电压值，并记录与分析数字量与模拟量的对应关系。

① 将数字量 2000、4000、8000、16000、32000 转换为对应的模拟电压值。

② 将数字量–2000、–4000、–8000、–16000、–32000 转换为对应的模拟电压值。

本案例选择模拟量输出模块 EM232，将 CPU224 单元通过扩展端口与 EM232 连接，并将数字电压表的表笔连接在 EM232 的 V0 和 M0 端子。

PLC 控制程序如图 15-9 所示。开机时将常数 2000 或–2000 传送到 VW0 中，I0.0 每接通一次，

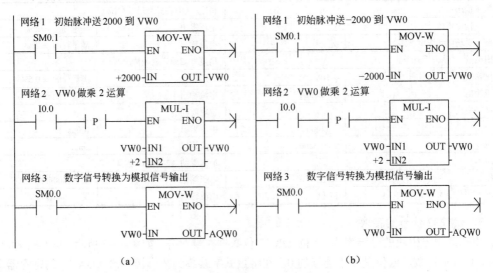

（a）　　　　　　　　　　　　　　　　　（b）

图 15-9　控制案例 15-3 控制程序

VW0 做乘 2 运算，运算结果通过 EM232 转换为模拟量，存储在模拟量寄存器 AQW0 中，并通过 V0 和 M0 端子输出。

使用数字电压表直流电压 20V 挡，测量转换后的模拟电压信号，测量结果如表 15-7 所示，对应的关系曲线如图 15-10 所示。由图可以看出，输出电压值与输入数字量呈线性关系，当数字量为正值时，输出电压为正；当数字量为负值时，输出电压为负。

应用 S7-200 仿真软件对其进行仿真，也可得到与 EM232 输出电压值接近的输出电压，如表 15-8 所示。

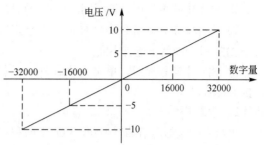

图 15-10　输出电压与输入数字量关系曲线

表 15-7　控制案例 15-3 输出模拟电压值

VW0	2000	4000	8000	16000	32000
模拟电压/V	0.62	1.25	2.50	5.00	10.01
VW0	−2000	−4000	−8000	−16000	−32000
模拟电压/V	−0.62	−1.25	−2.50	−5.00	−10.01

表 15-8　控制案例 15-3 仿真输出模拟电压值

数字量	2000	4000	8000	16000	32000
模拟电压/V	0.61	1.22	2.44	4.88	9.76

15.4　中断指令及其应用

所谓中断就是当 CPU 执行正常程序时，系统中出现了某些急需处理的特殊请求，这时 CPU 暂时中断现行任务，转而去对随机发生的更紧迫事件进行处理（称为执行中断服务程序），当该事件处理完毕后，CPU 自动返回原来被中断的程序继续执行。

15.4.1　中断指令

中断指令的梯形图及指令格式如表 15-9 所示。

表 15-9　中断指令

项　目	中断连接指令	中断允许指令	中断分离指令	中断禁止指令
梯形图 （LAD）	ATCH —EN　ENO— —INT —EVNT	—(ENI)	DTCH —EN　ENO— —EVNT	—(DISI)
指令表 （STL）	ATCH　INT, EVNT	ENI	DTCH　EVNT	DISI
描述	把一个中断事件 EVNT 和一个中断程序 INT 联系起来	全局允许中断	切断一个中断事件 EVNT 与中断程序的联系，并禁止该中断事件	全局禁止中断
操作数	INT：0～127		EVNT：0～33	

① 程序开始运行时，CPU 默认禁止所有中断，如果执行了中断允许指令 ENI，则允许所有

中断。

② 多个中断事件可以调用同一个中断程序，但一个中断事件不能同时调用多个中断程序。

③ 执行中断分离指令 DTCH 时，只禁止某个中断事件与中断程序的联系；而执行中断禁止指令 DISI 时，则禁止所有中断。

④ 编写中断程序时，单击菜单命令：[编辑]→[插入]→[中断程序]，即可创建新的中断程序并显示其标签。

15.4.2 中断事件

中断事件包括通信端口中断、I/O 中断和定时中断。不同的中断事件请求中断时，是按照优先级和发生的时序排队，队列中优先级高的中断事件首先得到处理，优先级相同的中断事件先到先处理。S7-200 系列 PLC 支持 34 种中断源，如表 15-10 所示。

表 15-10 中断事件

中断号	中 断 描 述	优先级分组	组中优先级	中断号	中 断 描 述	优先级分组	组中优先级
8	通信端口 0：接收字符	通信（最高）	0	28	HSC0 外部复位		12
9	通信端口 0：发送完成		0				
23	通信端口 0：接收信息完成		0	13	HSC1 CV=PV（当前值=预置值）		13
24	通信端口 1：接收信息完成		1	14	HSC1 输入方向改变		14
25	通信端口 1：接收字符		1	15	HSC1 外部复位		15
26	通信端口 1：发送完成		1	16	HSC2 CV=PV（当前值=预置值）		16
19	PTO 0 完成中断	I/O（中等）	0	17	HSC2 输入方向改变		17
20	PTO 1 完成中断		1	18	HSC2 外部复位		18
0	上升沿，I0.0		2	32	HSC3 CV=PV（当前值=预置值）		19
2	上升沿，I0.1		3	29	HSC4 CV=PV（当前值=预置值）		20
4	上升沿，I0.2		4	30	HSC4 输入方向改变		21
6	上升沿，I0.3		5	31	HSC4 外部复位		22
1	下降沿，I0.0		6	33	HSC5 CV=PV（当前值=预置值）		23
3	下降沿，I0.1		7	10	定时中断 0，SMB34	定时（最低）	0
5	下降沿，I0.2		8	11	定时中断 1，SMB35		1
7	下降沿，I0.3		9	21	定时器 T32 CT=PT 中断		2
12	HSC0 CV=PV（当前值=预置值）		10	22	定时器 T96 CT=PT 中断		3
27	HSC0 输入方向改变		11				

15.4.3 中断指令应用

【控制案例 15-4】 试通过输入中断控制 QB0 的输出，在 I0.0 的上升沿（中断事件 0）使 QB0=01010101，在 I0.3 的下降沿（中断事件 7）使 QB0=10101010。

控制程序如图 15-11 所示。在主程序中，将中断事件 0 与中断程序 INT-0 连接起来；将中断事件 7 与中断程序 INT-1 连接起来，并全局允许中断。

在中断程序 0 中，将 85 送 QB0 输出；在中断程序 1 中，将 170 送 QB0 输出。

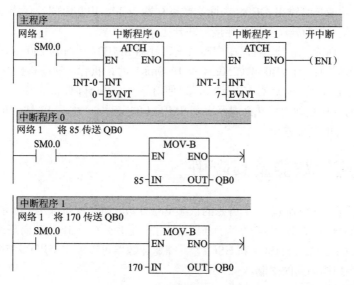

图 15-11　控制案例 15-4 程序

【控制案例 15-5】　现有 8 只彩灯 HL0～HL7，用 QB0 控制，要求每隔 1s 点亮一只，形成流水灯光的效果，并循环工作。试通过定时中断控制彩灯的工作。

彩灯控制程序如图 15-12 所示，其由主程序 OB0、子程序 SRB-0 和中断程序 INT-0 三部分组成。

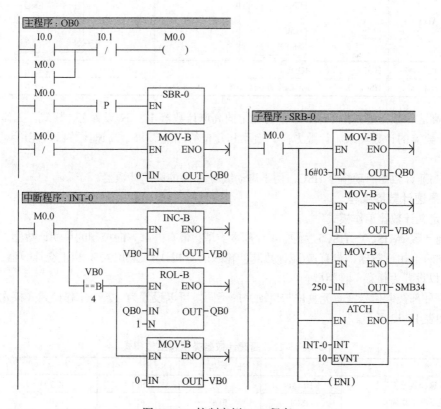

图 15-12　控制案例 15-5 程序

① 主程序的功能是启/停控制、调用子程序（脉冲执行只调用 1 次）和停止时将 QB0 清 0。

② 子程序的功能是给输出 QB0、中断次数寄存器 VB0、中断时间寄存器 SMB34 置初值，将第 10 号中断事件与中断程序 INT-0 连接，并开通此中断。

③ 中断程序的功能，是当子程序中中断时间寄存器 SMB34 计时到 250ms 时，即刻进入中断程序，使 VB0 自动增 1；当 VB0=4（250ms×4=1000ms）时，执行一次左移指令，使 QB0 左移 1 位（彩灯左移点亮 1 只），然后对 VB0 清 0，以便对下一个 1s 计时。

本案例控制的特点是利用特殊继电器字节 SMB34 的定时，产生第 10 号中断事件去执行 0 号中断程序，实现彩灯的循环移位工作。

15.5　高速计数器及其应用

PLC 普通计数器只能对频率几十赫兹的低频信号计数，如果需要对几千赫兹及以上的高频信号计数，就要使用高速计数器。S7-200 系列 PLC 为用户提供了 6 个 32 位双向高速计数器 HSC0～HSC5（CPU221、CPU222 无 HSC1 和 HSC2）。高速计数器可以独立于用户程序工作，不受输入端延迟时间和程序扫描周期的限制。

15.5.1　高速计数器指令

高速计数器定义和高速计数器启动指令的格式如表 15-11 所示。

表 15-11　高速计数器指令

项　　目	定义高速计数器	启动高速计数器
梯形图（LAD）	HDEF ─┤EN　ENO├─ ─┤HSC ─┤MODE	HSC ─┤EN　ENO├─ ─┤N
指令表（STL）	HDEF　HSC, MODE	HSC　N
操作数的范围	HSC: 0～5　　MODE: 0～11	N: 0～5

① 高速计数器定义指令 HDEF，为指定的高速计数器 HSCN 设置工作模式。工作模式定义了高速计数器的计数输入、计数方向、启动和复位等功能。每个高速计数器只能用一条 HDEF 指令。

② 高速计数器启动指令 HSC，用于启动编号为 N 的高速计数器。

15.5.2　高速计数器编程

1. 定义计数器工作模式

高速计数器 HSC0～HSC5，具有 4 种基本类型：带有内部方向控制的单相计数器、带有外部方向控制的单相计数器、带有增/减计数脉冲输入的双相计数器和 A/B 相正交计数器。HSC0～HSC5 可以设置为任意一种类型。

根据外部控制信号（有无复位与启动）的不同，可以设置为 12 个工作模式（模式 0～模式 11），如表 15-12 所示。

表 15-12　高速计数器类型和工作模式

项　　目	计数器标号	计 数 信 号	计 数 方 向	复 位 信 号	启 动 信 号
高速计数器标号	HSC0	I0.0	I0.1	I0.2	
及各种工作模式	HSC1	I0.6	I0.7	I1.0	I1.1
对应的控制信号	HSC2	I1.2	I1.3	I1.4	I1.5

续表

项　目	计数器标号	计 数 信 号	计 数 方 向	复 位 信 号	启 动 信 号
高速计数器标号	HSC3	I0.1			
及各种工作模式	HSC4	I0.3	I0.4	I0.5	
对应的控制信号	HSC5	I0.4			
高速计数器类型	工作模式				
1　带有内部方向控制的单相计数器	模式 0	计数脉冲			
	模式 1	计数脉冲		有	
	模式 2	计数脉冲		有	有
2　带有外部方向控制的单相计数器	模式 3	计数脉冲	方向控制		
	模式 4	计数脉冲	方向控制	有	
	模式 5	计数脉冲	方向控制	有	有
3　带有增/减计数脉冲输入的双相计数器	模式 6	增计数脉冲	减计数脉冲		
	模式 7	增计数脉冲	减计数脉冲	有	
	模式 8	增计数脉冲	减计数脉冲	有	有
4　A/B 相正交计数器	模式 9	计数脉冲 A	计数脉冲 B		
	模式 10	计数脉冲 A	计数脉冲 B	有	
	模式 11	计数脉冲 A	计数脉冲 B	有	有

在使用高速计数器时，除了要定义它的工作模式外，还必须正确地使用它的输入点。同一个输入点不能同时用于两个不同的功能，但是任何一个没有被高速计数器当前模式使用的输入点，可以被用作其他用途。例如，如果 HSC0 正被用于模式 1，它占用 I0.0（计数输入信号）和 I0.2（复位信号），则 I0.1 可以被 HSC3 占用。

2. 设置控制字节

定义了高速计数器的工作模式后，就可通过对其控制字的设置进行动态编程。

每个高速计数器在特殊存储区拥有各自的控制字节，如表 15-13 所示。控制字节用来定义高速计数器的计数方式和其他一些设置，如设置高速计数器 HSC1 的控制字为 16#E8，其控制字的含义如表 15-14 所示。然后用 HDEF 指令定义高速计数器 HSC1 的工作模式为模式 11，其控制程序如图 15-13（a）所示，外部接线如图 15-13（b）所示，图中 A 相信号输入接 I0.6，B 相信号输入接 I0.7，外部复位信号接 I1.0，外部启动信号接 I1.1。这样，就完成了高速计数器 HSC1 的设置与外部接线。

表 15-13　高速计数器的控制字节

HSC0	HSC1	HSC2	HSC3	HSC4	HSC5	说　明
SM37.0	SM47.0	SM57.0	—	SM147.0	—	0 为复位高电平有效；1 为复位低电平有效
—	SM47.1	SM57.1	—	—	—	0 为启动高电平有效；1 为启动低电平有效
SM37.2	SM47.2	SM57.2	—	SM147.2	—	0 为 4×计数率；1 为 1×计数率
SM37.3	SM47.3	SM57.3	SM137.3	SM147.3	SM157.3	0 为减计数；1 为增计数
SM37.4	SM47.4	SM57.4	SM137.4	SM147.4	SM157.4	写入计数方向：0 为不更新；1 为更新
SM37.5	SM47.5	SM57.5	SM137.5	SM147.5	SM157.5	写入预置值：0 为不更新；1 为更新
SM37.6	SM47.6	SM57.6	SM137.6	SM147.6	SM157.6	写入初始值：0 为不更新；1 为更新
SM37.7	SM47.7	SM57.7	SM137.7	SM147.7	SM157.7	HSC 允许：0 为禁止 HSC；1 为允许 HSC

表 15-14　HSC1 控制字

控制位	1	1	1	0	1	0	0	0
位说明	允许 HSC	更新初始值	更新预置值	不更新计数方向	增计数器	4×计数率计数	启动高电平有效	复位高电平有效

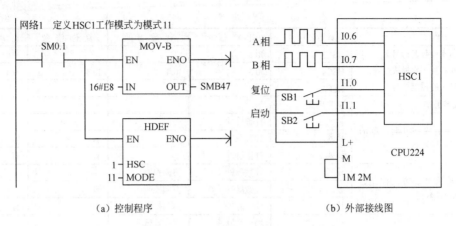

网络1　定义HSC1工作模式为模式11

（a）控制程序　　　　　　　　　　　　　（b）外部接线图

图 15-13　高速计数器定义示例

3．写入初始值和预置值

每个高速计数器都有一个 32 位的初始值和一个 32 位的预置值，均为带符号整数。通过初始化编程，把初始值和预置值写入对应的特殊存储器单元，然后启动 HSC 指令，即可完成高速计数器初始值和预置值的设定与更新。高速计数器存储单元如表 15-15 所示。

表 15-15　高速计数器存储单元

计数器号	HSC0	HSC1	HSC2	HSC3	HSC4	HSC5
初始值	SMD38	SMD48	SMD58	SMD138	SMD148	SMD158
预置值	SMD42	SMD52	SMD62	SMD142	SMD152	SMD162
当前值	HC0	HC1	HC2	HC3	HC4	HC5

4．指定中断服务程序

PLC 是采用中断方式处理高速计数事件的，如所有高速计数模式都支持在 HSC 的当前值等于预置值时产生一个中断事件；使用外部复位信号的计数模式支持外部复位中断；除模式 0、1 和 2 外，所有计数器模式都支持计数方向改变的中断。每种中断事件，都要指定对应的中断服务程序，并执行中断服务程序完成相应的控制任务。

15.5.3　高速计数器应用案例

【控制案例 15-6】　使用高速计数器 HSC0，对 I0.0 输入的高速脉冲信号计数，当计数值大于 50 时，Q0.0 置位输出；当复位信号到来时，Q0.0 复位。

本案例应用带有外部方向控制的单相计数器编程。单相计数器为具有一相计数脉冲输入的计数器，计数方向由外部信号 I0.1 控制，I0.1=0 为减计数，I0.1=1 为增计数。

1．硬件接线

硬件接线如图 15-14（a）所示，系统自动分配 I0.0 为高速计数器 HSC0 的计数信号输入端，I0.1 为增/减计数方向控制信号，I0.2 为复位输入信号。

2．控制程序

（1）主程序　主程序如图 15-14（b）所示。网络 1 用于调用子程序 SBR-0。

（2）子程序 SBR-0　子程序 SBR-0 见图 15-15，其功能是对 HSC0 进行初始化。首先将控制字 16#F8（11111000）送 SMB37，此字节的设置包括允许 HSC0，更新初始值、预置值和计数方向，选择增计数等。然后定义高速计数器 HSC0 为模式 4，初始值置 0，设预置值为 50，连接中断事件 12 到中断程序 INT-0，连接中断事件 28 到中断程序 INT-1，并全局开中断，最后启动 HSC0。

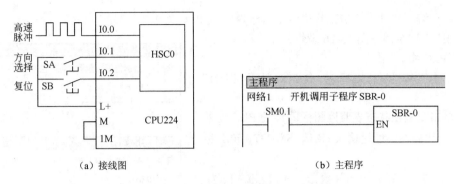

（a）接线图　　　　　　　　　　　　　（b）主程序

图 15-14　控制案例 15-6 接线图和主程序

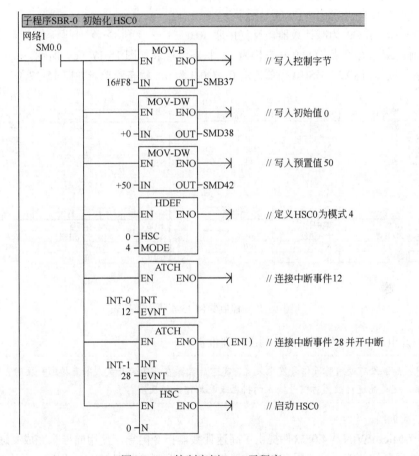

图 15-15　控制案例 15-6 子程序

（3）中断程序 INT-0（见图 15-16）　其功能是当计数器当前值大于等于预置值时，产生中断事件 12，执行中断程序 INT-0，使 Q0.0 置位。

（4）中断程序 INT-1（见图 15-16）　其功能是当外部复位信号到来时，产生中断事件 28，执行中断程序 INT-1，使 Q0.0 复位。

3. 技能训练（程序调试）

程序编辑、调试步骤如下。

① 按图 15-14（a）完成单相高速计数器硬件接线。检查并确认接线正确无误。

② 接通电源，将 PLC 状态开关置于"TERM"（终端）位置。

③ 启动编程软件，单击工具栏停止图标■，使 PLC 处于"STOP"状态。

④ 根据图 15-14～图 15-16 编辑程序。编译无误后下载到 PLC 中。

⑤ 单击工具栏运行图标▶，使 PLC 处于"RUN"状态。

⑥ 单击工具栏状态表监控图标📋，使 PLC 处于监控状态，然后在地址栏输入 HC0、SMB37、I0.1 和 Q0.0。

⑦ I0.1=1，HSC0 为增计数器，其状态监控表如图 15-17（a）所示。反复接通 I0.0，计数器当前值大于 50 时，Q0.0 为 1，如图 15-17（b）所示。

⑧ I0.1=0，HSC0 为减计数器，反复接通 I0.0，计数器当前值减小为负值，Q0.0 状态仍为 1，状态监控表如图 15-17（c）所示。

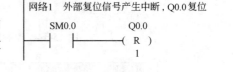

图 15-16　控制案例 15-6 中断程序

⑨ 按复位按钮 I0.2，HSC0 当前值清 0，Q0.0 为 0，状态监控表如图 15-17（d）所示。

	地址	格式	当前值
1	HC0	有符号	+39
2	SMB37	十六进制	16#F8
3	I 0.1	位	2#1
4	Q0.0	位	2#0

（a）

	地址	格式	当前值
1	HC0	有符号	+65
2	SMB37	十六进制	16#F8
3	I 0.1	位	2#1
4	Q0.0	位	2#1

（b）

	地址	格式	当前值
1	HC0	有符号	-25
2	SMB37	十六进制	16#F8
3	I 0.1	位	2#0
4	Q0.0	位	2#1

（c）

	地址	格式	当前值
1	HC0	有符号	+0
2	SMB37	十六进制	16#F8
3	I 0.1	位	2#1
4	Q0.0	位	2#0

（d）

图 15-17　控制案例 15-6 状态监控表

⑩ 断开电源。总结实训要点，写出实训报告。

> **注意：** 如果没有使用脉冲信号发生装置，高速计数器在一般的开关或触点接通一次时，可能计数出多个数值，这是高速计数器对信号输入的抖动或毛刺作出的反应。

4．创新训练

STEP7-Micro/WIN V4.0 软件提供了高速计数器指令向导，使用向导来完成高速计数器的编程，会使编程更加便捷。试应用高速计数器指令向导编制控制案例 15-6 程序，并上机调试成功。

> **提示：** 单击工具栏 [工具]→[指令向导]，在弹出的"指令向导"界面选择"HSC"，单击"下一步"按钮，按"HSC 指令向导"提示，可完成高速计数器的编程。

15.6　PLC 与变频器的应用

变频器是理想的调速设备。变频器与 PLC 配合使用，构成自动控制系统，可方便地实现设备的调速与节能运行。

15.6.1　西门子变频器 MM430

1．MM430 操作面板

将变频器状态显示板 SDP 拆下，装上基本操作面板 BOP-2，如图 15-18 所示。通过 BOP-2 的操作，可以设置变频器有关的运行参数。

2．MM430 参数设置

将电动机的参数输入变频器，同时根据控制要求，将变频器相关参数也输入变频器。变频器 MM430 的参数设置如表 15-16 所示。

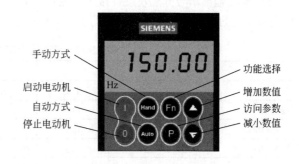

图 15-18　BOP-2 操作面板

表 15-16　变频器 MM430 参数设置表

项　　　目	参　　　数	设　定　值	说　　　明
恢复工厂设置值	P0010	30	调试用的参数（缺省设置值）
	P0970	1	复位为工厂设置值
快速调试	P0003	1	用户参数访问级（标准级）
	P0004	0	访问全部参数
	P0010	1	快速调试
	P0100	0	功率单位为 kW，频率缺省值为 50Hz
	P0304	IN000=380	电动机额定电压 380V
	P0305	IN000=1.6	电动机额定电流 1.6A
	P0307	IN000=0.55	电动机额定功率 0.55kW
	P0308	IN000=0.86	电动机额定功率因数 0.86
	P0309	IN000=0.92	电动机额定效率 0.92
	P0310	IN000=50	电动机额定频率 50Hz
	P0311	IN000=1440	电动机额定转速 1440r/min
	P0700	2	命令源选择"由端子排输入"
	P1080	30	电动机运行的最低频率（Hz）
	P1082	50	电动机运行的最高频率（Hz）
	P1120	2	斜坡上升时间（s）
	P1121	2	斜坡下降时间（s）
	P3900	2	快速调试结束
正反转指令	P0701	2	ON 为接通并正向，OFF 为停止
	P0702	2	ON 为接通并反向，OFF 为停止
运行指令	P0700	1；2	命令源：BOP-2 面板输入为 1；端子输入为 2
	P1000	1	频率给定（MOP 给定）
	P1110	0	允许反向运行
	P1300	2	适用可变转矩负载（风机、泵）

以上参数按顺序调试好后，电动机将按设定的最低频率 30Hz 运行。如果要改变电动机旋转的速度，可改变设定的最低频率数值，以实现电动机调速的目的。

3．MM430 应用案例

（1）控制要求　在交流变频调速拖动系统中，根据生产工艺要求，往往需要选择工频或变频运行。变频运行时，电动机可以正转运行，也可以反转运行；当变频器异常时，切换到工频运行；根据需要也可将电动机由工频运行切换到变频运行。

（2）输入/输出信号分配及硬件接线　输入/输出信号分配如表 15-17 所示。PLC 与变频器控制电动机调速的主电路及硬件接线如图 15-19 所示。

表 15-17　输入输出信号分配表

输入（I）			输出（O）		
元　件	作　用	信号地址	元　件	作　用	信号地址
按钮 SB1	启动	I0.0	由 PLC 送给变频器	变频正转控制信号	Q0.0
按钮 SB2	停止	I0.1		变频反转控制信号	Q0.1
按钮 SB3	工频正转运行	I0.2	接触器 KM1	变频器输入电源控制	Q0.4
按钮 SB4	工频反转运行	I0.3	接触器 KM2	变频器输出电源控制	Q0.5
按钮 SB5	变频正转运行	I0.4	接触器 KM3	工频正转电源控制	Q0.6
按钮 SB6	变频反转运行	I0.5	接触器 KM4	工频反转电源控制	Q0.7
热继电器 FR1	过载保护	I0.6			

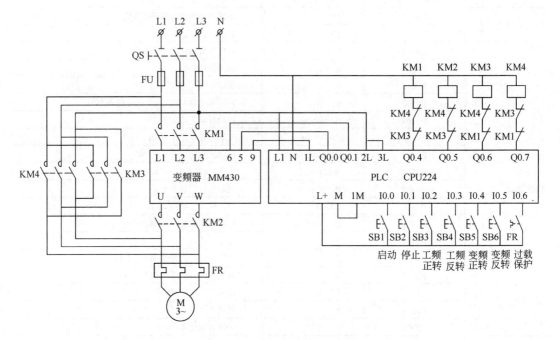

图 15-19　主电路及硬件接线图

变频器的输出端绝对不允许外加电源，否则将造成变频器的损坏。所以控制 KM3、KM4 的输出继电器 Q0.6、Q0.7 与控制 KM1、KM2 的输出继电器 Q0.4、Q0.5 不能同时输出，为此，在外部接线上 KM3 和 KM4 与 KM1 和 KM2 之间加了电气互锁。

PLC 的输出点 Q0.0 和 Q0.1，为电动机变频正转与变频反转的控制信号，其控制电源由变频器的 9 端提供。当输出继电器 Q0.0 得电，变频器的 5 端接通，电动机得到变频正转信号；当输出继电器 Q0.1 得电，变频器的 6 端接通，电动机得到变频反转信号。当变频器加上电源时，电动机就能按控制要求运行。

（3）PLC 控制程序　PLC 控制程序梯形图如图 15-20 所示。

（4）运行调试

① 熟悉变频器使用注意事项，正确接好变频器的电源线和接地线。

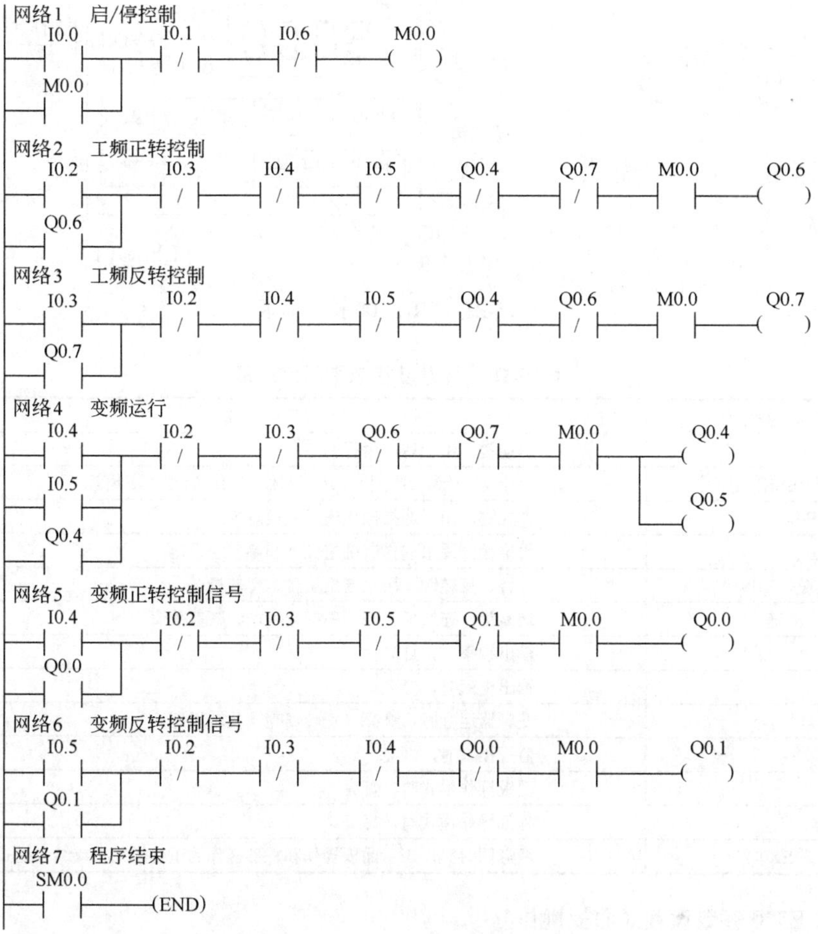

图 15-20　PLC 控制程序梯形图

② 掌握用操作面板 BOP-2 设置参数的方法，正确设置变频器的参数。

③ 启动编程软件，单击工具栏停止图标 ■，使 PLC 处于"STOP"状态。

④ 根据图 15-20 编辑程序。编译无误后下载到 PLC 中。

⑤ 单击工具栏运行图标 ▶，使 PLC 处于"RUN"状态。

⑥ 给变频器加上电源，检查变频器参数设置是否正确。若不符合控制要求，应重新设置与调试变频器的相关参数，直到满足控制要求为止。

⑦ 按图 15-19 完成主电路及 PLC 外部硬件接线，并确认接线的正确性。

⑧ 确认控制系统及程序正确无误后，分步骤通电试车，先试验变频情况下电动机的正转与反转运行；正确无误后，再试验工频情况下电动机的正转与反转运行。

⑨ 在老师指导下，分析调试过程中所出现的故障及原因。

⑩ 按实训过程写出实训报告（重点在变频器参数的设置与调试上）。

15.6.2　三菱通用变频器 FR-E500

1. FR-E500 操作面板

FR-E500 操作面板如图 15-21 所示。通过面板操作，可以设置变频器运行参数和进行工作状态监视。操作面板按键及工作状态指示灯的功能如表 15-18 所示。

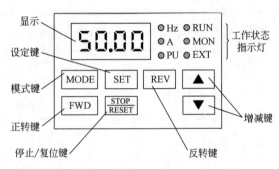

图 15-21　FR-E500 操作面板

表 15-18　按键及状态指示灯功能

按键、状态指示灯	功　　能
RUN 键	启动键，用于启动运行
STOP/RESET 键	停止/复位键，用于停止运行和保护动作后复位变频器
MODE 键	模式键，用于选择操作模式或设定模式
SET 键	设定键，用来选择或确定频率和参数的设定
FWD 键、REV 键	正转、反转键，用来给出正转、反转指令
▲键、▼键	增减键，连续增、减频率或连续增、减参数值
Hz 灯	输出频率时，灯亮
A 灯	输出电流时，灯亮
RUN 灯	变频器运行时，灯亮（正转灯亮，反转闪烁）
MON 灯	监视模式时，灯亮
PU 灯	面板操作模式时，灯亮
EXT 灯	外部操作模式时，灯亮
PU 灯、EXT 灯	两灯同时亮，表示面板操作和外部操作的组合模式 1 或组合模式 2

2．FR-E500 参数设置（面板操作）

（1）接通电源　面板显示[监视模式 0.00]。

（2）模式切换　反复按[MODE]键，轮流出现[频率设定模式　0.00]→[参数设定模式　Pr]→[操作模式 PU]→[帮助模式 HELP]→返回[监视模式 0.00]。

> 注意：频率设定模式仅在操作模式为面板操作模式时显示。

（3）显示输出内容　在监视模式下，按[SET]键，轮流显示输出频率、输出电流、输出电压和报警监视。

（4）频率设定　在面板操作模式下，用[MODE]键切换到[频率设定模式]，显示[0.00]，按[▲]、[▼]键增减频率，按[SET]键写入新的频率值。写入成功，出现闪烁的"F"，按[MODE]键，返回频率监视。

（5）参数设定　如将参数 Pr 79（操作模式选择）的设定值由"0"（外部操作模式）变更为"1"（面板操作模式）。操作过程如下：用[MODE]键切换到[参数设定模式]→出现[Pr]→按[SET]键→[P000]百位闪烁→按[SET]键→[P000]十位闪烁→按[▲]、[▼]键直到显示[P070]→按[SET]键→[P070]个位闪烁→按[▲]键显示[P079]→按[SET]键→显示现在的设定值"0"→按[▲]键→显示变更值"1"→按[SET]键 1.5s 以上→显示闪烁的[Pr 79]，变更成功。如果不显示闪烁的[Pr 79]，说明没有按[SET]键 1.5s 以上，应重新设定。

（6）操作模式　在 Pr 79"操作模式选择"的设定值为"0"时，按[▲]、[▼]键，则进入面板点动操作模式[JOC]或外部操作模式[OPEN]。对于其他的设定值（1～8）的情况，按照各自的内容，限定操作模式。

（7）恢复出厂设定值的操作 出厂设定值一般能满足大多数用户的控制要求，因此在使用前可先恢复出厂设定值。操作过程如下：按[MODE]键切换到[帮助模式]→显示[HELP]→按[▲]键→显示报警记录[E.H15]→按[▲]键→显示清除报警记录[Er.CL]→按[▲]键→显示清除参数[Pr.CL]→按[▲]键→显示全部清除[ALLC]→按[SET]键→显示参数"0"→按[▲]键→显示参数"1"→按[SET]键→显示闪烁的[ALLC]，则完成恢复出厂设定值。

出厂设定的部分参数如表 15-19 所示。

表 15-19 FR-E500 出厂设定的参数（部分）

项 目	参 数	设 定 值	说 明
工厂设定值	Pr 1	120	上限频率为 120Hz（应修改为 50Hz）
	Pr 2	0	下限频率为 0Hz
	Pr 3	50	基准频率为 50Hz
	Pr 4	50	高速频率为 50Hz
	Pr 5	30	中速频率为 30Hz（可按需要修改）
	Pr 6	10	低速频率为 10Hz（可按需要修改）
	Pr 7	5	启动加速时间为 10s（可按需要修改）
	Pr 8	5	停止减速时间为 10s（可按需要修改）
	Pr 9	10	电子过电流保护电流为 10A（应修改为电动机的额定电流）
	Pr 78	0	0 为电动机可以正/反转；1 为电动机不可以反转
	Pr 79	0	0 为外部操作模式；1 为面板操作模式；3 为外部与面板组合操作模式
	Pr 251	1	输出欠相保护功能有效

3. FR-E500 外部接线

FR-E500 外部接线如图 15-22 所示。控制电路端子符号与功能如表 15-20 所示。

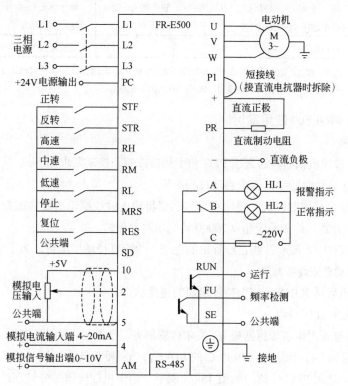

图 15-22 FR-E500 外部接线图

表 15-20　控制电路端子符号与功能说明

端 子 符 号	端 子 功 能 说 明	备　　注
STF	正转控制命令端	输入信号端与 SD 端子闭合有效
STR	反转控制命令端	
RH、RM、RL	高、中、低速及多段速度选择控制端	
MRS	输出停止端	
RES	复位端	
PC	24V DC 负极，外部晶体管公共端的接点（源型）	
SD	24V DC 正极，输入信号公共端（漏型）	与 PC 之间输出直流 24V、0.1A
10	频率设定用电源，5V DC	
2	模拟电压输入端，可设定 0～5V、0～10V	根据模拟电压、电流信号设定频率 5V 或 10V、20mA 对应最大输出频率
4	模拟电流输入端，可设定 4～20mA	
5	模拟量输入公共端	
A、B、C	变频器正常：B-C 为 ON，A-C 为 OFF 变频器故障：B-C 为 OFF，A-C 为 ON	触点容量：AC 230V / 0.3A DC 30V / 0.3A
RUN	变频器正在运行（集电极开路）	变频器输出频率高于启动频率时为低电平，否则为高电平
FU	频率检测（集电极开路）	变频器输出频率高于设定的检测频率时为低电平，否则为高电平
SE	RUN、FU 的公共端（集电极开路）	
AM	监视用模拟信号输出端 （从输出频率、输出电流、输出电压中选择一种监视）	输出电流 1mA，输出直流电压 0～10V，5 为输出公共端
RS-485	PU 通信端口	最长通信距离 500m

注：输入信号公共端（源型）是指信号电流流入公共端；输入信号公共端（漏型）是指信号电流流出公共端；端子 SD、SE 与 5 是不同组件的公共端，不要相互连接也不要接地；PC 与 SD 之间不能短路。

15.6.3　PLC 与 FR-E500 应用案例

1. 控制要求

某纺纱设备纱线机轴的转速采用 PLC 和变频器控制，控制要求如下。

① 为了防止启动时断纱，要求启动过程平稳。

② 纱线到预定长度时停机。使用霍尔传感器将输出纱线机轴的旋转圈数转换成高速脉冲信号送入 PLC 进行计数，达到设定值（70000 转）后自动停机。

③ 在纺纱过程中，随着纱线在纱管上的卷绕，纱管直径逐步增粗。为了保证纱线张力均匀，纱线机轴拖动电动机应逐步减速。

④ 中途停机后再次开车，应保持停机前的速度状态。

2. 纱线机轴转速的检测

纱线机轴转速采用霍尔传感器检测，霍尔传感器有三个端子，分别是正极（接 PLC 的 L+端）、负极（接 PLC 的 M 端）和信号（接 PLC 的 I0.0）。当机轴旋转，磁钢经过霍尔传感器时，产生脉冲信号（I0.0）送入 PLC 计数，如图 15-23 所示。由于机轴转速每分钟高达上千转，可使用高速计数器 HSC0 对 I0.0 的脉冲信号计数。

3．控制电路

纱线机轴转速检测与调速控制电路如图 15-24 所示。主电路负载为 380V/10A/5kW/2 极三相交流异步电动机，采用低压断路器进行短路和过载保护。控制器选 CPU224 型 PLC，变频器为 FR-E540-5.5K-CHT 型，额定容量为 9.1kV·A，适用 5.5kW 以下的电动机。

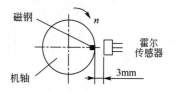

图 15-23　机轴转速的检测

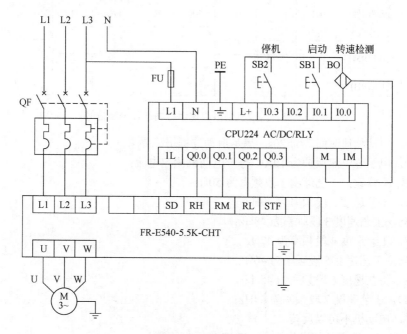

图 15-24　纱线机轴转速检测与调速控制电路

PLC 输入/输出信号分配及控制变频器的端口如表 15-21 所示。

表 15-21　PLC 输入/输出信号分配及控制变频器的端子表

输　入			输　出	
输入元件	输入信号	作　用	输出信号	控制对象
传感器 BO	I0.0	高速计数信号输入	Q0.0	变频器调速控制 1（RH）
按钮 SB1	I0.1	启动	Q0.1	变频器调速控制 2（RN）
按钮 SB2	I0.3	停止	Q0.2	变频器调速控制 3（RL）
			Q0.3	变频器正转控制（STF）

4．变频器参数设置

（1）变频器多段速运行与 PLC 控制信号的关系　变频器多段速运行曲线如图 15-25 所示。在图 15-25 中，用 PLC 的输出信号 Q0.2、Q0.1 和 Q0.0，分别控制变频器的多段速控制端 RL、RM 和 RH，设定了 7 种速度。从工艺速度 1 到工艺速度 7，Q0.2、Q0.1、Q0.0 的状态从 001 变化到 111，对应变频器的输出频率从 50Hz 下降到 44Hz，使电动机逐步降速。Q0.2～Q0.0 的控制信号正好符合二进制数的加 1 运算，便于 PLC 程序控制。

（2）变频器参数设置　首先恢复出厂设定值。然后选择面板操作模式，修改下列参数。

Pr 1=50，上限频率改为 50Hz，防止误操作后频率超过 50Hz；

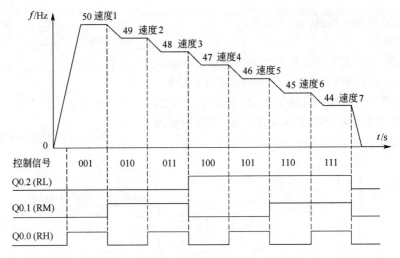

图 15-25　纱线机轴多段速运行曲线及控制信号

Pr 7=20，启动加速时间改为 20s，满足启动过程平稳要求；

Pr 9=10，电子过电流保护为 10A，等于电动机额定电流；

Pr 4=50，不修改，工艺速度 1 段频率为 50Hz；

Pr 5=49，工艺速度 2 段频率为 49Hz；

Pr 26=48，工艺速度 3 段频率为 48Hz；

Pr 6=47，工艺速度 4 段频率为 47Hz；

Pr 25=46，工艺速度 5 段频率为 46Hz；

Pr 24=4，工艺速度 6 段频率为 45Hz；

Pr 27=44，工艺速度 7 段频率为 44Hz；

Pr 78=1，电动机不可以反转。

修改 Pr 79=0，选择外部操作模式，EXT 指示灯点亮。

5．PLC 控制程序

（1）主程序　PLC 控制的主程序如图 15-26（a）所示。

网络 1：初始脉冲 SM0.1 调用高速计数器子程序，并给位存储器的字 MW0 置初值 1，使开机时 Q0.0（M1.0 控制）状态为 ON，变频器输出 50Hz。

网络 2：I0.1 为启动信号，I0.3 为停止信号，Q0.3 为正转控制信号。按下启动按钮，Q0.3 得电并自锁，STF 端接通，变频器按加速时间（20s）启动至 50Hz 的运转频率。当 M1.3 等于 1 时，解除启/停电路的自锁。

网络 3：用 MW0 的最低 3 位（M1.2、M1.1、M1.0）控制输出继电器 Q0.2、Q0.1、Q0.0。中途停车再次开车时，MW0 中数据不变，可以保持停车前的速度状态。

网络 4：当 M1.3 等于 1 时重新给 MW0 置初始值 1。

（2）子程序　PLC 控制的子程序如图 15-26（b）所示，其功能是对高速计数器进行初始化设置（参数设置见图中注释）。高速计数器子程序由高速计数器指令向导完成。程序自动分配 I0.0 为计数信号输入端，纱线机轴每旋转一圈，通过 I0.0 输入一个脉冲信号，HSC0 对其高速脉冲信号计数。在当前值等于预设值时产生中断事件 12，通过中断处理实现调频换速控制。

（3）中断程序　中断程序如图 15-27 所示。在中断程序中，完成 1 次计数任务（10000），MB1 字节增 1，通过 M1.2、M1.1、M1.0 使 Q0.2、Q0.1、Q0.0 分别控制变频器多段速控制端 RL、RM、RH 接通或断开，变频器按设定的多段输出频率控制电动机逐步降速运行。每中断 1 次，HSC0 重新从 0 开始计数。

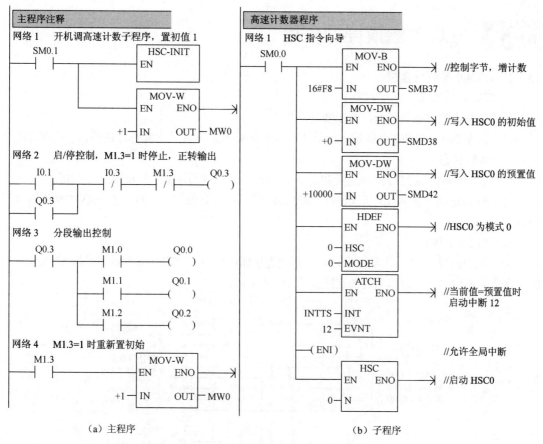

（a）主程序　　　　　　　　　　　　　（b）子程序

图 15-26 PLC 控制的主程序和子程序

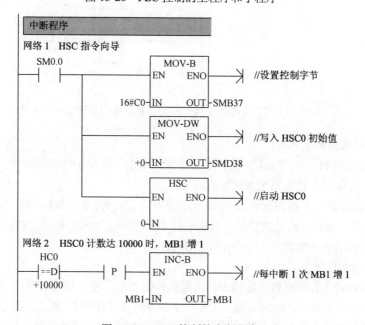

图 15-27 PLC 控制的中断程序

当 MB1=8 时（总旋转圈数为 10000×7=70000 转），M1.3 通电，Q0.3 断电，变频器控制电动机按减速时间（10s）停止，MW0 重新置初值 1，为下次运行做好准备。

15.7 PLC 与触摸屏的应用

15.7.1 EB500 系列触摸屏

1．触摸屏的功能

触摸屏是人机交互的界面，其主要功能如下。

（1）状态监视 以数据、图形、指示灯等形式反映 PLC 内部状态和存储的数据，从而直观地反映系统运行状态。

（2）过程控制 通过触摸屏改变 PLC 内部状态位和存储的数据，以实现过程控制。

（3）数据处理 接入工厂局域网，通过实时采样和信息处理，实现数据共享和设备的远程控制。

2．触摸屏的接口

为了使触摸屏与 PLC 正常通信，必须正确连接通信电缆。EB500 系列触摸屏与 S7-200 系列 PLC 和计算机的接口及通信电缆的连接如图 15-28 所示。

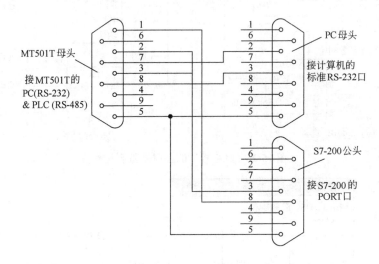

图 15-28 EB500 触摸屏与 PLC 和计算机的接口及通信电缆连接

3．触摸屏系统参数设置

为了使触摸屏与 PLC 正常通信，除将其通信接口用通信电缆正确连接以外，还必须进行触摸屏"系统参数"的设置，设置系统参数的方法如下。

打开 EasyBuilder2.7.1 组态软件，在[编辑]主菜单中，选择[系统参数]项，弹出如图 15-29 所示"设置系统参数"窗口。在此窗口中，只需选择 PLC 机型（如 SIEMENS S7/200），其他相关通信参数，系统会自动填上推荐值，点击[确定]即可。

4．操作主画面设计

在 EasyBuilder2.7.1 组态软件编辑窗口，根据控制要求，使用绘图工具或应用软件提供的元件、图库，设计操作主画面；添加变量（变量用于触摸屏操作按钮与 PLC 之间建立联系）并修改变量属性（使读取的设备和地址、输出的设备和地址与 PLC 编程中的地址一致）；添加文字标签（元件功能说明）；再通过[工具]菜单，进行[编译]、[离线模拟]或[在线模拟]操作，确认操作界面正确无误后，将项目文件保存并下载到触摸屏中。

图 15-29 设置系统参数窗口

15.7.2 PLC 与触摸屏控制案例

1. 控制要求

某传送带系统如图 15-30 所示。M1、M2、M3 和 M4 分别为四级传送带的拖动电动机，控制要求如下。

① 4 台电动机依次相隔 5s 顺序启动，即 M1→M2→M3→M4；每台电动机工作时，要有信号灯指示。

② 4 台电动机依次相隔 6s 逆序停止，即 M4→M3→M2→M1；在启动过程中，若需要停机，也要按逆序依次相隔 6s 停止。

③ 为了便于调试，系统需要手动和自动

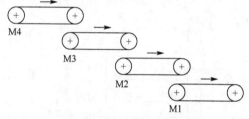

图 15-30 四级传送带示意图

两种操作方式；为便于机旁与控制室操作，系统采用按钮与触摸屏联合控制。

④ 要有应急停机控制；当任意一台电动机发生过载时，传送带立即停止工作。

⑤ 在系统运行过程中，通过触摸屏，能根据需要设定各时间常数。

2. 硬件设计

（1）设备选型及 I/O 信号分配 控制器选 CPU224 型 PLC；触摸屏选 EB500 系列 MT510T 型；开关、按钮、接触器等选型从略。I/O 信号分配如表 15-22 所示，PLC 输入/输出硬件接线如图 15-31 所示。

表 15-22 PLC 输入/输出信号分配表

输 入 元 件	输 入 信 号	作 用	输 出 信 号	输 出 元 件	控 制 对 象
开关 SA	I0.0	手动/自动切换	Q0.0	接触器 KM1	电动机 M1
按钮 SB1	I0.1	启动（自动）	Q0.1		指示灯 HL1
按钮 SB2	I0.2	停止（手动/自动）	Q0.2	接触器 KM2	电动机 M2

输 入 元 件	输 入 信 号	作 用	输 出 信 号	输 出 元 件	控 制 对 象
按钮 SB3	I0.3	1 级传送带手控启动	Q0.3		指示灯 HL2
按钮 SB4	I0.4	2 级传送带手控启动	Q0.4	接触器 KM3	电动机 M3
按钮 SB5	I0.5	3 级传送带手控启动	Q0.5		指示灯 HL3
按钮 SB6	I0.6	4 级传送带手控启动	Q0.6	接触器 KM4	电动机 M4
按钮 SB7	I0.7	急停	Q0.7		指示灯 HL4
热继电器	I1.0	过载保护			

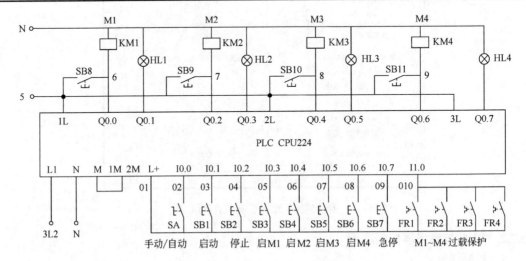

图 15-31　PLC 输入/输出硬件接线图

（2）主电路　四级传送带系统控制的主电路如图 15-32 所示。

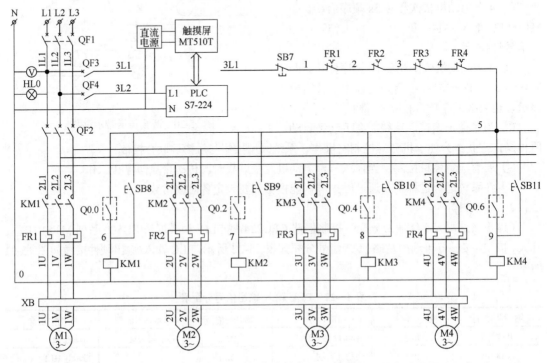

图 15-32　四级传送带系统控制原理图

3．软件设计

（1）触摸屏操作主画面　触摸屏操作的主画面如图 15-33 所示，其中手动/自动方式切换开关的属性设置如图 15-34 所示。时间设置界面如图 15-35 所示，其中"+"按钮的属性设置如图 15-36 所示。

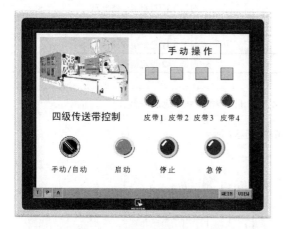

图 15-33　触摸屏操作主画面

图 15-34　切换开关元件属性设置

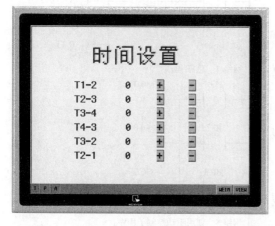

图 15-35　时间设置界面

图 15-36　"+"按钮属性设置

（2）触摸屏变量　触摸屏变量与 PLC 编程的地址如表 15-23 所示。

表 15-23　触摸屏变量与 PLC 编程的地址

触摸屏变量	PLC 编程地址	说　明
手动/自动	M0.0	触摸屏手动/自动切换开关
启动	M0.1	触摸屏启动按钮（自动方式）
停止	M0.2	触摸屏停止按钮（手动/自动）
急停	M0.3	触摸屏急停按钮
皮带 1	M0.4	触摸屏启动皮带 1 按钮
皮带 2	M0.5	触摸屏启动皮带 2 按钮
皮带 3	M0.6	触摸屏启动皮带 3 按钮
皮带 4	M0.7	触摸屏启动皮带 4 按钮
手动/自动标志	M1.0	手动/自动控制标志

续表

触摸屏变量	PLC 编程地址	说　明
T 1-2	VW0	定时器 T37 设定值存储单元
T 2-3	VW2	定时器 T38 设定值存储单元
T 3-4	VW4	定时器 T39 设定值存储单元
T 4-3	VW6	定时器 T40 设定值存储单元
T 3-2	VW8	定时器 T41 设定值存储单元
T 2-1	VW10	定时器 T42 设定值存储单元

注意： 读取的设备和地址、输出的设备和地址必须与 PLC 编程中的地址一致。

（3）PLC 控制主程序　PLC 控制的主程序如图 15-37 所示。

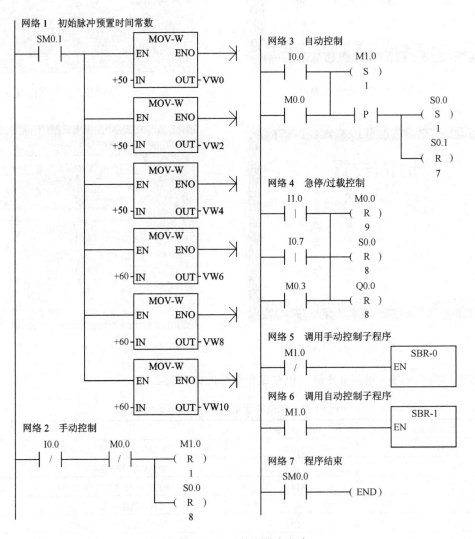

图 15-37　PLC 控制的主程序

（4）PLC 手动控制子程序　PLC 手动控制的子程序如图 15-38 所示。
（5）PLC 自动控制子程序　PLC 自动控制的子程序如图 15-39 所示。

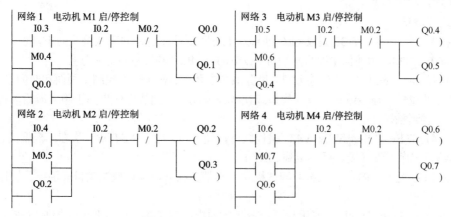

图 15-38　PLC 手动控制的子程序

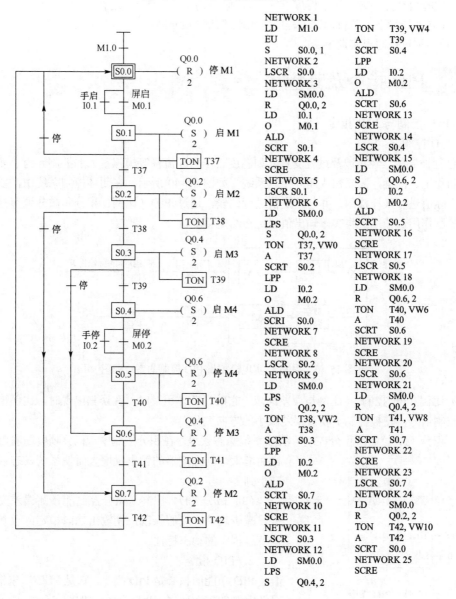

NETWORK 1		
LD	M1.0	TON　T39, VW4
EU		A　T39
S	S0.0, 1	SCRT　S0.4
NETWORK 2		LPP
LSCR S0.0		LD　I0.2
NETWORK 3		O　M0.2
LD	SM0.0	ALD
R	Q0.0, 2	SCRT　S0.6
LD	I0.1	NETWORK 13
O	M0.1	SCRE
ALD		NETWORK 14
SCRT S0.1		LSCR　S0.4
NETWORK 4		NETWORK 15
SCRE		LD　SM0.0
NETWORK 5		S　Q0.6, 2
LSCR S0.1		LD　I0.2
NETWORK 6		O　M0.2
LD	SM0.0	ALD
LPS		SCRT　S0.5
S	Q0.0, 2	NETWORK 16
TON	T37, VW0	SCRE
A	T37	NETWORK 17
SCRT S0.2		LSCR　S0.5
LPP		NETWORK 18
LD	I0.2	LD　SM0.0
O	M0.2	R　Q0.6, 2
ALD		TON　T40, VW6
SCRI S0.0		A　T40
NETWORK 7		SCRT　S0.6
SCRE		NETWORK 19
NETWORK 8		SCRE
LSCR S0.2		NETWORK 20
NETWORK 9		LSCR　S0.6
LD	SM0.0	NETWORK 21
LPS		LD　SM0.0
S	Q0.2, 2	R　Q0.4, 2
TON	T38, VW2	TON　T41, VW8
A	T38	A　T41
SCRT S0.3		SCRT　S0.7
LPP		NETWORK 22
LD	I0.2	SCRE
O	M0.2	NETWORK 23
ALD		LSCR　S0.7
SCRT S0.7		NETWORK 24
NETWORK 10		LD　SM0.0
SCRE		R　Q0.2, 2
NETWORK 11		TON　T42, VW10
LSCR S0.3		A　T42
NETWORK 12		SCRT　S0.0
LD	SM0.0	NETWORK 25
LPS		SCRE
S	Q0.4, 2	

图 15-39　PLC 自动控制的子程序

4. 运行调试

① 按图 15-31、图 15-32 完成 PLC 外部及主电路硬件接线，并确认接线的正确性。

② 按图 15-28，用通信电缆将触摸屏 MT510T 与 PLC 和计算机分别连接。

③ 打开 EasyBuilder2.7.1 组态软件，设置系统参数，组态触摸屏控制主画面和时间设置界面，设置相关元件属性。通过编译、离线模拟或在线模拟操作，确认操作界面正确无误后，将项目文件保存并下载到触摸屏中。

④ 启动 STEP7-Micro/WIN V4.0 编程软件，使 PLC 处于"STOP"状态。根据图 15-37～图 15-39 编辑程序。编译无误后下载到 PLC 中。

⑤ 使 PLC 处于"RUN"状态并调试程序（不带负载），确认控制逻辑（手控、屏控）的正确性。

⑥ 确认控制系统及程序正确无误后，分步骤通电空载试车，先试验手动控制方式（手控/屏控），再试验自动控制方式（手控/屏控）。正确无误后，可带负载运行。

⑦ 在老师指导下，分析调试过程中所出现的故障及原因。

⑧ 按实训过程写出实训报告。

15.8 PID 指令及其应用

15.8.1 PID 控制与 PID 指令

1. PID 控制

在过程控制中，经常涉及过程变量（如温度、压力和流量等模拟量）的控制。为了使过程变量的控制稳定、准确，需要构成闭环控制系统，如图 15-40 所示。在闭环控制系统中，要对过程变量的实际值进行采样检测，并与给定值进行比较，通过 PID（比例、积分和微分调节控制）调节器的控制作用，使系统将实际输出值稳定在给定值上。

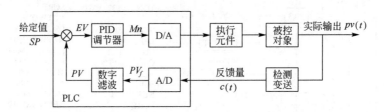

图 15-40 用 PLC 实现模拟量 PID 控制的系统框图

（1）比例（P）控制　比例与误差同步，它的调节作用及时。在误差出现时，比例控制能立即给出控制信号，使被控制量朝着误差减小的方向变化。

（2）积分（I）控制　积分控制可消除系统稳态误差。在积分控制中，积分项会随着时间的积累而增大，使控制器的输出量增大而使系统稳态误差逐渐减小到零。

（3）微分（D）控制　微分控制能预测误差变化的趋势，减少超调，克服振荡，使输出趋向稳定，改善系统在调节过程中的动态特性。

2. PID 指令

PID 功能的核心是 PID 指令，它是 PLC 厂家根据 PID 算法编制的控制程序。PID 指令盒如图 15-41 所示，TBL

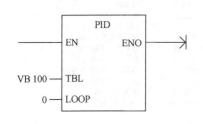

图 15-41 PID 指令

是回路变量表的起始地址，LOOP 是回路编号（0～7），一个应用程序中，最多可使用 8 个 PID 控制回路。

PID 指令回路变量表及部分参数的意义如表 15-24 所示，该表的长度为 80 个字节，在 PID 指令中用输入参数 TBL 指定回路变量表的起始地址（如 VB100）。

表 15-24　PID 指令回路变量表及部分参数的意义

偏移地址	参　数　名	数据格式	类　　型	说　　　明
0	过程变量（PVn）		输入	过程变量当前值，应在 0.0～1.0 之间
4	给定值（SPn）		输入	给定值，应在 0.0～1.0 之间
8	输出值（Mn）		输入/输出	输出值，应在 0.0～1.0 之间
12	增益（K_C）		输入	比例增益，常数，可正可负
16	采样时间（T_S）	双字实数	输入	单位为 s，应为正数
20	积分时间常数（T_I）		输入	单位为 min，应为正数
24	微分时间常数（T_D）		输入	单位为 min，应为正数
28	积分项前值（MX）		输入/输出	积分项前值，应在 0.0～1.0 之间
32	过程变量前值（$PVn-1$）		输入/输出	最近一次 PID 运算的过程变量值

由表 15-24 可知，PID 功能块只接受 0.0～1.0 之间的实数作为给定、反馈和控制输出的有效数值。因此，必须把外部实际的过程量与 PID 功能块处理的数据进行输入/输出的转换和标准化处理。如果直接使用 PID 功能块编程，编程的工作量和难度都较大。S7-200 系列 PLC 编程软件提供了 PID 指令向导，可以直接完成这些转换和标准化处理及编程工作。

3．PID 指令向导

编程软件 STEP7-Micro/WIN 提供的 PID 指令向导，可以帮助用户方便地生成一个闭环过程 PID 控制的子程序和中断程序，用户只需在主程序中调用 PID 向导生成的子程序，就能完成 PID 控制任务。建议使用该向导对 PID 编程，以避免不必要的错误。PID 指令向导编程步骤如下。

（1）运行 PID 向导　在 STEP7-Micro/WIN 主菜单中选择[工具]→[指令向导]，在出现的对话框中选择"PID"，就进入 PID 指令向导界面。

（2）定义 PID 回路编号　S7-200 系列 PLC 提供了 8 个回路（0～7）的 PID 功能，程序中每条 PID 指令必须使用不同的回路，如选择"0"，单击"下一步"，就进入 PID 回路参数设置界面，如图 15-42 所示。

（3）设定 PID 回路参数　回路参数是提供给向导生成 PID 子程序的控制参数。如给定值 SP 的范围（默认范围为 0.0～100.0）；比例增益（如 1.0）；积分时间（如 10.00min）；微分时间（如 0.00min）；采样时间（如 1.0s）等。

（4）设定回路输入/输出值　如图 15-43 所示。

单极性：输入信号在 0～10V 或 0～20mA 范围变化时选用。

双极性：输入信号在 ±10V 或 ±5V 范围变化时选用。

20%偏移量：4～20mA 单极性输入时选用（4mA 是 20mA 信号的 20%）。因为 20mA 对应 32000，所以 4mA 对应 6400。

输出类型：可选择模拟量输出或数字量输出。模拟量输出用来控制一些需要模拟量给定的设备，如比例阀、变频器等；数字量输出可以控制输出点的通、断状态按照一定的占空比变化，如控制固态继电器等。

（5）设定回路报警选项　回路报警包括过程变量的低值报警、高值报警和模拟量模块错误状态报警等三项。如果不选报警项，单击"下一步"，就进入数据存储区定义界面。

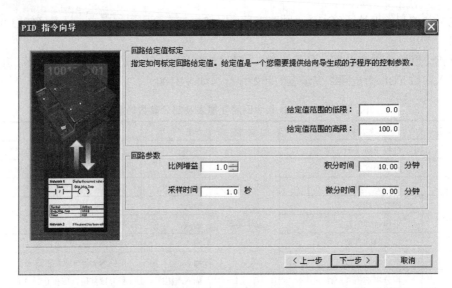

图 15-42   设置 PID 参数

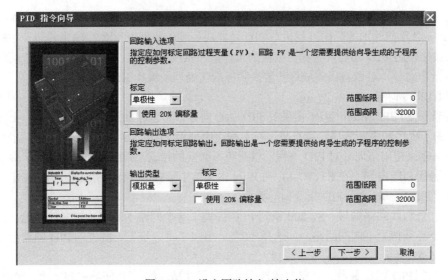

图 15-43   设定回路输入/输出值

（6）指定 PID 运算数据存储区   PID 指令需要 120B 的 V 区进行运算工作，用户要为其指定起始地址（在"建议地址"中指定），且保证程序中不重复使用这些内存空间。

（7）定义 PID 子程序和中断程序名   向导默认的初始化子程序名为"PID0-INIT"，中断程序名为"PID-EXE"（可以自行修改）。该界面"增加 PID 的手动控制"选项用于添加 PID 手动控制方式。

（8）生成 PID 子程序、中断程序和全局符号表   单击"完成"按钮，将在项目中生成上述 PID 子程序、中断程序和全局符号表，如图 15-44 所示。

（9）在主程序中调用 PID 子程序   在完成向导配置后，只要在主程序块中使用 SM0.0 来无条件调用子程序 PID0-INIT 即可（中断程序会自动执行），如图 15-45 所示。需要注意的是，在程序的其他部分不能再使用 SMB34 定时中断，也不要对 SMB34 进行复制。

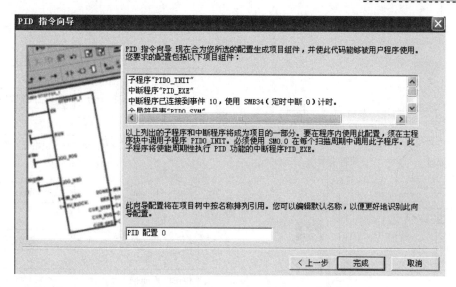

图 15-44 生成 PID 子程序、中断程序和全局符号表

PID0-INIT 子程序包括以下几项。

① 反馈过程变量值地址 PV-I，如 AIW0。

② 设定值 Setpoint-R，如 50.0。

③ 手动/自动控制方式选择 Auto-Manual，如 M0.2。

④ 手动控制输出值 Manual Output，如 0.5。

⑤ PID 控制输出值地址 Output，如 AQW0。

（10）实际运行并调试 PID 参数 将 PID 控制程序、数据块下载到 PLC 里，查看"数据块"

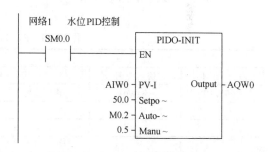

图 15-45 主程序中调用 PID 子程序

及"符号表"，可以找到 PID 指令所用的控制回路变量表，包括比例系数、积分时间等。将此表的地址复制到"状态表"中，可以在监控模式下在线修改 PID 参数。

15.8.2 PID 控制案例

1. 工艺过程及控制要求

如图 15-46 所示，锅筒是一种汽水分离设备，它的作用是将汽水混合物分离出高温高压的蒸汽，再将凝结下来的水回流到给水系统中。根据工艺要求，锅筒的水位应控制在锅筒中心–100～+100mm 之间。LCA 为水位检测、控制与报警装置。通过检测锅筒水位的高度，由 PLC 和变频器控制给水泵，实现设备的调速与节能运行。

根据系统控制要求，首先需要检测锅筒水位。从安全角度考虑，应设置锅筒水位上/下限报警（+150mm/–150mm）。当水位超过上限时，系统指令使水泵停止运行；当水位低于下限时，系统指令使水泵全速运行；当水位大于+100mm 时，水泵变频低速运行；当水位小于–100mm 时，水泵变频高速运行；当水位大于–100mm 而小于+100mm 时，通过 PID 调节控制水位。控制流程如图 15-47 所示。

2. 控制系统设计

（1）PLC 选型及 I/O 信号分配 本系统需要 4 个数字量输出点（工频/变频运行控制、水位上/下限报警控制），1 个模拟量输入点（水位采样）和 1 个模拟量输出点（水位控制输出）。选用 CPU224 型 PLC 作为控制器，另选取一个具有 4 个模拟量输入通道的 EM231 模块和一个具有 2 个模拟量输出通道的 EM232 模块。PLC 的 I/O 信号分配如表 15-25 所示。

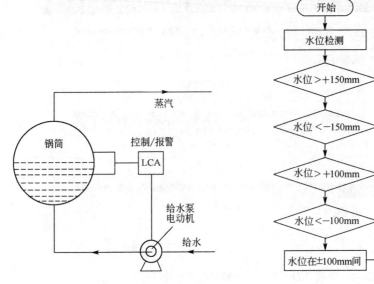

图 15-46　锅筒水位控制示意图

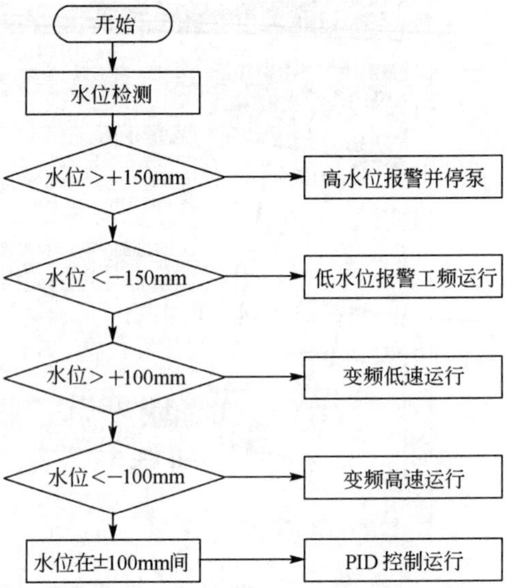

图 15-47　锅筒水位控制流程图

表 15-25　PLC 的 I/O 信号分配表

输　入			输　出		
输入元件	信　号	作　用	信　号	控制对象	作　用
传感器 LT	AIW0	水位检测	Q0.0	接触器 KM1	工频运行
			Q0.1	接触器 KM2	变频运行
			Q0.2	指示灯 HL1	高水位报警
			Q0.3	指示灯 HL2	低水位报警
			AQW4	变频器 VVF	水位控制

（2）电气控制系统　电气控制原理如图 15-48 所示。图中 VVF 为变频器，电动机的工频运行与变频运行分别由接触器 KM1、KM2 控制。SA 为"手动/自动"控制转换开关，当开关置于"手动"位置时，由机旁手动控制给水泵运行；当开关置于"自动"位置时，由 PLC 通过变频器控制给水泵运行。手动与自动两种控制互为闭锁。HL1、HL2 为水位上限和下限报警指示灯。PLC 外部接线如图 15-49 所示。

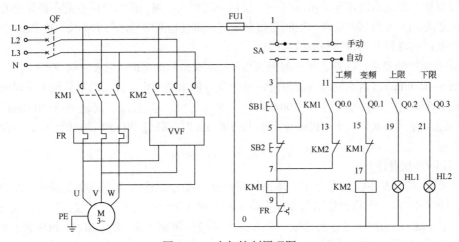

图 15-48　电气控制原理图

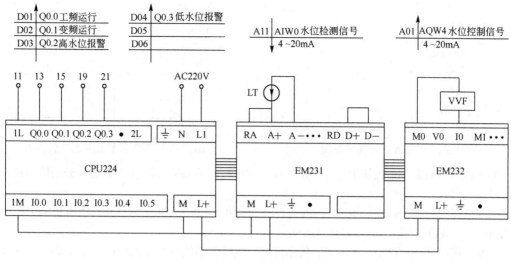

图 15-49　PLC 外部接线图

3．系统程序设计

（1）输入信号与 A/D 转换值的关系　首先要弄清楚输入信号（水位 L）与 A/D 模块转换后数值（数字量 X）的对应关系。转换时需要考虑变送器输出的量程与模拟量模块输入/输出的量程，找出被测物理量与 A/D 转换后数值之间的比例关系。

锅筒水位由压差变送器 LT 检测，变送器的输出信号为 4~20mA。而模拟量输入模块 EM231 是将 0~20mA 的输入信号转换为 0~32000 的数字量，4~20mA 对应的 A/D 转换数值应为 6400~32000，如图 15-50 所示。

因为　$\dfrac{L-(-300)}{X-6400}=\dfrac{300-(-300)}{32000-6400}$

所以　$L=\dfrac{600}{25600}(X-6400)-300$

$X=\dfrac{25600}{600}(L+300)+6400$

由此可得水位 L 与 A/D 转换数值 X 之间的对应关系，如表 15-26 所示。

表 15-26　输入信号与 A/D 转换数值

项　目	水位测量范围 −300～+300mm	水位控制范围 −100～+100mm	水位高/低限报警点 +150mm/−150mm
输入信号	4~20mA		
A/D 转换数值	6400~32000	14933~23466	25600/12800

（2）PID 控制范围　水位测量范围为−300～+300mm，但系统要求将水位控制在−100～+100mm 之间，所以截取"14933～23466"（对应−100～+100mm）作为 PID 自动调节的范围，并对其进行线性化处理，将"14933～23466"区间数值扩大为"6400～32000"，如图 15-51 所示。

因为　$\dfrac{y-6400}{x-14933}=\dfrac{32000-6400}{23466-14933}$

所以　$y=\dfrac{25600}{8533}(x-14933)+6400\approx3x-38400$

（3）控制程序　梯形图程序及程序注释如图 15-52 所示。

在图 15-52 中，将水位测量信号 AIW0 赋值给 VW220。

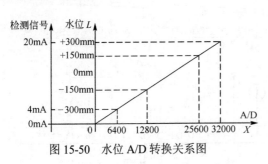

图 15-50　水位 A/D 转换关系图

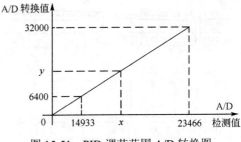

图 15-51　PID 调节范围 A/D 转换图

当水位超过+150mm 或低于-150mm 并持续 30s 时，使 Q0.0 或 Q0.1 输出，分别给出高、低水位报警信号。

当水位超过+100mm 或低于-100mm 时，分别将 0.0（对应 0Hz）和 1.0（对应 50Hz）赋值给 VW226，再经数据转换后赋给 VD254。

当水位在-100～+100mm 区间时，将水位测量值经数据处理及转换后赋给 VW224，作为 PID 自动控制的反馈值。

PID0-INIT 是 PID 向导自动生成的子程序。在自动方式中，每个扫描周期都要调用 PID0-INIT 子程序并执行 PID 调节控制；在手动方式中，通过 VD254 输入进行手动控制。

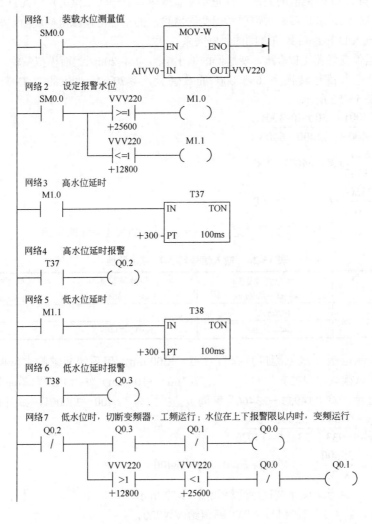

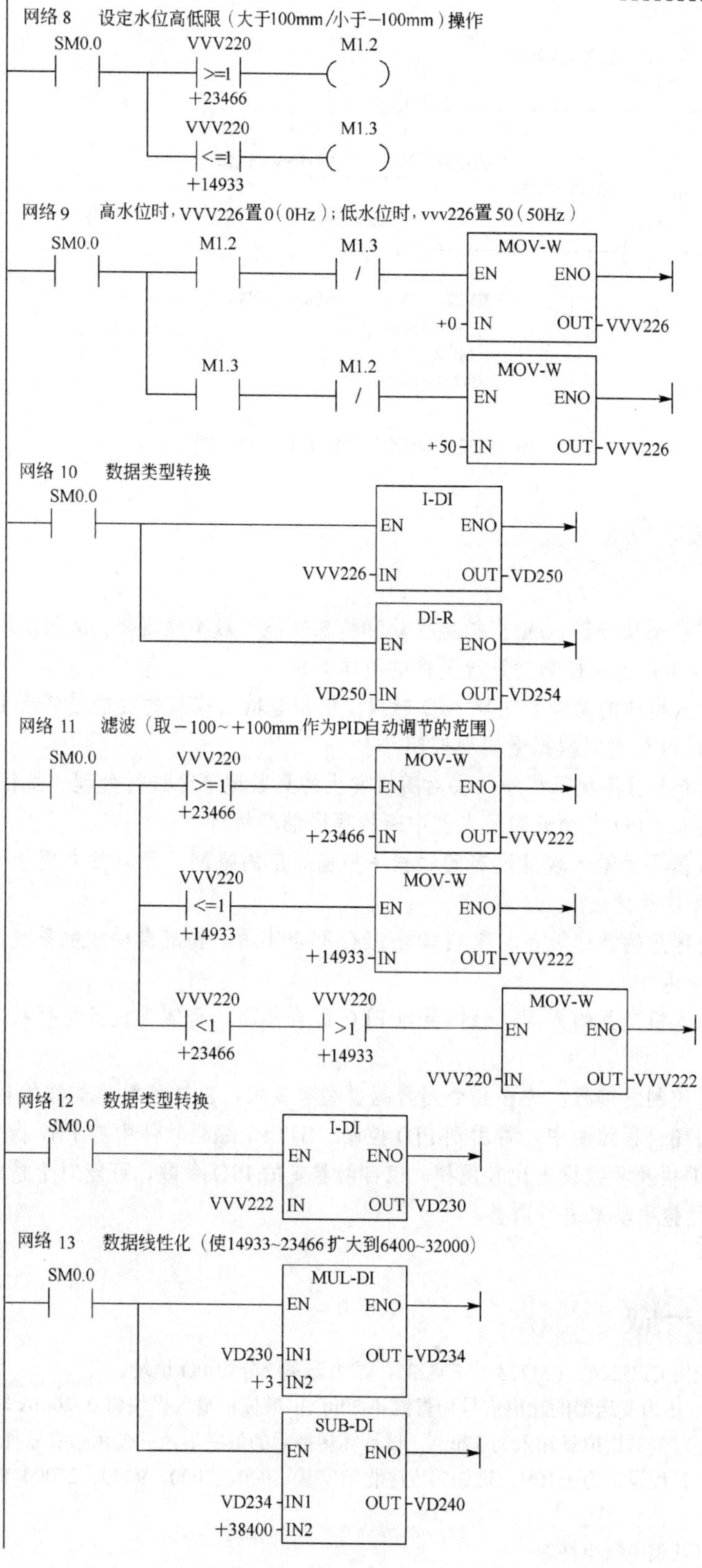

网络 8　设定水位高低限（大于100mm/小于−100mm）操作

```
SM0.0        VVV220              M1.2
 ├┤           ┤>=1├             (   )
            +23466

             VVV220              M1.3
            ┤<=1├              (   )
            +14933
```

网络 9　高水位时，VVV226置0（0Hz）；低水位时，vvv226置50（50Hz）

```
SM0.0        M1.2       M1.3         ┌─────MOV-W─────┐
 ├┤           ┤├         ┤/├         │ EN       ENO  ├──
                                     │               │
                                 +0 ─┤IN       OUT   ├─ VVV226
                                     └───────────────┘

             M1.3       M1.2         ┌─────MOV-W─────┐
              ┤├         ┤/├         │ EN       ENO  ├──
                                     │               │
                                +50 ─┤IN       OUT   ├─ VVV226
                                     └───────────────┘
```

网络 10　数据类型转换

```
SM0.0                     ┌──────I-DI──────┐
 ├┤───────────┬──────────│ EN        ENO   ├──
             │           │                 │
             │   VVV226 ─┤IN         OUT   ├─ VD250
             │           └─────────────────┘
             │
             │           ┌──────DI-R──────┐
             └──────────│ EN        ENO   ├──
                        │                 │
                VD250 ──┤IN         OUT   ├─ VD254
                        └─────────────────┘
```

网络 11　滤波（取−100～+100mm作为PID自动调节的范围）

```
SM0.0      VVV220                ┌─────MOV-W─────┐
 ├┤        ┤>=1├────────────────│ EN       ENO  ├──
          +23466                │               │
                         +23466 ─┤IN       OUT   ├─ VVV222
                                └───────────────┘

           VVV220                ┌─────MOV-W─────┐
           ┤<=1├────────────────│ EN       ENO  ├──
          +14933                │               │
                         +14933 ─┤IN       OUT   ├─ VVV222
                                └───────────────┘

           VVV220      VVV220     ┌─────MOV-W─────┐
           ┤<1├────────┤>1├──────│ EN       ENO  ├──
          +23466      +14933     │               │
                          VVV220 ─┤IN       OUT   ├─ VVV222
                                 └───────────────┘
```

网络 12　数据类型转换

```
SM0.0                ┌──────I-DI──────┐
 ├┤─────────────────│ EN        ENO   ├──
                    │                 │
           VVV222 ──┤IN         OUT   ├─ VD230
                    └─────────────────┘
```

网络 13　数据线性化（使14933～23466扩大到6400～32000）

```
SM0.0                ┌─────MUL-DI─────┐
 ├┤──────┬──────────│ EN        ENO   ├──
        │           │                 │
        │   VD230 ──┤IN1        OUT   ├─ VD234
        │      +3 ──┤IN2              │
        │           └─────────────────┘
        │
        │           ┌─────SUB-DI─────┐
        └──────────│ EN        ENO   ├──
                   │                 │
           VD234 ──┤IN1        OUT   ├─ VD240
          +38400 ──┤IN2              │
                   └─────────────────┘
```

图 15-52

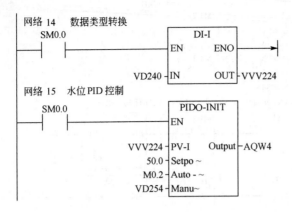

图 15-52　锅筒水位控制梯形图程序

 小　结

① PLC 的扩展模块分输入/输出扩展模块和特殊功能扩展模块两类。这些模块与 PLC 基本单元配合使用，可以满足工业控制对系统硬件的不同要求。

② 模拟量输入模块的功能是实现 A/D 转换；模拟量输出模块的功能是实现 D/A 转换。通过 A/D 及 D/A 转换，PLC 可对模拟量实现控制。

③ 中断是 CPU 暂停现行程序，去对随机发生的更紧迫事件进行处理（执行中断程序）；当该事件处理完毕后，CPU 自动返回原来被中断的程序继续执行。

④ 高速计数器不受输入端延迟时间和程序扫描周期的限制，可以独立用于用户程序对几千赫兹及以上的高频信号计数。

⑤ 变频器是理想的调速设备。变频器与 PLC 配合使用，构成自动控制系统，可方便地实现设备的调速与节能运行。

⑥ 触摸屏是人机交互的界面。触摸屏与 PLC 配合使用，可实现设备运行状态的监视和设备的远程控制。

⑦ 对模拟量控制的编程，许多指令对数据类型有要求，应注意数据类型的转换。

⑧ 模拟量闭环过程控制中，常用到 PID 控制。STEP7 编程软件中有 PID 指令向导，利用其进行 PID 控制器编程及参数设置比较便捷。但自动整定的 PID 参数，可能对于系统来说不是最好的，往往需要凭经验手动来进行调整。

 做一做

1. 某控制系统拟选用 CPU224、EM223 和 EM235，试为该系统分配 I/O 地址。

2. 量程为 0~10MPa 压力变送器的输出信号为直流 4~20mA；模拟量输入模块将 0~20mA 转换为 0~32000 的数字量。如果某时刻的模拟量输入为 12mA，试计算转换后的数字值，并使用仿真软件进行仿真。

3. 如果模拟量输出量程设定为 ±10V，试编写程序将数字量 1000、3000、9000、27000 转换为对应的模拟电压值。

4. 什么是中断？有几类中断事件？

5. 编程实现 I/O 中断。通过中断控制 Q0.0 和 Q0.1 的输出，在 I0.0 接通的上升沿，使 Q0.0 为 ON；在 I0.0 断开的下降沿，使 Q0.1 为 ON。

6. 高速计数器控制字各位的意义是什么？对于带有外部方向控制的高速计数器，怎样控制其加或减计数方向？

7. 用高速计数器 HSC0（模式 1）和中断指令对输入端 I0.0 高速脉冲信号计数，当计数值大于等于 1000 时，输出端 Q0.0 为 ON，当外部复位时，Q0.0 为 OFF。试用高速计数器指令向导编程。

8. 变频器的作用是什么？怎样恢复变频器的工厂设置值？

9. 触摸屏的用途是什么？触摸屏的变量怎样与 PLC 编程的地址关联？

10. 某电动机（Y100L-2，3kW，380V，6.12A，2870r/min）要求三段速运行。当按下低速按钮 SB1 时，低速运行（20Hz）；按下中速按钮 SB2 时，中速运行（35Hz）；按下高速按钮 SB3 时，高速运行（50Hz）；按下停止按钮 SB4 时，减速运行停止。要求三段速之间可任意切换，加减速时间均为 8s。试用变频器与 PLC 配合实现其控制，并设定变频器的相关参数。

项目 16　PLC 控制系统设计

任何一种电气控制系统的设计，都要以满足生产设备或生产过程的工艺要求，以提高生产效率和产品质量为前提，并保证系统安全、稳定、可靠地运行。因此，设计 PLC 控制系统时，应遵循以下原则。

① 实现生产设备、生产过程、生产工艺的全部动作及功能。
② 满足生产设备、生产过程对产品加工质量以及生产效率的要求。
③ 确保系统安全、稳定、可靠地工作。
④ 尽可能地简化控制系统的结构，降低生产、制造成本。
⑤ 改善操作性能，便于维修。
⑥ 考虑生产规模的扩大，适当留有余量。

16.1　PLC 控制系统设计步骤

PLC 控制系统的设计，主要包括控制系统总体设计、硬件设计、软件设计、系统调试和技术文件编制等主要环节，设计的一般步骤如图 16-1 所示。

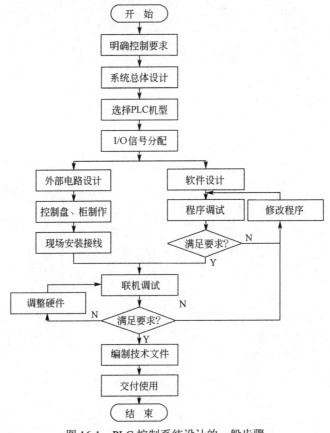

图 16-1　PLC 控制系统设计的一般步骤

1．明确控制要求

进行系统设计前，设计者应深入生产现场，会同现场技术与操作人员，认真研究控制对象的工作原理，充分了解设备、工艺过程需要实现的动作和应具备的功能，并掌握设备中各种执行元件的性能与参数，以便有效地开展设计工作。

在熟悉被控对象结构、原理及工艺过程的基础上，根据工艺流程的特点和要求分析控制要求，拟定控制系统设计的技术条件。技术条件一般以设计任务书的形式给出，它是系统设计的依据。

2．选择控制方案

继电接触器控制系统、PLC 控制系统和微机控制系统是现代机电设备及生产过程常用的控制方式，究竟选择哪一种更合适，这要通过系统的可靠性、技术上的适用性、经济上的合理性等方面的比较论证，最后确定系统控制方案。选择 PLC 控制系统时，应从以下几方面进行考虑。

① 输入、输出信号较多且以开关量为主，也可有少量模拟量。

② 控制对象工艺过程比较复杂，逻辑设计部分用继电接触器控制难度较大。

③ 有工艺变化或控制系统扩充的可能性。

④ 现场处于工业环境，又要求控制系统具有较高的可靠性。

⑤ 系统调试可在现场进行。

3．系统总体设计

系统总体设计应根据控制的要求与功能，确定系统实现的具体措施，由此确定系统的总体结构与组成，选定关键性组成部件，如选择 PLC 的机型，选择人机界面、伺服驱动器、变频器和调速装置等。

总体方案确定后，设计者应会同相关技术人员、用户和供应商等，对总体方案进行评审，以取得项目管理部门、技术人员和操作者的认可。在充分听取各方面意见的基础上，设计者决定是否需要对总体设计方案进行修改。当方案有重大更改时，在修改方案完成后，还应再次进行总体方案的评审。

4．选择 PLC 机型

PLC 机型的选择包括 PLC 的结构、I/O 点数、内存容量、响应时间、输入输出模块及特殊功能模块的选择等。

对于以开关量控制为主的系统，无需考虑 PLC 的响应时间，一般的机型都能满足要求。对于有模拟量控制的系统，特别是闭环控制系统，则要注意 PLC 响应时间，根据控制的实时性要求，可选择高速 PLC，也可选用快速响应模块或中断输入模块来提高响应速度。

若被控对象不仅有逻辑运算处理，同时还有算术运算，如 A/D、D/A、BCD 码、PID、中断等控制，应选择指令功能丰富的 PLC。

若控制系统需要进行数据传输通信，则应选用具有联网通信功能的 PLC。一般 PLC 都带有通信接口，但有些 PLC 通信口仅支持手持式编程器。

估算内存容量。根据运行经验，内存容量的经验计算公式为

内存总字数 ＝ 开关量 I/O 总点数×10 ＋ 模拟量总点数×150

为可靠起见，在此基础上再增加 25% 的裕量，就可确定 PLC 所需的内存容量。

5．选择输入输出设备，分配 I/O 信号

根据被控对象，确定用户所需的输入、输出设备，如控制按钮、行程开关、传感器、接触器、电磁阀、信号灯等各种输入输出设备的型号、规格及数量；根据所选 PLC 的型号，列出输入输出设备与 PLC 的 I/O 地址分配表，以便绘制 PLC 外部 I/O 接线图和编制程序。

确定 I/O 点数时，要按实际 I/O 点数再向上附加 20%～30% 的备用量。I/O 类型主要按 I/O 信号考虑，如数字量、模拟量、电流容量、电压等级、工作速度等。

6．硬件设计

硬件设计是在系统总体设计完成后的技术设计，包括 PLC 的 I/O 电路、负载回路、显示电路、故障保护电路、电源的引入及控制等。在这一阶段，设计人员应根据总体设计方案完成电气控制原理图、电器安装布置图和安装接线图等的设计工作。

在此基础上，应汇编完整的电气元件目录与明细表，提供给生产、供应部门组织生产与采购。同时，根据 PLC 的安装要求与用户的环境条件，结合所设计的电气原理图、电器安装布置图和安装接线图，完成控制盘、柜的制作。

7．软件设计

软件设计就是编制用户应用程序，确定 PLC 及功能模块的设定参数等。为了方便系统调试与维修，在软件设计阶段，还应同时编写程序说明书、注释表等辅助文件。

软件设计应在硬件设计的基础上，充分利用 PLC 强大的指令系统，编制符合设备控制要求的用户应用程序，并使软件与硬件有机结合，以获得较高的可靠性和性价比。

程序设计完成后，应通过 PLC 编程软件所具备的自诊断功能，对程序进行调试和修改，确保满足控制要求。有条件时，可通过必要的模拟与仿真对程序进行测试。

对于初次使用的伺服驱动器、变频器等器件，可以通过检查与运行的方法预先进行离线调整与测试，以缩短现场调试的周期。

8．联机调试

待控制盘、柜及现场安装接线完成后，就可以进行联机调试。如不满足生产工艺控制要求，可再修改程序或调整硬件，直到满足控制要求为止。

PLC 的联机调试，是检查、优化系统软硬件设计，提高系统可靠性的重要步骤。为了保证调试工作的顺利进行，应按照调试前检查、硬件调试、软件调试、空载运行试验、可靠性试验、实际运行试验等规定的步骤进行。

在调试阶段，一切均应以满足控制要求和确保系统安全、可靠运行为准则；它是检验系统硬件、软件设计的唯一标准。任何影响系统安全性、可靠性的设计，都必须予以修改，决不可遗留事故隐患，以免导致严重后果。

9．编制技术文件，交付使用

在设备安全、可靠性得到确认后，设计人员就可着手进行系统技术文件的编制工作，如修改电气原理图、接线图，编写设备操作、使用说明书，备份 PLC 用户程序，记录调整、设定参数等。

文件的编写应正确、全面，必须保证图与实物一致，电气原理图、用户程序、设定参数必须为调试完成后的最终版本。

文件的编写应规范、完整，尽可能为设备使用者以及今后的维修工作提供方便。

16.2　减少 I/O 点数的方法

PLC 每一输入输出点的平均价格高达几十元甚至上百元，减少所需 I/O 的点数，是降低系统硬件费用的主要措施。

16.2.1　减少输入点方法

1．分时分组输入

系统中手动程序和自动程序不会同时执行，将手动和自动这两种工作方式的输入信号分组输入，可减少实际所需输入点，如图 16-2 所示。图中 I1.0 用于选择手动/自动方式（I1.0 为 ON，手动），供手动程序和自动程序切换用。图中二极管用于切断寄生电路，避免错误信号输入。

2．合并输入点

如果某些输入信号在梯形图中总是以"与"、"或"关系出现，就可通过外部电路的串、并联，将其"合并"为一个信号，只占用一个输入点，如图 16-3 所示。一些异地启 / 停控制、保护、报警信号可采用这种输入方式。

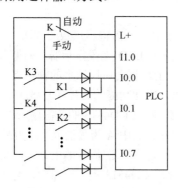

图 16-2　分时分组输入

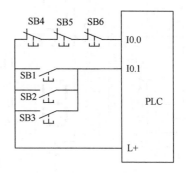

图 16-3　合并输入点

3．外置输入信号

系统中某些功能单一，涉及面窄的输入信号，如一些手动操作按钮、过载保护的触点就没必要作为 PLC 的输入信号，可直接将其设置在输出驱动回路当中，以免占用输入点，如图 16-4 所示。

4．矩阵输入

矩阵输入方式之一如图 16-5（a）所示。当选择开关 SA 选择手动操作方式时，可用按钮进行输入操作；当 SA 选择自动操作方式时，可接收由传感器来的检测信号。

矩阵输入方式之二如图 16-5（b）所示。图中利用输出端口扩展输入点，当 Q0.0 为 ON 时，K1、K2、K3 输入有效；Q0.1 为 ON 时，K4、K5、K6 输入有效；Q0.2 为 ON 时，K7、K8、K9 输入有效。输出端口的状态用软件定义，这种输入方式在 PLC 接入拨盘开关时很有用。矩阵输入可用于有多种输入操作的场合。

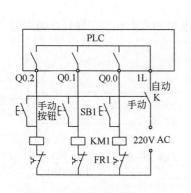

图 16-4　外置输入信号

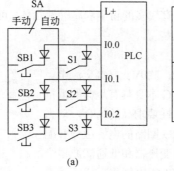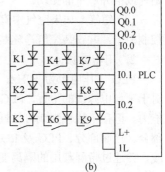

(a)　　　　　　　　　　　　(b)

图 16-5　矩阵输入方式

16.2.2　减少输出点方法

1．减少负载所需输出点数的方法

在输出功率允许的条件下，两个或多个通断状态完全相同的负载并联后，可共用一个输出点。

在需要用指示灯显示 PLC 驱动的负载状态时，可以将指示灯与负载并联。并联时指示灯与负载的额定电压应相同，总电流不应超过允许值。也可以用接触器的辅助触点来控制指示灯或实现 PLC 外部的硬件联锁。

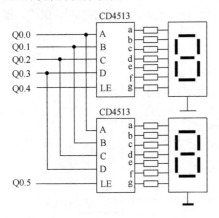

图 16-6　PLC 数字显示电路

系统中某些相对独立或比较简单的部分，可以不进 PLC，直接用继电器来控制，这样同时减少了所需的输入点和输出点。

2．减少数字显示所需输出点数的方法

如图 16-6 所示 LED 七段显示器，如果直接连接在 PLC 的输出端子上，将会占用很多的输出点。图中采用具有锁存、译码、驱动功能的芯片 CD4513 驱动共阴极 LED 七段显示器，两只 CD4513 的数据输入端 A~D 共用 PLC 的 4 个输出端，其中 A 为最低位，D 为最高位。LE 是锁存使能输入端，在 LE 信号的上升沿，将输入数据（BCD 码）锁存在 CD4513 的寄存器中，并将该数译码后显示出来。显然，N 位显示器所占用的输出点数是 $4+N$ 个。如果输入的不是十进制数，显示器熄灭。LE 为高电平时，显示的数不受数据输入信号的影响。

16.3　提高 PLC 控制系统可靠性的措施

PLC 是专门为工业环境设计的控制装置，一般不需要采取什么特殊措施，就可以直接在工业环境使用。但是，如果工业生产环境过于恶劣，电磁干扰特别强烈，或安装使用不当，都不能保证系统的正常运行。因此，在系统设计时，应采取一定的可靠性措施。

1．工作环境

（1）温度　PLC 的工作环境温度应在 0～55℃。安装时，PLC 不能放在发热量大的元件上面，四周通风散热的空间应足够大，开关柜上、下部应有通风的百叶窗。

（2）湿度　为了保证 PLC 的绝缘性能，空气相对湿度一般应小于 85%（无凝露）。

（3）振动　PLC 应远离强烈的振动源，若使用环境不可避免振动时，可用减振橡胶垫来减轻柜内或柜外产生的振动。

（4）空气　如果空气中有较多的粉尘和腐蚀性气体，可将 PLC 安装在封闭性较好的控制室或控制柜中，并安装空气净化装置。

2．工作电源

PLC 工作电源为 50Hz、220V±10%交流电。对于来自电源线的干扰，PLC 本身具有足够的抵抗能力。但在干扰较强或可靠性要求高的场合，动力部分、控制部分、PLC 及 I/O 回路的电源应分开配线，并通过带屏蔽层的隔离变压器和低通滤波器给 PLC 供电，隔离变压器与 PLC 之间采用双绞线连接，如图 16-7 所示。隔离变压器一次侧应接交流 380V 电源，可避免地电流的干扰。

PLC 提供的直流 24V 电源，可为传感器（如光电开关或接近开关）等输入元件提供电源。若输入电路外接直流电源，最好采用稳压电源，因为一般的整流滤波电源有较大的纹波，容易使 PLC 接收到

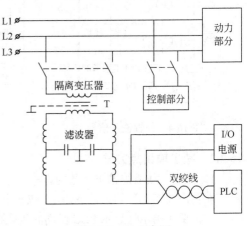

图 16-7　PLC 电源

错误信息。

PLC 电源线截面应根据容量进行选择，一般不小于 $2mm^2$。

3．安装布线

PLC 安装位置应远离强干扰源，如电焊机、大功率硅整流装置和大型动力设备，不能与高压电器安装在同一个开关柜内。

PLC 的输入与输出回路最好分开走线，输入回路接线一般不要超过 30m，输出回路应采用熔丝保护。开关量与模拟量也要分开敷设，模拟量信号的传送应采用屏蔽线，屏蔽层的一端或两端应接地，接地电阻应小于屏蔽层电阻的 1/10。

PLC 的基本单元与扩展单元以及功能模块的连接线缆应单独敷设，以防外界信号干扰。

交流输出线和直流输出线不要用同一根电缆，输出线应尽量远离高压线和动力线，且避免并行。

4．PLC 的接地

良好的接地是保证 PLC 可靠工作的重要条件，可以避免偶然冲击电压的危害。PLC 系统接地的基本原则是单点接地，禁止与其他设备串联接地，最好采用专用接地，接地电阻应小于 4Ω。独立安装的 PLC 基本单元，至少应使用 $2.5mm^2$ 以上的黄绿线与系统保护接地线（PE）连接。

5．冗余系统与热备用系统

在石油、化工、冶金等行业的某些系统中，要求控制装置有极高的可靠性。如果控制系统出现故障，将会造成停产、原料大量浪费或设备损坏，给企业造成极大的经济损失。但是仅靠提高控制系统硬件的可靠性来满足上述要求是远远不够的，因为 PLC 本身可靠性的提高是有一定限度的。使用冗余系统或热备用系统就能有效地解决这一问题。

（1）冗余系统　冗余控制系统中，整个 PLC 控制系统由两套完全相同的系统组成，如图 16-8（a）所示。两块 CPU 模块使用相同的用户程序，主 CPU 工作时，备用 CPU 是被禁止的。当主 CPU 故障时，备用 CPU 自动投入，这一过程由冗余处理单元 RPU 控制完成，包括 I/O 系统的切换，切换时间只用 1~3 个扫描周期。

（2）热备用系统　热备用系统中，两台 CPU 通过通信接口连接在一起，备用 CPU 处于待工作状态，如图 16-8（b）所示。当系统出现故障时，由主 CPU 通知备用 CPU，使备用 CPU 投入运行。这一切换过程一般不是太快，但它的结构要比冗余系统简单。

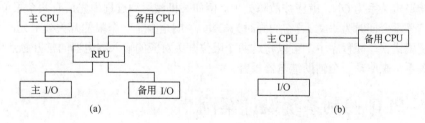

图 16-8　冗余系统与热备用系统

16.4　PLC 的维护与故障诊断

16.4.1　PLC 的维护

PLC 的维护主要包括以下方面。

① 建立系统、设备档案，包括设计图纸、设备明细、程序清单和有关说明等。

② 对大中型 PLC 系统，应制定维护保养制度，做好运行、维护、检修记录。

③ 定期对系统进行检查保养，时间间隔为半年，最长不超过一年。

④ 检查设备安装、接线有无松动现象，焊点、接点有无松动或脱落。

⑤ 除尘去污，清除杂质。

⑥ 检查供电电压是否在允许范围之内。

⑦ 重要器件或模块应有备件。

⑧ 校验输入元件、信号是否正常，有无出现偏差异常现象。

⑨ 定期更换机内后备电池，锂电池寿命通常为 3~5 年。

⑩ 加强对 PLC 使用和维护人员的思想教育及业务素质的提高。

16.4.2　PLC 故障的诊断

PLC 的可靠性很高，本身有很完善的自诊断功能，如果出现故障，借助自诊断程序可以方便地找到出现故障的部件，更换它之后就可以恢复正常工作。

大量工程实践表明，PLC 外部的输入输出元件，如限位开关、电磁阀、接触器等的故障率远远高于 PLC 本身的故障率。这些元件出现故障后，PLC 一般反映不出来，可能使故障扩大，直至强电保护装置动作后才停止，有时甚至会造成设备和人身事故。停机后，查找故障也要花费很长时间。为了及时发现故障，以便在没有酿成事故之前自动停机或报警，应针对系统可能出现的故障，设计故障诊断程序以实现故障的自诊断和自动处理。

1. 超时诊断

机械设备各工步动作所需的时间一般是不变的，即使变化也不会太大。因此，可以以这些时间为参考，在 PLC 发出输出信号使相应的外部执行机构开始动作时，启动一个定时器计时（定时器的设定值应比正常情况下该动作的时间长一些）；如果计时到位（即超时），表明该机构出现故障。例如，设某执行机构在正常情况下运行 10s 后，它所驱动的部件使限位开关动作，发出动作结束信号。在该执行机构开始动作时，启动设定值为 12s 的定时器计时，若 12s 后还没有接收到限位开关的动作信号，可由定时器常开触点启动故障显示和报警程序，发出故障信号，使操作和维修人员迅速判别故障的种类、位置，及时排除故障。

2. 逻辑错误诊断

系统正常运行时，PLC 的输入、输出信号和内部信号之间存在着确定的逻辑关系。如果出现异常信号，则说明出现了故障。因此，在自诊断程序中可以编制一些常见故障的异常逻辑关系，一旦某异常逻辑关系为 ON，就应按故障处理。例如某机械运动过程中先后有两个限位开关动作，但这两个信号不会同时为 ON。若它们同时为 ON，说明至少有一个限位开关被卡死，应停机进行处理。在逻辑错误诊断程序中，可以将这两个限位开关对应的输入继电器的常开触点串联，作为异常逻辑关系，来驱动一个辅助继电器报警。

16.5　PLC 控制系统设计案例

16.5.1　工艺过程与控制要求

1. 工艺过程

某机械手如图 16-9 所示。机械手的左右、上下运动由气缸驱动，并由双线圈两位电磁阀控制。当下降电磁阀通电时，机械手下降；当上升电磁阀通电时，机械手上升。同样，左移、右移分别由左移电磁阀和右移电磁阀控制。机械手的夹紧/放松由一个单线圈两位电磁阀控制。当该线圈通电时，机械手夹紧；当该线圈断电时，机械手放松。

机械手的起点（原点）在左上方。机械手的工作是将工件从 A 点移送到 B 点的工作台上，其动作过程按下降→夹紧→上升→右移→下降→松开→上升→左移的顺序依次进行。为确保安全，

B 点工作台上无工件时，才允许机械手下降释放工件。B 点工作台上有无工件，用光电开关检测。

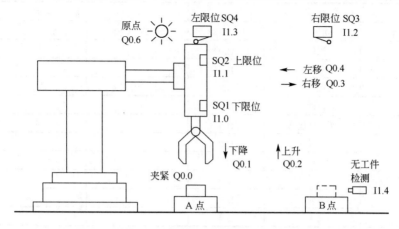

图 16-9 机械手工艺过程示意图

2．控制要求

机械手的操作方式分为手动操作方式和自动操作方式。自动操作方式又分为步进、单周期和连续操作方式。

（1）手动操作 用按钮对机械手的每一步运动单独进行操作控制。例如，按下降按钮，机械手下降，按上升按钮，机械手上升；按右移按钮，机械手右移，按左移按钮，机械手左移；按夹紧按钮，机械手夹持工件，按放松按钮，机械手释放工件。

（2）步进操作 每按一次启动按钮，机械手完成一个动作后自动停止。

（3）单周期操作 机械手从原点开始，按一下启动按钮，机械手自动完成一个周期的动作后停止。

（4）连续操作 机械手从原点开始，按一下启动按钮，机械手的动作将自动地、连续不断地周期性循环。在工作中若按一下停止按钮，机械手将继续完成一个周期的动作后，回到原点自动停止。

16.5.2 机械手 PLC 控制系统设计

1．系统硬件设计

（1）PLC 选型及 I/O 信号分配 由于机械手控制系统输入信号较多，故选 S7-224 AC/DC/RLY（14 入/10 出）型 PLC 一台，再配一个 8 点的输入模块 EM221，其 I/O 信号分配如表 16-1 所示。

表 16-1 机械手外部信号与 PLC 信号地址对照表

输 入 信 号			输 出 信 号		
输 入 设 备	功 能	地 址	输 出 设 备	功 能	地 址
按钮 SB1	启动	I0.0	电磁阀 YV1	夹紧/放松	Q0.0
按钮 SB2	停止	I0.1	电磁阀 YV2	下降	Q0.1
按钮 SB3	上升	I0.2	电磁阀 YV3	上升	Q0.2
按钮 SB4	左移	I0.4	电磁阀 YV4	右移	Q0.3
按钮 SB5	放松	I0.6	电磁阀 YV5	左移	Q0.4
按钮 SB6	下降	I0.3	指示灯 HL	原点指示	Q0.6
按钮 SB7	右移	I0.5			
按钮 SB8	夹紧	I0.7			

续表

输入信号			输出信号		
输入设备	功能	地址	输出设备	功能	地址
限位开关 SQ1	下限位	I1.0			
限位开关 SQ2	上限位	I1.1			
限位开关 SQ3	右限位	I1.2			
限位开关 SQ4	左限位	I1.3			
光电开关 PS	无工件检测	I1.4			
操作方式选择开关 SA	手动操作	I2.0			
	回原点	I2.1			
	单步	I2.2			
	单周期	I2.3			
	自动	I2.4			

（2）I/O 设备选择及接线　机械手控制系统输入信号是 18 个，均为开关量。选择 1 个转换开关，4 个限位开关，8 个控制按钮，1 个光电开关，用于输入信号的接入。输出信号有 6 个，选择 3 个电磁阀，用于机械手下降 / 上升、右移 / 左移和夹紧 / 放松的驱动；1 个用于原点指示的信号灯，如表 16-1 所示（设备型号选择从略）。I/O 设备与 PLC 的接线如图 16-10 所示。

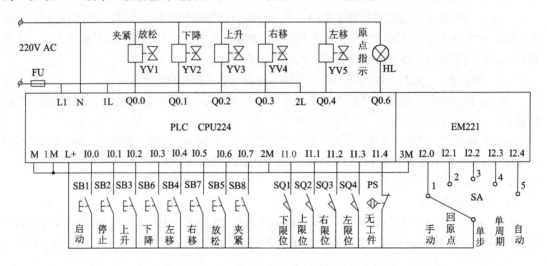

图 16-10　I/O 设备与 PLC 的接线图

（3）操作面板　为了便于操作，将机械手控制开关集中安排，设计的操作面板如图 16-11 所示。

2. 系统软件设计

（1）机械手总体控制程序　系统要求机械手具有手动操作、回原点、步进操作、单周期、自动操作等多种功能，为了便于程序设计，将上述不同功能的操作设计为子程序，再根据系统操作需要（条件）分别调用各子程序，就可实现机械手的控制要求。机械手总体控制程序如图 16-12 所示。

图 16-12 中，通过操作方式选择开关 SA 的输入信号，可选择不同的子程序以实现不同的操作功能。若 I2.0 为 ON，选择手动操作方式；若 I2.1 为 ON，选择回原点控制；若 I2.1 为 ON，选择单步（步进）操作方式；若 I2.3 为 ON，选择单周期控制方式；若 I2.4 为 ON，则为自动控制过程。

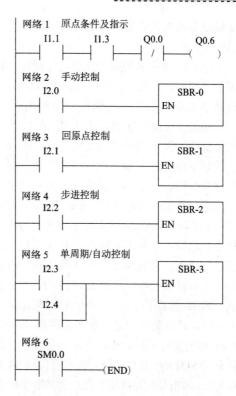

图 16-12　机械手总体控制程序

（2）机械手手动操作程序　机械手手动操作程序如图 16-13 所示。

（3）机械手回原点程序　机械手回原点程序如图 16-14 所示。

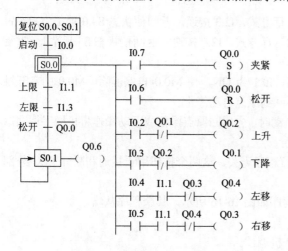

图 16-13　机械手手动操作程序

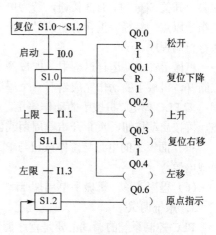

图 16-14　机械手回原点程序

（4）机械手单步操作程序　机械手单步操作程序如图 16-15 所示。当选择开关 SA 接通 I2.2 时，为步进方式。机械手在原点时，Q0.6 指示。按启动按钮使 S2.1 状态置 1，机械手同时下降，碰到下限位开关停止并等待操作命令，再按一下启动按钮，机械手完成夹持工件并等待下一操作命令，顺次操作，每按一下启动按钮，机械手就向前运行一步。

夹紧操作完成以后，机械手应该上升，但程序不会自动执行，这是因为机械手的每步动作都是通过启动按钮完成的，这样可有效地防止误操作。

（5）机械手单周期／自动运行程序　机械手单周期／自动运行程序如图16-16所示。机械手在原点时（原点指示灯 Q0.6 指示），按启动按钮，I0.0 为 ON，使状态 S4.1、S4.2 相继置 1，Q0.1 得电执行下降动作；下降到位碰到下限位开关 SQ1 时，I1.0 接通，状态转移到 S4.3，使 Q0.0 保持输出，执行夹紧动作；定时器 T39 开始计时，延时 2s 后，接通 T39 常开触点使状态 S4.4 置 1，Q0.2 得电执行上升动作；上升到上限位开关 SQ2 时 I1.1 接通，状态转移到 S4.5，Q0.3 得电执行右移动作；右移碰到右限位开关 SQ3 时，I1.2 接通，若 B 点工作台上无工件，I1.4 常闭触点为 ON，转移条件满足，状态转移到 S4.6，Q0.1 得电执行下降动作；下降到位碰到下限位开关 SQ1 时，I1.0 接通，状态转移到 S4.7，使 Q0.0 输出复位，释放工件；定时器 T40 开始计时，延时 2s 后，接通 T40 常开触点使状态 S5.0 置 1，Q0.2 得电执行上升动作；上升到上限位开关 SQ2 时，I1.1 接通，状态转移到 S5.1，Q0.4 得电执行左移动作；左移碰到

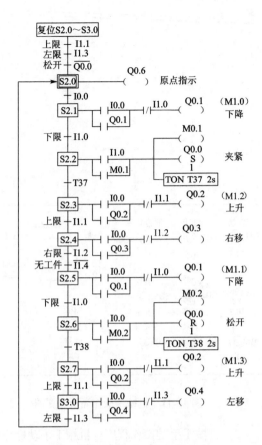

图 16-15　机械手单步操作程序

左限位开关 SQ4 时，I1.3 接通，若为单周期运行方式，I2.3 接通，返回使状态 S4.0 置 1，Q0.6 置位指示原点，并等待重新启动信号；若为自动运行方式，I2.4 接通，返回使状态 S4.1 置 1，重复执行自动程序。

机械手在自动运行过程中，如按停止按钮，I0.1 为 ON，使 M0.0 自保解除，M0.0 的常开触点断开，机械手的动作完成当前一个周期后，回到原点自动停止。

若 PLC 掉电，机械手的动作停止。重新启动时，先用回原点操作或手动操作将机械手调回原点，再按启动按钮，重新开始单周期或自动运行。

操作面板上的电源与急停按钮与 PLC 运行程序无关，这两个按钮用于接通和断开 PLC 外部负载电源。

（6）程序清单　机械手单周期/自动运行程序如图16-16所示，其余程序从略。

3．系统调试

PLC 控制系统的调试主要是程序调试和联机调试。

程序调试时，在选择运行方式的前提下，给定输入信号，运用编程软件或仿真软件的监控和测试功能，观察有关输出信号的变化，看是否满足程序设计的逻辑要求，若有问题，应修改程序，直到满足控制要求为止。

当机械手控制系统在现场安装就绪后，再进行联机调试。通过实际操作观测现场设备的运行状态，并根据现场设备运行情况及工艺要求对程序进一步调试和修改，使软件与现场硬件更为紧密地结合在一起，直到整个程控系统良好运行。

联机调试，不但要求调试人员要对程序逻辑十分清楚，还要求其熟悉所有被控设备的工艺过

程及控制要求。这部分工作量大，要求高，是程序调试的关键。

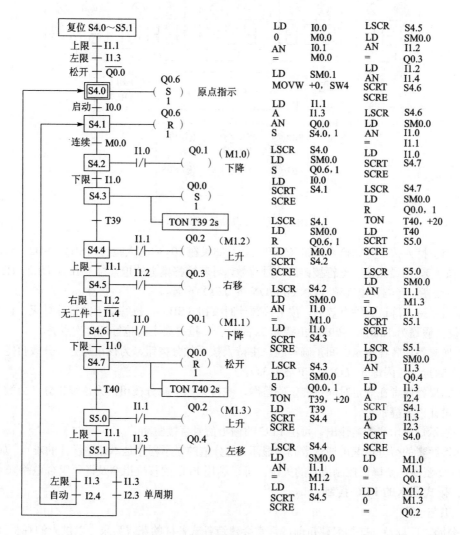

图 16-16 机械手单周期/自动运行程序

16.6 PLC 控制系统设计课题

16.6.1 智力抢答器的 PLC 控制

1. 工艺过程

抢答器是各种形式智力竞赛的评判装置，要求其能够用声、光信号反映竞赛状态，并能显示参赛者的得分情况。现按 5 组参赛考虑，系统组成如图 16-17 所示，在每个抢答桌上有抢答按钮，只有最先按下的抢答按钮有效，并伴有声、光指示。在规定时间答题正确加分，否则减分。

2. 控制要求

① 竞赛开始时，主持人接通启动开关（SA），指示灯 HL6 亮。

② 当主持人按下开始抢答按钮（SB0）后，如果在 10s 内无人抢答，音响（HA）发出持续 1.5s 的声音，指示灯 HL7 亮，表示抢答器自动撤消此次抢答信号。

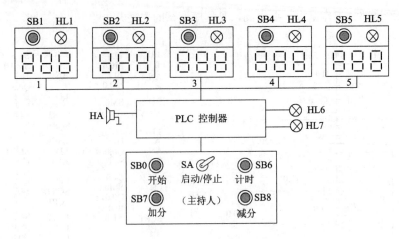

图 16-17　智力抢答器组成框图

③ 当主持人按下开始抢答按钮（SB0）后，如果在 10s 内有人抢答（SB1、SB2、SB3、SB4 或 SB5 按下），则最先按下抢答按钮的信号有效，对应抢答桌上的抢答灯（HL1、HL2、HL3、HL4 或 HL5）点亮，音响发出间歇（ON/OFF/ON 各 0.2s）声音。

④ 当主持人确认抢答有效后，按下答题计时按钮（SB6），抢答桌上的抢答灯灭，计时开始，计时到位（假设为 1min），音响发出持续 3s 的长音，抢答桌上的抢答灯再次点亮。

⑤ 如果答题者在规定时间正确答题，主持人按下加分按钮，为该组加分（分数自定），同时抢答桌上的抢答灯闪烁 3s（ON/OFF 各 0.3s）。

⑥ 如果答题者在规定时间不能正确答题，主持人按下减分按钮，为该组扣分（分数自定）。

3．设计方案提示

① 指示灯显示和音响输出，可由 PLC 的输出信号直接驱动。

② 答题者的得分情况可通过数码管显示，得分值的显示程序是本课题设计的难点。如何节省 PLC 的 I/O 资源，是降低控制成本的关键。可以利用 PLC 的移位指令及译码组合电路来完成。

16.6.2　花式喷水的 PLC 控制

1．工艺过程

在公园、广场及一些知名建筑前，常常会建造各式各样的花式喷泉，以供人们观赏。某花式喷泉如图 16-18（a）所示，图中 4 为中心喷嘴，3 为内环喷嘴，2 为中环喷嘴，1 为外环喷嘴。如果这些喷嘴按一定的规律改变喷水式样，再配以五颜六色的灯光，加之优雅的音乐，就可起到美化环境的效果。

（a）喷嘴布局示意图

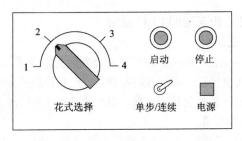

（b）控制面板图

图 16-18　花式喷泉示意图

2．控制要求

① 接通电源，按下启动按钮，喷水控制装置开始工作；按下停止按钮，喷水控制装置停止工作。工作方式由"花式选择开关"和"单步/连续"开关选择。

② "花式选择开关"用以选择喷泉的喷水花样。

a. 选择开关在位置 1 时，按下启动按钮后，4 号喷嘴喷水，延时 2s，3 号喷嘴喷水，再延时 2s，2 号喷嘴喷水，再延时 2s，1 号喷嘴喷水，接着一起喷水 18s 为一个循环。

b. 选择开关在位置 2 时，按下启动按钮后，1 号喷嘴喷水，延时 2s，2 号喷嘴喷水，再延时 2s，3 号喷嘴喷水，再延时 2s，4 号喷嘴喷水，接着一起喷水 30s 为一个循环。

c. 选择开关在位置 3 时，按下启动按钮后，1、3 号喷嘴同时喷水，延时 3s 后，2、4 号喷嘴同时喷水，1、3 号喷嘴停止喷水；交替运行 5 次后，1~4 号喷嘴全部喷水 30s 为一个循环。

d. 选择开关在位置 4 时，按下启动按钮后，1~4 号喷嘴按照 1→2→3→4 的顺序，依次间隔 2s 喷水，然后一起喷水 30s 后停歇 2s，再按照 4→3→2→1 的顺序，依次间隔 2s 喷水，然后再一起喷水 30s 为一个循环。

③ "单步/连续"开关在"单步"位置时，喷泉只能按照"花式选择开关"选定的方式，运行一个循环；在"连续"位置时，喷泉喷水反复循环进行。

④ 不论在什么工作方式，按下停止按钮，喷泉立即停止工作，所有存储器复位。

3．设计方案提示

① 根据花式选择开关的输入信号，可采用跳转指令或子程序编程。

② 在不同功能程序段内，可采用定时器实现顺序控制。

16.6.3 物料自动混合的 PLC 控制

1．工艺过程

物料自动混合的试验装置如图 16-19 所示，主要用于化学反应过程中，液体物料按比例的混合和加热反应控制。自动混合装置的进料由电磁阀 F1~F3 控制（电磁阀动作，对应的信号灯点亮指示），而电磁阀的动作又受液位传感器输入信号的控制。如果物料混合反应需要加热，启用加热器（H）加热，当温度达到规定要求时，温度传感器 T 动作（D4 指示），加热器 H 停止加热。液位位置通过液位传感器分别由 D1、D2 和 D3 指示。混合反应完成，开启放料阀 F4 排料，排料完毕，等待下一工艺过程。

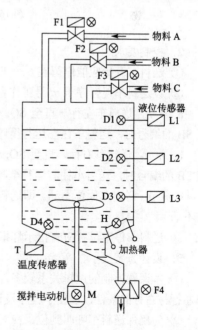

2．控制要求

设计三种物料加热混合反应控制的程序，并在 PLC 和物料自动混合试验装置上运行调试成功。

（1）初始状态 容器是空的，电磁阀 F1~F4、搅拌电动机 M、液位传感器 L1~L3、加热器 H 和温度传感器 T 均为 OFF。

（2）加热混合控制 按启动按钮 SB1，阀 F1 和 F2 同时开启，物料 A、B 同时进入容器；当液位到达 L2（L2 为 ON）时，关闭阀 F1 和 F2，同时开启阀 F3，物料 C 进入容器。

当液位到达 L1（L1 为 ON）时，关闭阀 F3，加热器开始加热，当物料温度达到设定温度（T 为 ON）时，停止加热，搅拌电动机 M 启动，开始搅拌，经 10s 延时后，停止搅拌（M 为 OFF），然后开启阀 F4，

图 16-19 物料自动混合装置示意图

放出混合物料。

当液位下降至 L3 时，再经 5s 延时后，关闭阀 F4。

（3）停止操作　按停止按钮 SB2，在当前工艺过程完成后，停止操作，回到初始状态。

3．设计方案提示

① 物料自动混合过程，从进料→加热→混合反应→放料、液位信号的输入及输出显示实际上是一个顺序操作的控制过程，因此，用步进指令编程比较简便。

② 系统中当前温度的采样与控制，是本课题设计的难点。可采用 FX$_{2N}$-4AD-TC 模块采样，通过比较运算实现。

16.6.4　送料车的 PLC 控制

1．工艺过程

在生产车间，尤其在一些自动化生产线上，需要用一台送料车为各工位配料或收集产品。送料车的运行（如电梯运行一样）是根据多地点请求随机运行的过程。

某车间有 6 个工作台，送料车往返于工作台之间送料，如图 16-20 所示。每个工作台设有一个到位开关（SQ）和一个呼叫按钮（SB）。

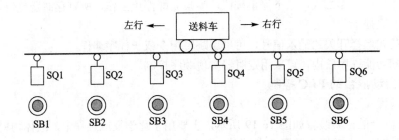

图 16-20　送料车控制系统示意图

2．控制要求

① 送料车开始应能停留在 6 个工作台中任意一个到位开关的位置上。

② 设送料车现暂停于 m 号工作台（SQ$_m$ 为 ON）处，这时 n 号工作台呼叫（SB$_n$ 为 ON）。

a. $m>n$，送料车左行，直至 SQ$_n$ 动作，到位停车。即送料车所停位置 SQ 的编号大于呼叫按钮 SB 的编号时，送料车往左运行至呼叫位置后停止。

b. $m<n$，送料车右行，直至 SQ$_n$ 动作，到位停车。即送料车所停位置 SQ 的编号小于呼叫按钮 SB 的编号时，送料车往右运行至呼叫位置后停止。

c. $m=n$，送料车原位不动。即送料车所停位置 SQ 的编号与呼叫按钮 SB 的编号相同时，送料车不动。

③ 送料车停车位置应有指示灯指示。

3．设计方案提示

① 本课题控制的逻辑关系较多，必须考虑所有的可能，可借助于 I/O 关系表，分别列出送料车左行与右行的条件，以便于程序设计。

② 为确保送料车呼叫到位，应对呼叫信号进行记忆。

③ 实际应用中，如果工位较多，将出现所谓的指令"组合爆炸"现象，可考虑应用传送指令、比较指令、编码指令和译码指令等，使程序得以简化。

16.6.5 材料分拣装置的 PLC 控制

1. 工艺过程

材料分拣装置的结构如图 16-21、图 16-22 所示，它是清华科教仪器厂设计制造的一个模拟工业自动化生产过程的微缩模型，可用于教学演示、实训、技术培训和课程设计。

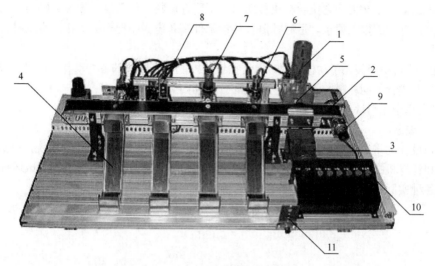

图 16-21 材料分拣装置结构图（前面）

1—料块仓库；2—传送带；3—传送带驱动电机；4—分类储存滑道；5—料仓料块检测传感器；6—电感式识别传感器；

7—电容式识别传感器；8—颜色识别传感器；9—旋转编码器；10—手动操作盘；11—运输固定件

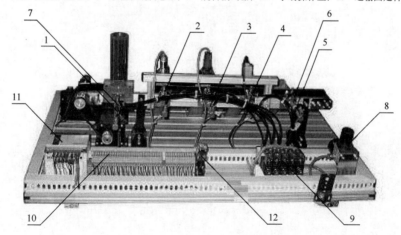

图 16-22 材料分拣装置结构图（后面）

1—推出气缸；2—分拣 1 气缸；3—分拣 2 气缸；4—分拣 3 气缸；5—分拣 4 气缸；6—调速阀；7—气缸位置传感器；

8—减压阀；9—电磁阀；10—信号端子排；11—控制器；12—继电器

该装置采用架式结构，配有控制器（PLC）、传感器（光电式、电感式、电容式、颜色、磁感应式）、旋转编码器、电动机、传送带、气缸、电磁阀、空气减压器和直流电源等，是典型的机电一体化设备，可实现不同材料的自动分拣和归类，并可配置监控软件由上位计算机监控。

2. 控制要求

① 将料块放入料块仓库，当料块检测传感器检测到料块时，系统开始运行，即启动传送带并

由出库气缸将库内最底层料块推上传送带。

② 传送带将料块匀速平稳地送至自动分拣部件。

③ 自动分拣部件由传感器、微型直线气缸及滑道组成。当传感器检测到相应的料块时，对应的气缸将其推入设定的滑道；当料块的材料或颜色为非分拣要求时，经旋转编码器计量后，对应的气缸将其推入应去的滑道。

④ 控制器采用 PLC，它接收料块传感器、不同性质料块传感器、旋转编码器、气缸位置传感器的信号，并根据以上要求，适时控制各传动部件和各电磁换向阀的动作，实现材料自动分拣的工艺过程。

⑤ 手动/自动开关在手动位置时，通过按钮可控制分拣装置的各种动作；在自动位置时，分拣装置将自动进行不同材料、不同颜色料块的分拣和归类。

⑥ 当仓库中无料块时，完成一个分拣过程后自动停机，进入待机状态。

3．设计要求

本课题设计的重点应放在系统及硬件的设计上，以建立完整的 PLC 控制系统，包括机械、电气、气动和计算机技术的综合应用。通过系统调试，培养学生分析和解决系统调试运行过程中可能出现的各种实际问题的能力。

附　　录

描　述	CPU221	CPU222	CPU224	CPU226
电　源				
输入电压	20.4～28.8 V DC / 85～264 V AC（47～63Hz）			
24V DC 传感器电源电流	180mA		280mA	400mA
存　储　器				
用户程序空间	2048 字		4096 字	8192 字
用户数据（EEPROM）	1024 字（永久存储）		2560 字（永久存储）	5120 字（永久存储）
装备（超级电容）	50h/典型值（40℃最少 8h）		190h/典型值（40℃最少 120h）	
（可选电池）	200d/典型值		200d/典型值	
I / O				
本机数字输入/输出	6 / 4	8 / 6	14 / 10	24 / 16
数字 I/O 映像区	256（128 入/128 出）			
模拟 I/O 映像区	无	32（16 入/16 出）	64（32 入/32）	
允许最大的扩展模块	无	2 模块	7 模块	
允许最大的智能模块	无	2 模块	7 模块	
脉冲捕捉输入	6	8	14	24
高速计数	4 个计数器		6 个计数器	
单相	4 个 30kHz		4 个 30kHz	
两相	2 个 20kHz		4 个 20kHz	
脉冲输出	2 个 20kHz（仅限于 DC 输出）			
常　规				
定时器	256 个定时器：4 个 1ms；16 个 10ms；236 个 100ms			
计数器	256（由超级电容器或电池备份）			
内部存储器位	256（由超级电容器或电池备份）			
掉电保护	112（存储在 E^{2}PROM 中）			
时间中断	2 个 1ms 的分辨率			
边沿中断	4 个上升沿和 4 个下降沿			
模拟电位器	1 个 8 位分辨率		2 个 8 位分辨率	
布尔量运算执行速度	0.22μs 每条指令			
时钟	可选卡件		内置	
卡件选项	存储卡，电池卡和时钟卡		存储卡和电池卡	
集成的通信功能				
端口（受限电源）	1 个 RS-485 接口			2 个 RS-485 接口
PPI，DP/T 波特率	9.6kbit/s、19.2kbit/s、187.5kbit/s			

续表

集成的通信功能	
自由口波特率	1.2～115.2kbit/s
每段最大电缆长度	使用隔离的中继器：187.5kbit/s 可达 1000m，38.4kbit/s 可达 1200m 未使用中继器：50m
最大站点数	每段 32 个站，每个网络 126 个站
最大主站数	32
点到点（PPI 主站模式）	是（NETR/NETW）
MPI 连接	共 4 个，2 个保留（1 个给 PG，1 个给 OP）

附录 2　S7-200 系列 PLC 部分扩展模块

类型	数字量扩展模块			模拟量扩展模块		
型号	EM221	EM222	EM223	EM231	EM232	EM235
输入点	8		4 / 8 / 16	4		4
输出点		8	4 / 8 / 16		2	1
隔离组点数	8	2	4			
输入电压	24V DC		24V DC			
输出电压		24V DC 或 4～230V AC	24V DC 或 24～230V AC			
A/D 转换器				<250μs		<250μs
分辨率				12bit A/D 转换	电压：12bit 电流：11bit	12bit A/D 转换

附录 3　S7-200 系列 CPU 存储范围及特性

描　述	范　围				存 取 格 式			
	CPU221	CPU222	CPU224	CPU226	位	字节	字	双字
用户程序区 （字节）	4096 个	4096 个	8192 个	16384 个				
用户数据区 （字节）	2048 个	2048 个	8192 个	10240 个				
输入映像 寄存器	I0.0～I15.7	I0.0～I15.7	I0.0～I15.7	I0.0～I15.7	Ix.y	IBx	IWx	IDx
输出映像 寄存器	Q0.0～Q15.7	Q0.0～Q15.7	Q0.0～Q15.7	Q0.0～Q15.7	Qx.y	QBx	QWx	QDx
模拟输入 （只读）	—	AIW0～ AIW30	AIW0～AIW62	AIW0～ AIW62			AIWx	
模拟输出 （只读）	—	AQW0～ AQW30	AQW0～ AQW62	AQW0～ AQW62			AQWx	
变量存储器	VB0～VB2047	VB0～VB2047	VB0～VB8191	VB0～ VB10239	Vx.y	VBx	VWx	VDx

续表

描　述		范　围				存　取　格　式			
		CPU221	CPU222	CPU224	CPU226	位	字节	字	双字
局部存储器		LB0.0～LB63.7	LB0.0～LB63.7	LB0.0 ～LB63.7	LB0.0～LB63.7	Lx.y	LBx	LWx	LDx
位存储器		M0.0～M31.7	M0.0～M31.7	M0.0～M31.7	M0.0～M31.7	Mx.y	MBx	MWx	MDx
特殊存储器 只读		SM0.0～SM179.7 SM0.0～SM29.7	SM0.0～SM299.7 SM0.0～SM29.7	SM0.0～SM549.7 SM0.0～SM29.7	SM0.0～SM549.7 SM0.0～SM29.7	SMx.y	SMBx	SMWx	SMDx
定时器	数量	256 （T0～T255）	256 （T0～T255）	256 （T0～T255）	256 （T0～T255）				
	保持接通延时 1ms	T0、T64	T0、T64	T0、T64	T0、T64				
	保持接通延时 10ms	T1～T4 T65～T68	T1～T4 T65～T68	T1～T4 T65～T68	T1～T4 T65～T68				
	保持接通延时 100ms	T5～T31 T69～T95	T5～T31 T69～T95	T5～T31 T69～T95	T5～T31 T69～T95	Tx		Tx	
	接通/断开延时 1ms	T32、T96	T32、T96	T32、T96	T32、T96				
	接通/断开延时 10ms	T33～T36 T97～T100	T33～T36 T97～T100	T33～T36 T97～T100	T33～T36 T97～T100				
	接通/断开延时 100ms	T37～T63 T101～T255	T37～T63 T101～T255	T37～T63 T101～T255	T37～T63 T101～T255				
计数器		C0～C255	C0～C255	C0～C255	C0～C255	Cx		Cx	
高速计数器		HC0 HC3～HC5	HC0 HC3～HC5	HC0～HC5	HC0～HC5				HCx
顺控继电器		S0.0～S31.7	S0.0～S31.7	S0.0～S31.7	S0.0～S31.7	Sx.y	SBx	SWx	SDx
累加器		AC0～AC3	AC0～AC3	AC0～AC3	AC0～AC3		Acx	Acx	Acx
跳转/标号		0～255	0～255	0～255	0～255				
调用/子程序		0～63	0～63	0～63	0～127				
中断程序		0～127	0～127	0～127	0～127				
PID 回路		0～7	0～7	0～7	0～7				
通信口		0	0	0	0、1				

附录 4　S7-200 系列 PLC 指令一览表

布　尔　指　令		
LD	Bit	装载
LDI	Bit	立即装载
LDN	Bit	取反后装载
LDNI	Bit	取反后立即装载
A	Bit	与
AI	Bit	立即与
AN	Bit	取反后与
ANI	Bit	取反后立即与
O	Bit	或
OI	Bit	立即或
ON	Bit	取反后或
ONI	Bit	取反后立即或
LDBx IN1, IN2		装载字节比较的结果 IN1（x: <、<=、=、>=、>、<>）IN2
ABx IN1, IN2		与字节比较的结果 IN1（x: <、<=、=、>=、>、<>）IN2
OBx IN1, IN2		或字节比较的结果 IN1（x: <、<=、=、>=、>、<>）IN2
LDWx IN1, IN2		装载字比较的结果 IN1（x: <、<=、=、>=、>、<>）IN2
AWx IN1, IN2		与字比较的结果 IN1（x: <、<=、=、>=、>、<>）IN2
OWx IN1, IN2		或字比较的结果 IN1（x: <、<=、=、>=、>、<>）IN2
LDDx IN1, IN2		装载双字比较的结果 IN1（x: <、<=、=、>=、>、<>）IN2
ADx IN1, IN2		与双字比较的结果 IN1（x: <、<=、=、>=、>、<>）IN2
ODx IN1, IN2		或双字比较的结果 IN1（x: <、<=、=、>=、>、<>）IN2
LDRx IN1, IN2		装载实数比较的结果 IN1（x: <、<=、=、>=、>、<>）IN2

布　尔　指　令		
ARx IN1, IN2		与实数比较的结果 IN1（x: <、<=、=、>=、>、<>）IN2
ORx IN1, IN2		或实数比较的结果 IN1（x: <、<=、=、>=、>、<>）IN2
LDSx IN1, IN2		装载字符串比较的结果 IN1（x: <、<>）IN2
ASx IN1, IN2		与字符串比较的结果 IN1（x: <、<>）IN2
OSx IN1, IN2		或字符串比较的结果 IN1（x: <、<>）IN2
NOT		堆栈取反
EU		上升沿脉冲
ED		下降沿脉冲
=	Bit	输出
=I	Bit	立即输出
S	S- Bit, N	置位一个区域
R	S- Bit, N	复位一个区域
SI	S- Bit, N	立即置位一个区域
RI	S- Bit, N	立即复位一个区域
ALD		与逻辑组合
OLD		或逻辑组合
LPS		逻辑入栈（堆栈控制）
LRD		逻辑读栈（堆栈控制）
LPP		逻辑出栈（堆栈控制）
LDS N		装入堆栈（堆栈控制）
AENO		与 ENO
实时时钟指令		
TODR T		读实时时钟
TODW T		写实时时钟
数学、增减指令		
+I IN1, OUT		整数加法：IN1+OUT=OUT
+D IN1, OUT		双整数加法： IN1+OUT=OUT
+R IN1, OUT		实数加法：IN1+OUT=OUT
-I IN1, OUT		整数减法：IN1-OUT=OUT
-D IN1, OUT		双整数减法： IN1-OUT=OUT
-R IN1, OUT		实数减法：IN1-OUT=OUT
MUL IN1, OUT		完全整数乘法： IN1×OUT=OUT
*I IN1, OUT		整数乘法：IN1×OUT=OUT
*D IN1, OUT		双整数乘法： IN1×OUT=OUT
*R IN1, OUT		实数乘法：IN1×OUT=OUT

续表

数学、增减指令		传送、移位、循环和填充指令	
DIV IN1，OUT	完全整数除法： IN1/OUT=OUT	MOVB IN，OUT	字节传送
		MOVW IN，OUT	字传送
/I IN1，OUT	整数除法：IN1/OUT=OUT	MOVD IN，OUT	双字传送
/D IN1，OUT	双整数除法： IN1/OUT=OUT	MOVR IN，OUT	实数传送
/R IN1，OUT		BIR IN，OUT	字节立即读
	实数除法：IN1/OUT=OUT	BIW IN，OUT	字节立即写
SQRT IN，OUT	平方根	BMB IN，OUT，N	字节块传送
LN IN，OUT	自然对数	BMW IN，OUT，N	字块传送
EXP IN，OUT	自然指数	BMD IN，OUT，N	双字块传送
SIN IN，OUT	正弦	SWAP IN	交换字节
COS IN，OUT	余弦	SHRB DATA，S-Bit，N	寄存器移位
TAN IN，OUT	正切		
INCB OUT	字节增1	SRB OUT，N	字节右移
INCW OUT	字增1	SRW OUT，N	字右移
INCD OUT	双字增1	SRD OUT，N	双字右移
DECB OUT	字节减1	SLB OUT，N	字节左移
DECW OUT	字减1	SLW OUT，N	字左移
DECD OUT	双字减1	SLD OUT，N	双字左移
PIN TBL，LOOP	PID回路	RRB OUT，N	字节循环右移
定时器和计数器指令		RRW OUT，N	字循环右移
TON Txxx，PT	接通延时定时器	RRD OUT，N	双字循环右移
TOF Txxx，PT	关断延时定时器	RLB OUT，N	字节循环左移
TONR Txxx，PT	带记忆的接通延时定时器	RLW OUT，N	字循环左移
CTU Cxxx，PV	增计数	RLD OUT，N	双字循环左移
CTD Cxxx，PV	减计数	FILL IN，OUT，N	用指定元素填充存储空间
CTUD Cxxx，PV	增/减计数	逻 辑 操 作	
程序控制指令		ANDB IN1，OUT	字节逻辑与
END	程序的条件结束	ANDW IN1，OUT	字逻辑与
STOP	切换到STOP模式	ANDD IN1，OUT	双字逻辑与
WDR	看门狗复位（300ms）	ORB IN1，OUT	字节逻辑或
JMP N	跳到定义的标号	ORW IN1，OUT	字逻辑或
LBL N	定义一个跳转的标号	ORD IN1，OUT	双字逻辑或
CALL N（N1，…）	调用子程序[N1，…]	XORB IN1，OUT	字节逻辑异或
CRET	从子程序条件返回	XORW IN1，OUT	字逻辑异或
FOR		XORD IN1，OUT	双字逻辑异或
INDX，INIT，FINAL	FOR / NEXT 循环	INVB OUT	字节取反
NEXT		INVW OUT	字取反
LSCR S-Bit	顺控继电器段的启动	INVD OUT	双字取反
SCRT S-Bit	状态转移		
CSCRE	顺控继电器段条件结束		
SCRE	顺控继电器段结束		

续表

字 符 串 指 令		转 换 指 令	
SLEN IN，OUT	字符串长度	DTR IN，OUT	双字转换成实数
SCAT IN，OUT	连接字符串	TRUNC IN，OUT	实数转换成双字（含去小数）
SCPY IN，INDX	复制字符串	ROUND IN，OUT	实数转换成双整数
SSCPY		ATH IN,OUT,LEN	ASCII 码转换成十六进制格式
IN，INDX，N，OUT	复制子字符串	HTA IN,OUT,LEN	十六进制格式转换成 ASCII 码
CFND TN1，IN2，OUT	在字符串中查找指定字符		整数转换成 ASCII 码
SFNT IN1，IN2，OUT	在字符串中查找字符串	ITA IN,OUT,FMT	双整数转换成 ASCII 码
表 指 令		DTA IN,OUT,FMT	实数转换成 ASCII 码
ATT DATA，TBL	把数据加入到表中	RTA IN,OUT,FMT	整数转换为字符串
LIFO TBL，DATA	从表中取数据（后进先出）	ITS IN,FMT,OUT	双整数转换为字符串
FIFO TBL，DATA	从表中取数据（先进先出）	DTS IN,FMT,OUT	实数转换为字符串
FND =		RTS IN,FMT,OUT	字符串转换为整数
TBL，PATRN，INDX		STI IN,INDX,OUT	字符串转换为双整数
FND <>		STD IN,INDX,OUT	字符串转换为实数
TBL，PATRN，INDX	根据比较条件	STR IN,INDX,OUT	
FND <	在表中查找数据	DECO IN，OUT	解码
TBL，PATRN，INDX		ENCO IN，OUT	编码
FND >		SEG IN，OUT	产生七段码显示器格式
TBL，PATRN，INDX		中 断	
高 速 指 令		CRETI	从中断条件返回
HDEF HSC，MODE	定义高速计数器模式	ENI	允许中断
HSC N	激活高速计数器	DISI	禁止中断
PLS Q	脉冲输出（Q 为 0 或 1）	ATCH INT，EVNT	给事件分配中断程序
转 换 指 令		DTCH EVNT	解除中断事件
BCDI OUT	BCD 码转换成数	通 信	
IBCD OUT	整数转换成 BCD 码	XMT TBL，PORT	自由口传送
BTI IN，OUT	字节转换成整数	RCV TBL，PORT	自由口接受信息
ITB IN，OUT	整数转换成字节	TODR TBL，PORT	网络读
ITD IN，OUT	整数转换成双整数	TODW TBL，PORT	网络写
DTI IN，OUT	双整数转换成整数	GPA TBL，PORT	获取口地址
		SPA TBL，PORT	设置口地址

附录 5　S7-200 系列 PLC 特殊存储器（SM）标志位

特殊存储器标志位提供了大量的运行状态指示和控制功能，用于在 CPU 和用户程序之间交换信息。特殊存储器标志位可以位、字节、字或双字使用。

① SMB0：状态位。

SMB0 有 8 个状态位，如附表 5-1 所示。在每个扫描周期结束时，由 CPU 更新这些位。

附表 5-1　特殊存储器字节 SMB0（SMB0.0～SMB0.7）

SM 位	说　　明
SM0.0	运行标志位，PLC 运行中一直为 ON，可用于运行监视或作为无条件执行的条件

续表

SM 位	说　明
SM0.1	初始脉冲位，仅在 PLC 开始运行的第 1 个扫描周期为 ON，其常开触点可用于开始运行时某些元件的复位和清 0，也可作为启动条件
SM0.2	存储错误指示位，若保持数据丢失，则该位在一个扫描周期中为 1
SM0.3	PLC 开机进入 RUN 方式时，该位将 ON 一个扫描周期，可用作在启动操作之前给设备提供一个预热时间
SM0.4	1min 时钟脉冲（30s 为 1、30s 为 0，周期为 1min）
SM0.5	1s 时钟脉冲（0.5s 为 1、0.5s 为 0，周期为 1s）
SM0.6	扫描时钟位，本次扫描时置 1，下次扫描时置 0，可用作扫描计数器的输入信号
SM0.7	PLC 工作方式开关位置指示位（"TERM" 位置时为 0，"RUN" 位置时为 1）。当开关在 "RUN" 位置时，用该位可使自由端口通信方式有效；当切换至 "TERM" 位置时，与编程设备的正常通信也会有效

② SMB1：状态位。

SMB1 包含了各种潜在的错误提示，这些位因指令的执行被置位（置 1）或复位（清 0），如附表 5-2 所示。

附表 5-2　特殊存储器字节 SMB1（SMB1.0～SMB1.7）

SM 位	说　明
SM1.0	0 标志位（当执行某些指令，其结果为 0 时，将该置位 1）
SM1.1	溢出标志位（当执行某些指令，其结果溢出或查出非法数值时，将该位置 1）
SM1.2	负数标志位（当执行数学运算，其结果为负数时，将该置位 1）
SM1.3	除数为 0 标志位（试图除以零时，将该置位 1）
SM1.4	当执行 ATT（Add To Table）指令，试图超出表范围时，将该置位 1
SM1.5	当执行 LIFO 或 FIFO 指令，试图从空表中读数时，将该置位 1
SM1.6	当试图把一个非 BCD 数转换为二进制数时，将该置位 1
SM1.7	当 ASCⅡ码不能转换为有效的十六进制时，将该置位 1

③ SMB2：自由端口接收字符缓冲区。

④ SMB3：自由端口奇偶校验错误（当接收到的字符发现有奇偶校验错误时，将 SM3.0 置 1）。

⑤ SMB4：队列溢出（队列溢出表明要么是中断发生的频率高于 CPU，要么是中断已被全局所禁止）。

⑥ SMB5：I/O 错误状态位。

⑦ SMB6：CPU 识别（ID）寄存器（SM6.4～SM6.7 为 CPU 的类型）。

⑧ SMB8～SMB21：I/O 模块标识和错误寄存器。

⑨ SMB22～SMB26：提供扫描时间信息（SMB22 为上次扫描时间，SMB24 为最短扫描时间，SMB26 为最长扫描时间）。

⑩ SMB28 和 SMB29：模拟电位器位。

SMB28 存储模拟调节器 0 的输入值（数字值）；SMB29 存储模拟调节器 1 的输入值（数字值）。在 STOP/RUN 方式下，每次扫描时更新该值。

SMB30：自由端口 0 控制寄存器（控制自由端口 0 的通信方式）。

SMB31 和 SMB32：E^{2}PROM 写控制。

SMB34 和 SMB35：定时中断的时间间隔寄存器。

SMB34 和 SMB35 用于设置定时器中断 0 与定时器中断 1 的时间间隔（1～255ms）。

SMB36~SMB65：HSC0、HSC1、HSC2 寄存器。

SMB36~SMB65 用于监视和控制高速计数 HSC0、HSC1 和 HSC2 的操作，如附表 5-3 所示。

附表 5-3　特殊存储器字节 SMB36~SMB65

SM 位	说　明
SM36.0~SM36.4	保留
SM36.5	HSC0 当前计数方向位：1 为增计数
SM36.6	HSC0 当前值等于预设值位：1 为等于
SM36.7	HSC0 当前值大于预设值位：1 为大于
SM37.0	HSC0 复位的有效控制位：0 为高电平复位有效，1 为低电平复位有效
SM37.1	保留
SM37.2	HSC0 正交计数器的计数速率选择，0 为 4×计数速率，1 为 1×速率
SM37.3	HSC0 方向控制位：1 为增计数
SM37.4	HSC0 更新方向：1 为更新方向
SM37.5	HSC0 更新预设值：1 为向 HSC0 写新的预设值
SM37.6	HSC0 更新当前值：1 为向 HSC0 写新的初始值
SM37.7	HSC0 有效位：1 为有效
SMD38	HSC0 新的初始值
SMD42	HSC0 新的预置值
SM46.0~SM46.4	保留
SM46.5	HSC1 当前计数方向位：1 为增计数
SM46.6	HSC1 当前值等于预设值位：1 为等于
SM46.7	HSC1 当前值大于预设值位：1 为大于
SM47.0	HSC1 复位的有效控制位：0 为高电平复位有效，1 为低电平复位有效
SM47.1	HSC1 启动有效电平控制位：0 为高电平，1 为低电平
SM47.2	HSC1 正交计数器的计数速率选择，0 为 4×计数速率；1 为 1×速率
SM47.3	HSC1 方向控制位：1 为增计数
SM47.4	HSC1 更新方向：1 为更新方向
SM47.5	HSC1 更新预设值：1 为向 HSC1 写新的预设值
SM47.6	HSC1 更新当前值：1 为向 HSC1 写新的初始值
SM47.7	HSC1 有效位：1 为有效
SMD48	HSC1 新的初始值
SMD52	HSC1 新的预置值
SM56.0~SM56.4	保留
SM56.5	HSC2 当前计数方向位：1 为增计数
SM56.6	HSC2 当前值等于预设值位：1 为等于
SM56.7	HSC2 当前值大于预设值位：1 为大于
SM57.0	HSC2 复位的有效控制位：0 为高电平复位有效，1 为低电平复位有效
SM57.1	HSC2 启动有效电平控制位：0 为高电平，1 为低电平
SM57.2	HSC2 正交计数器的计数速率选择，0 为 4×计数速率；1 为 1×速率
SM57.3	HSC2 方向控制位：1 为增计数
SM57.4	HSC2 更新方向：1 为更新方向
SM57.5	HSC2 更新预设值：1 为向 HSC2 写新的预设值
SM57.6	HSC2 更新当前值：1 为向 HSC2 写新的初始值
SM57.7	HSC2 有效位：1 为有效
SMD58	HSC2 新的初始值
SMD62	HSC2 新的预置值

SMB66～SMB85：PTO/PWM 寄存器（用于监视、控制脉冲输出和脉宽调制）。

SMB86～SMB94：端口 0 接收信息控制。

SMB98：扩展总线错误信息计数（给出有关扩展模块总线的错误信息）。

SMB130：自由端口 1 控制寄存器（控制自由端口 1 的通信方式）。

SMB131～SMB165：HSC3、HSC4、HSC5 寄存器。

SMB131～SMB165 用于监视和控制高速计数 HSC3、HSC4 和 HSC5 的操作，如附表 5-4 所示。

附表 5-4　特殊存储器字节 SMB131～SMB165

SM 位	说　明
SMB131～SMB135	保留
SM136.0～SM136.4	保留
SM136.5	HSC3 当前计数方向位：1 为增计数
SM136.6	HSC3 当前值等于预设值位：1 为等于
SM136.7	HSC3 当前值大于预设值位：1 为大于
SM137.0～SM137.2	保留
SM137.3	HSC3 方向控制位：1 为增计数
SM137.4	HSC3 更新方向：1 为更新方向
SM137.5	HSC3 更新预设值：1 为向 HSC3 写新的预设值
SM137.6	HSC3 更新当前值：1 为向 HSC3 写新的初始值
SM137.7	HSC3 有效位：1 为有效
SMD138	HSC3 新的初始值
SMD142	HSC3 新的预置值
SM146.0～SM146.4	保留
SM146.5	HSC4 当前计数方向位：1 为增计数
SM146.6	HSC4 当前值等于预设值位：1 为等于
SM146.7	HSC4 当前值大于预设值位：1 为大于
SM147.0	HSC4 复位的有效控制位：0 为高电平复位有效，1 为低电平复位有效
SM147.1	保留
SM147.2	HSC4 正交计数器的计数速率选择，0 为 4×计数速率；1 为 1×速率
SM147.3	HSC4 方向控制位：1 为增计数
SM147.4	HSC4 更新方向：1 为更新方向
SM147.5	HSC4 更新预设值：1 为向 HSC4 写新的预设值
SM147.6	HSC4 更新当前值：1 为向 HSC4 写新的初始值
SM147.7	HSC4 有效位：1 为有效
SMD148	HSC4 新的初始值
SMD152	HSC4 新的预置值
SM156.0～SM156.4	保留
SM156.5	HSC5 当前计数方向位：1 为增计数
SM156.6	HSC5 当前值等于预设值位：1 为等于
SM156.7	HSC5 当前值大于预设值位：1 为大于
SM157.0～SM157.2	保留
SM157.3	HSC5 方向控制位：1 为增计数
SM157.4	HSC5 更新方向：1 为更新方向

续表

SM 位	说　明
SM157.5	HSC5 更新预设值：1 为向 HSC5 写新的预设值
SM157.6	HSC5 更新当前值：1 为向 HSC5 写新的初始值
SM157.7	HSC5 有效位：1 为有效
SMD158	HSC5 新的初始值
SMD162	HSC5 新的预置值

SMB166～SMB185：PTO0 和 PTO1 包络定义表（用于显示包络步的数量、包络表的地址和 V 存储区中表的地址）。

SMB186～SMB194：端口 1 接收信息控制。

SMB200～SMB549：智能模块状态。

SMB200～SMB549 为预留给智能扩展模块的状态信息。

参 考 文 献

[1] 张伟林主编. 电气控制与 PLC 综合应用技术. 北京：人民邮电出版社，2009.

[2] 西门子（中国）有限公司. 深入浅出西门子 S7-200 PLC. 第 3 版. 北京：北京航空航天大学出版社，2005.

[3] 李俊秀主编. 可编程控制器应用技术. 北京：化学工业出版社，2008.

[4] 劳动和社会保障部组织编写. 维修电工（初级技能 中级技能 高级技能）. 北京：中国劳动社会保障出版社，2004.

[5] 李俊秀等主编. 可编程控制器应用技术实训指导. 第 2 版. 北京：化学工业出版社，2005.

[6] 赵春生主编. 可编程序控制器应用技术. 北京：人民邮电出版社，2008.

[7] 肖宝兴主编. 西门子 S7-200PLC 的使用经验与技巧. 北京：机械工业出版社，2008.

[8] 李艳杰等编著. S7-200 PLC 原理与实用开发指南. 北京：机械工业出版社，2009.

[9] 胡学林主编. 可编程控制器教程：实训篇. 北京：电子工业出版社，2004.

[10] 许翏等主编. 电气控制与 PLC 控制技术. 北京：机械工业出版社，2007.

[11] 李道霖主编. 电气控制与 PLC 原理及应用. 北京：电子工业出版社，2004.

[12] 肖耀南主编. 电气运行与控制. 北京：高等教育出版社，2004.

[13] 张万忠等主编. 电器与 PLC 控制技术. 北京：化学工业出版社，2003.

[14] 西门子公司. SIEMENS S7-200 可编程控制器系统手册，2005.

[15] 三菱公司. 三菱变频调速器 FR-E500 使用手册，2006.